国家自然科学基金青年基金项目(51804246)资助
新疆维吾尔自治区自然科学基金项目(2019D01C057)资助

中变质程度煤自然发火特性研究

赵婧昱 著

中国矿业大学出版社
·徐州·

内 容 提 要

中变质程度煤是我国工业和民用的主体煤种，研究其开采过程中出现的自然发火特征是控制和预防灾害的重要手段。本书通过理论分析、实验研究和统计计算相结合的方法，对典型的中等变质程度煤样在氧化自燃过程中的宏观特性和微观特性，以及两者之间的联系进行了详细的分析。采用元素分析、工业分析、比表面积及孔径分布分析、导热特性和XRD微晶结构参数分析以及MTS岩石力学伺服实验系统，测试其基础物理化学特性；通过程序升温、高温氧化、自然发火全过程模拟实验装置，分析从常温到高温阶段，煤自燃的气体产物、放热强度、特征温度、自然发火期、动力学参数等特征，并采用原位红外技术对各个氧化阶段的微观特征进行分析研究；最后选取灰色关联性分析方法，分析微观特性与宏观表征之间的联系，对氧化释放的气体产物、放热量与不同活性基团之间的关联度大小进行统计分析，推断出影响各个阶段气体和热量释放的主要官能团。研究结果为中变质程度煤自燃火灾的早期预测预报提供了指导，并对在自燃过程中采取科学的防治措施提供了重要的理论依据。

图书在版编目(CIP)数据

中变质程度煤自然发火特性研究/赵婧昱著．—徐州：中国矿业大学出版社，2019.8

ISBN 978-7-5646-0914-6

Ⅰ．①中…　Ⅱ．①赵…　Ⅲ．①煤层自燃—研究　Ⅳ．①TD75

中国版本图书馆CIP数据核字(2019)第174427号

书　　名　中变质程度煤自然发火特性研究
著　　者　赵婧昱
责任编辑　黄本斌
出版发行　中国矿业大学出版社有限责任公司
（江苏省徐州市解放南路　邮编221008）
营销热线　(0516)83884103　83885105
出版服务　(0516)83995789　83884920
网　　址　http://www.cumtp.com　**E-mail**:cumtpvip@cumtp.com
印　　刷　虎彩印艺股份有限公司
开　　本　787 mm×1092 mm　1/16　**印张**　11.25　**字数**　281千字
版次印次　2019年8月第1版　2019年8月第1次印刷
定　　价　35.00元
（图书出现印装质量问题，本社负责调换）

前　言

中变质程度煤种主要指烟煤。我国烟煤分布广泛，在内蒙古、陕西、山西、安徽、河南等地均产有不同变质程度的烟煤。在总体煤炭储量中，烟煤占到90%以上，主要包含不黏煤、弱黏煤、长焰煤、1/2中黏煤、气煤、气肥煤、1/3焦煤、肥煤、焦煤、瘦煤、贫瘦煤和贫煤等。烟煤是煤化程度高于褐煤而低于无烟煤的一类煤，不含原生腐植酸。从有沥青光泽、玻璃光泽到金刚光泽，条带状结构明显，可明显区别煤岩成分。挥发分产率范围宽，恒湿无灰基高位发热量大于24 MJ/kg。单独炼焦时从不结焦到强结焦均有，燃烧时有烟。

同时，烟煤由于特性较为活泼，在大量开采的同时也伴随产生了较为严重的矿井灾害。其中，煤自燃是最严重的灾害之一，煤蓄热达到一定程度时，会促进煤的氧化，随着氧化程度的加剧，最终导致煤自燃现象的发生。煤自燃火灾在烧毁珍贵资源的同时也给国家、社会造成无法弥补的经济损失，更严重的是煤炭自燃过程中还会释放出大量污染环境的有毒有害气体（CO、SO_2等），更有甚者，煤自燃火灾还可能引起二次事故，如煤尘、瓦斯爆炸等。

对于烟煤自燃的机理，至今没有被完全揭示，主要是由于煤的独特性和烟煤结构的复杂性。煤的结构极其复杂，世界上没有任何两块结构和组成完全一致的煤，并且外在因素对煤自燃的影响非常复杂，导致了研究结果的不唯一性。为了更进一步地认识煤炭自燃机理，完善煤自然发火理论，本书对中变质程度的烟煤自然发火特性进行了系统性的分析和研究，希望能对推进煤自燃机理的发展做出一定的贡献。

笔者是煤火灾害防治教育部创新团队青年骨干成员，在团队带头人邓军教授的带领下不断开展煤自燃领域的相关研究，在煤自燃微观机理、煤二次氧化机理的研究等方面都取得了较大的突破。

本书共6章。第1章为绪论，介绍本书的研究背景、国内外研究现状等。第2章对中变质程度煤的基础物理化学特征进行分析，主要分析煤质成分、微晶结构、热物理特性、表面特性、煤分子结构和力学特性等。第3章对中变质程度煤自然发火宏观特性进行分析，采用程序升温、高温氧化、自然发火全过程模拟等实验手段，对煤自然发火特征进行多角度分析研究。第4章对中变质程度煤热动力学特性进行分析，采用C80微量热仪、高温氧化和热重分析方法，分析氧化自燃过程中烟煤的热动力学参数变化规律。第5章对中变质程度煤的自然发火微观结构特性进行分析，研究了特征温度下和整个氧化过程中，官能团的迁移转化规律。第6章采用灰色关联度分析法，对中变质程度煤自然发火的量化判定指标进行分析研究，得出不同阶段影响气体释放和放热性的主要官能团。

本书在编写过程中得到了邓军教授、刘向荣教授、张嬿妮教授、肖旸教授等的指导和帮助，博士研究生宋佳佳，硕士研究生张宇轩、张丹丹、张琳、徐凯航、郭涛等也做了大量的工作，付出了艰辛的劳动，在此对他们表示感谢。此外，德国弗莱贝格工业大学的Carsten Drebenstedt教授和美国佐治亚州立大学的Glenn B. Stracher教授在本书所做的研究过程中也给予了非常重要的意见和建议，并提供了很多帮助，在此对他们表示衷心的感谢。

本书在编写过程中参考了国内外众多学者的相关研究成果和论著，在书中也进行了标注并列出了参考文献，但仍可能有所疏漏，请作者谅解。此外，由于作者能力和精力的局限，本书难免存在谬误之处，请各位读者、同行专家批评指正。

本书得到了国家自然科学基金青年基金项目(51804246)和新疆维吾尔自治区自然科学基金项目(2019D01C057)的支持与资助，在此表示感谢。在本书出版过程中，中国矿业大学出版社给予了大力支持，在此一并表示感谢。

作　者

2019 年 1 月

目 录

第1章 绪 论

1.1 概 述

我国是煤炭大国，煤炭储量稳居世界前列。截至2014年底，已探明煤炭储量为1.53万亿吨，占世界煤炭储量的13%[1]。目前煤炭消费占一次能源结构的比重在60%左右[2]。“十三五”规划中提出要控制煤炭产量与消费总量，目标约束在27.2亿吨标准煤[3-4]，所以提前预防煤自燃等灾害的发生和发展对节约和保护煤炭资源变得十分必要，是新规划下的大势所趋。

烟煤的分布较广，它是自然界中分布最广和最多的煤种，主要集中在美国、中国、俄罗斯、澳大利亚和南非等国家。我国的烟煤主要分布在北方各省(自治区)，占到全国煤炭储量的90%以上，其中华北地区的烟煤储量占全国烟煤储量的60%以上。烟煤用途广泛，可用于炼焦、动力、气化用煤、燃料、燃料电池、催化剂或载体、土壤改良剂、过滤剂、建筑材料、吸附剂等。烟煤易于着火和燃烧，燃烧多烟容易造成空气污染，但灰分和水分含量较少，发热量较高。

烟煤按挥发分含量的不同，有不黏煤、弱黏煤、长焰煤、1/2中黏煤、气煤、气肥煤、1/3焦煤、肥煤、焦煤、瘦煤、贫瘦煤和贫煤等多种，具沥青光泽、玻璃光泽至金刚光泽，通常有条带状结构，不含原生腐植酸。不同煤种作用不同，长焰煤和气煤挥发分含量高，容易燃烧并适于制造煤气。肥煤挥发分含量次之，黏结性强，主要用于炼焦。焦煤挥发分含量低于肥煤，结焦性良好，适于生产优质焦炭。瘦煤挥发分含量较低，黏结性弱，多用于炼焦或用作气化的原料。烟煤最适于用作锅炉燃料，也可用作炼焦、低温干馏、炼油、化学工业原料等。

煤是一种复杂的非均相体，包含了有机物和无机物。成煤时期，由于物种的多样性、环境影响和作用过程的不同，导致了煤的本质特性的差异。

煤自燃火灾是指煤炭在一定的条件下，如破裂的煤柱或煤壁、集中堆积的浮煤、一定的风量供给，自身发生物理化学变化(吸氧、氧化、发热、热量聚集)导致着火而形成的火灾。这类火灾火源发生地点隐蔽，难以准确找到，并且火灾难以扑灭，可以持续数月，长至数年。专家学者对于煤自燃的研究历时已久，涉及多个方面[5-21]，但对中变质程度烟煤自燃的宏观特性与微观特性方面缺乏系统性的分析研究。目前学者们对于煤自燃的研究多为低温氧化阶段(低于200 ℃)的研究，高于200 ℃的研究多侧重于燃烧部分，而对于从低温阶段至燃点期间的高温阶段的煤氧化自燃研究甚少，然而高温阶段煤氧化自燃会对资源、人和环境造成较大的损害，具有严重的威胁，所以对高温阶段的煤氧化自燃特性研究十分必要。本书对常温至高温阶段的煤自燃机理进行研究，就煤氧化自燃的宏观特征、微观结构动态演化规律、动力学过程和热效应规律进行分析，建立宏观特性与微观表征之间的数学量化判定指标，这对有针对性地采用关键技术建立早期预测预防矿井火灾机制具有重要意义。

我国煤炭资源丰富，成煤时期多，煤田类型多样，开采煤层具有多样化的地质特征，90%以上的煤自燃倾向为容易自燃或自燃（图 1-1 和图 1-2），主要分布在 25 个主要产煤省区，130 余个大中型矿区在开采过程中，均不同程度地受到煤层自然发火的威胁，其中大约 40 个大中型矿区煤自然发火较严重，总体上表现为北方比南方更加严重。东北地区及内蒙古自治区东部地区以白垩纪及古近-新近纪褐煤与长焰煤赋存为主，自然发火期普遍较短，如铁法煤田、宝清煤田、大雁煤田、宝日希勒煤田、呼山煤田、伊敏煤田、伊敏五牧场煤田、红花尔基煤田、呼和诺尔煤田、扎赉诺尔煤田、霍林河煤田、乌尼特煤田、白音华煤田、胜利煤田、白音乌拉煤田、平庄元宝山煤田等。西北地区侏罗纪长焰煤分布广泛，煤层自然发火情况较严重，如华亭煤田、宁东煤田、吐哈煤田、准东煤田、淮南煤田、淮北煤田等。中东部华北地区侏罗纪及古近-新近纪长焰煤与褐煤分布较广，如龙口煤田、蔚县煤田、准格尔煤田、神府东胜煤田（神东、万利、新街、呼吉尔特、榆神、榆横矿区）、黄陇煤田，以及兖州、淮南、淮北、徐州、大屯、枣庄、平顶山、阳泉、大同等矿区。西南地区部分赋存有古近-新近纪褐煤，如昭通煤田等。

图 1-1　煤田火区

图 1-2　矿井火灾

煤自燃火灾具有位置隐蔽、贫氧氧化、高温点立体分布、易复燃等特点，其灾害超前防控理论一直是煤矿安全研究领域亟待解决的重大科学难题。国内外对煤自燃的治理主要是通过用水、灌浆及黄土覆盖等进行灭火。现阶段我国开采容易自燃煤层或采用放顶煤方法开采自燃煤层的安全高效现代化矿井，普遍设立了以灌浆（注胶）防灭火方法为主的两种以上的综合防灭火系统。注浆防灭火技术形成了以地面固定式制浆系统为主体，同时辅以井下移动式注浆系统的完整矿井注浆防灭火体系，地面固定式注浆系统流量可达 120 m^3/h 以上，并在浆材方面实现了页岩、矸石、粉煤灰等多种材料的拓展。充填堵漏防灭火技术解决了因内外漏风通道发育，易引发自燃火灾事故的技术难题。均压防灭火技术实现了开区均压与闭区均压法的成功应用，通过改变通风系统内的压力分布，降低了漏风通道两端的压差，减少了漏风，从而抑制和熄灭火区并减少涌入工作面的有毒有害气体量。

近年来，我国开发出了一系列煤火防治新材料、新工艺及新装备，如三相泡沫防灭火材料及设备在白芨沟矿浅地表大漏风火区进行了成功应用，解决了传统注浆材料运移堆积与包裹覆盖性能差、惰气滞留时间短的技术难题。

高分子材料防灭火技术主要分为高分子泡沫和高分子胶体两种形式，先后应用了包括各类型凝胶、胶体泥浆、聚氨酯、罗克休、马丽散、艾格劳尼等多种高分子材料，并实现了表面喷涂、裂隙压注及裂隙充填的技术突破。有学者开发了无机发泡胶凝材料及设备，并在平煤集团十三矿高冒区托顶煤自燃火灾中进行了成功应用。惰性气体防灭火技术以氮气为主，二氧化碳为辅，已投产应用的地面固定式制氮装置流量达 3 000 m^3/h 以上，井下移动式制氮装置流量达 2 000 m^3/h 以上，制氮装备总体技术水平跻身国际先进国家行列，同时液氮技术也发展了直接灌注与液转气两种形式的灭火与常规防火技术。西安科技大学煤火灾害防治技术研究团队针对煤层自燃火灾的特点，开发出了系列胶体防灭火技术、膨胀堵漏充填防火技术和液态 CO_2 灭火技术等，并在孟加拉、俄罗斯、澳大利亚和国内多个矿区推广应用，取得了较好的防灭火效果。阻化剂防灭火技术实现了喷洒、压注以及雾化阻化等多种防火阻化技术的突破，并在传统常规阻化材料基础上，先后开发了多种高分子阻化剂。燃油惰气灭火技术与高倍数泡沫灭火技术解决了煤矿井下火灾快速熄灭、快速惰化的技术难题。

煤自燃是最严重的矿井灾害之一，煤蓄热达到一定程度时，会促进煤的氧化，随着氧化程度的加剧，最终导致煤自燃现象的发生。研究煤自燃机理对矿井安全开采具有重要的实际意义。煤自燃火灾产生的影响可轻可重，轻微的煤自燃会影响正常生产，损坏设备，若不及时治理将可能发展为严重的自燃火灾，产生火烟充斥矿井，释放大量的有毒有害气体，导致人员伤亡，成为煤矿安全事故[22-25]。根据煤氧复合学说，煤自燃就是煤中活性基团与氧分子之间相互作用的结果，其氧化自燃过程是一个复杂的氧化动力学过程。煤氧化自燃的宏观表现为气体产物的释放，煤的生产过程中，气体产物被作为指标气体，用于预测和预报煤自燃的发生和发展。客观上来说，CO、CO_2 以及烷烃类气体最容易被检测到，它们的浓度变化可以作为预测自燃性的指标，氧气会与脂肪烃反应释放 CO 和 CO_2 气体，含氧官能团中羧酸分解会生成 CO_2，羰基化合物分解也会释放 CO，也就验证碳氧类气体的产生有两个途径，一个是与氧气分子的反应生成，另一个是煤分子内含氧官能团的分解。

煤是由多种结构形式的有机物和少量的矿物质等组合而成的混合物。煤的结构非常复杂，是一种大分子聚集态结构，煤结构的变化是导致煤自燃的主要原因，并且不同煤样的分子结构均不同，导致其自燃性也不同。煤分子与氧气不断地发生煤氧复合反应，释放出大量气体产物和热量。此外，煤在发生氧化自燃的过程中，需要一定的能量促使其发生氧化，该能量称为活化能，属于动力学参数，活化能越小，越容易发生氧化自燃。所以从煤自燃的本质原因出发，结合热力学和动力学过程，研究煤结构和动力学参数在氧化自燃过程中的变化，对煤自燃反应机理的发展也具有重要的意义。

1.2 煤自燃理论

煤自燃是指煤不经点燃而自行着火的现象。对于产生该现象的研究，至今已有 340 多年的历史。早期由于英国的工业化发展迅猛，对煤炭资源的利用较多，所以大部分早期煤自燃理论都由英国学者提出。最早的煤自燃理论由英国的罗伯特·波尔蒂(Robert Plot)在 1677 年提出黄铁矿导因学说[26-27]，该学说认为，煤会发生不点燃而着火的现象是由于煤的黄铁矿成分与空气中的水分和氧相互作用，从而放出热量而引起的，这是在煤自燃理论历史上的首个观点。当这一观点逐渐引起学者们的关注后，他们发现，在大量的煤自燃案例中，大多数煤层自燃是在完全不含或者含有极少量黄铁矿的情况下发生的，从而确信该学说具有局限性。之后，18 世纪早期，英国学者波特尔（M. C. Potterr）提出细菌导因学说，波兰学者杜波依斯（R. Dubois）肯定了这一学说并对其进行了验证，然而仍然是英国学者格雷厄姆（J. J. Graham）通过实验推翻了这一学说的广泛性，细菌作用并不能在大部分煤体中起到助燃的作用[28]。

20 世纪中叶，随着苏联工业化进程的飞速发展，对煤炭的关注度也随之上升，进而在煤炭开采、运输和使用过程中所发生的煤自燃现象也进入了科学家的视线。特龙诺夫（Б. В. Троиов）和维索沃夫斯基（В. С. Височовский）分别在 1940 年和 1951 年提出了酚基作用学说和煤氧复合作用学说。酚基作用学说认为，煤自燃是由于煤分子中的酚基基团与氧发生剧烈反应，释放出大量的热量，从而维持煤自燃的发展。这是煤自燃学说首次上升到分子结构层面，特龙诺夫认为煤分子中芳香环首先演变为酚基，然后继续氧化成为醌基，最后氧化为活跃的羧基，释放出气体，从而导致煤自燃的发生。然而，经过后人的大量研究发现，芳香结构断裂需要较大的能量和外部条件，需要达到一定温度才会发生，所以不会在第一步反应中就演化为酚基，导致该学说没能得到广泛的应用。但是，酚基作用学说对煤氧复合作用学说起到铺垫和补充的作用。维索沃夫斯基所提出的煤氧复合作用学说[29]是至今为止国内外学者承认度最高的学说，它认为煤自燃是氧化作用过程中，煤体自加速的最后阶段。该学说提出，煤自燃是煤分子与氧气进行的一系列基链反应造成的，氧分子首先和容易参与氧化反应的基团发生复合反应，反应生成物的同时释放能量，从而激发活性较弱的基团继续参加复合反应，当能量聚集到一定程度，且无法释放就会引起自燃。

上述的四种学说是历史上最早的煤自燃学说，为新时期煤自燃理论的发展和完善奠定了良好的基础。20 世纪后期，国内外学者在之前理论的基础上又提出了电化学作用学说[30]、自由基作用学说[31]、氢原子作用学说[32]和基团作用理论[33]等。电化学作用学说认为煤中的铁离子组成了起催化作用的氧化还原体系，引发电化学反应，激发能够进行化学反应的基团，加速氧化自加速过程，最终导致自燃。自由基作用学说是由李增华教授提出的。他研究发现，煤表面、裂隙和孔隙中存在大量的自由基，与氧气接触容易被氧化，并且放出热量和气体，进而生成新的次生自由基，继续进行自由基氧化反应，不停地积累热量，升高煤温，最终导致蓄热达到自燃条件，发生煤自燃现象。为了验证该学说的正确性，学者们利用理论进行实践研究[34-35]，证实了自由基的存在，证明该学说真实可靠。氢原子作用学说是对煤氧复合作用学说的补充，它将因氢原子运动增加的基团活性添加到氧化反应的总体活性之中，得出了氢原子运动会增大反应活性的观点。基团作用理论将孔隙结构的影响纳入影响煤自燃的因素之中，认为煤自燃之所以发生，是因为氧气分子通过煤的孔隙结构接触活性基团，从而引发自燃。

进入 21 世纪之后，我国煤炭行业迅速发展，呈现一片大好的发展态势，煤炭产量逐年攀升，伴随而生的煤炭自燃事故频繁发生让学者们开始认真关注造成这一灾害的原因，在认真研究前人理论的基础上，采用更多的方法和先进的实验技术和手段对煤自燃机理做了进一步的研究，根据新的研究成果，从不同角度提出了新的煤自燃理论。

2001 年徐精彩教授提出了煤自燃危险区域判定理论[36]，认为煤自燃是由于氧化放热引起的，测定放热强度、气体浓度等特征参数之后，就可以推算出煤自燃的极限参数，确定危险区域的判定条件，结合现场条件建立动态变化的数学模型，从而可准确找到发生煤自燃的区域。

学者们还发现，通过煤结构和动力学手段研究煤自燃理论有着极大的空间。2007年王继仁、邓存宝[37]通过微观分析，提出煤微观结构与组分量质差异自燃理论。基于该理论的提出，2015年邓军、张嬿妮[38]通过对煤的官能团变化规律和氧化过程的动力学参数分析，并结合量化手段模拟氧化过程中煤分子变化情况，阐明了煤分子表面活性基团的氧化放热机制，发展了煤微观结构与组分量质差异自燃理论，得出煤自然发火微观机理，从微观上揭示了煤氧复合机理。以上学者主要以煤结构为主，推导煤自燃的发生理论。2007年陆伟、胡千庭等[39]以煤自燃动力学分析为主，提出了煤自燃逐步自活化反应理论，发展了煤氧复合作用学说，发现煤分子中不同官能团具有的活性不同，发生氧化反应所需的活化能也不同，氧化所需活化能较低的官能团会率先参与反应，从而释放更多的能量，激发反应活化能较高的官能团参与反应，以此反复，自我活化煤分子内的官能团，最终造成自燃。与此相似的是，2009年李林、比米什(B. B. Beamish)等[40]在该理论的基础上，定义了氧化反应过程中的零活化能温度与零活化能，验证了煤自燃逐步自活化反应理论，并将其发展为煤自燃活化反应机理。2014年王德明、辛海会等[41]汇集前人的观点，结合煤结构和煤的反应性，加以量化模拟手段及前线轨道理论，得出在氧化过程中，煤结构会转化成为碳自由基，自由基被活化后释放出能量与气体，持续为自燃蓄积能量，他们将该理论命名为煤氧化动力学理论。该理论对自由基作用学说的发展也起到了很好的促进作用。

2013年谭波、牛会永等[42]提出了煤自燃的温度场理论，通过数学方法，建立了回采过程中煤自燃模型。该模型考虑了煤自燃极限特性参数和热传导的影响，分析了在不同条件下，模拟效果的差异性，并得出遗煤的放热量与温度的关系，当热量随温度的增大而增大时，越远离工作面的位置温度越高。

2014年，邓军、文虎等[43]在煤自燃学说的指导下，结合多年的现场灭火经验，提出了煤田火灾防治理论。该理论对多种煤自燃火灾特性进行了详细的分析，并提出了相应的防治措施。煤田火灾防治理论是对多种煤自燃理论的综合应用，并据此提出与煤矿生产息息相关的安全治理方法，发展成为新的理论。

1.3 煤自然发火宏观特性研究

煤氧化自燃最直观的表征是气体产物的释放和氧气的消耗，在煤自燃现场，通常有刺鼻性气味气体弥漫，使人呼吸困难，甚至窒息，严重会导致生命危险。煤自燃的主要气体产物有碳氧类气体和碳氢类气体，碳氧类气体为CO和CO_2，碳氢类气体主要是烷烃和烯烃类气体，主要代表为CH_4、C_2H_6、C_2H_4等(图1-3)。煤体本身不赋存的气体可以作为指标气体[44-46]，来表征煤自燃的程度，如CO和C_2H_4等。在低温氧化阶段(低于200 ℃)，气体产物会随着温度的升高而不断增多，且气体浓度曲线呈现指数上升趋势[47-55]。部分煤体本身吸附有CO_2和CH_4等气体，这些气体在氧化过程中会首先发生脱附，造成气体浓度在反应初期出现峰值的现象[56-61]。罗海珠、钱国胤通过对实验数据的分析，研究了我国不同煤种在自燃氧化过程中的气体产物变化规律，并对指标气体和早期自然发火的预测指标进行了分析[62]。陈晓坤、李士戎、王亚超对大佛寺煤样进行程序氧化升温实验，得出随着温度变化，耗氧速率以及气体产物的变化规律[63]。谢振华、金龙哲、任宝宏不仅论述了煤自燃特性，并在此基础上又设计了煤自燃过程模拟实验装置，对实验气体产物浓度进行了测定，分析了在不同温度条件下 CO、CO_2 等气体浓度和 CO 产生率的变化规律，对自燃指标气体的选择进行了初步的讨论[64]。张辛亥、李青蔚为研究预氧化煤自燃特性参数变化规律，采用程序升温实验研究原煤和预氧化煤的自燃特性，得出随着温度的升高，预氧化煤的耗氧速率以及气体产生率、放热强度等皆大于原煤[65]。陈欢、杨永亮通过研究煤的自燃机理，得出了煤自燃的致灾机理及煤氧化自燃过程中的表现特性，为煤自燃预测预报提供了理论基础，并且基于煤自燃特性，以温度、生成物等宏观量作为检测指标，通过采集气体进行分析、测定等技术手段对煤自燃进行预测[66]。

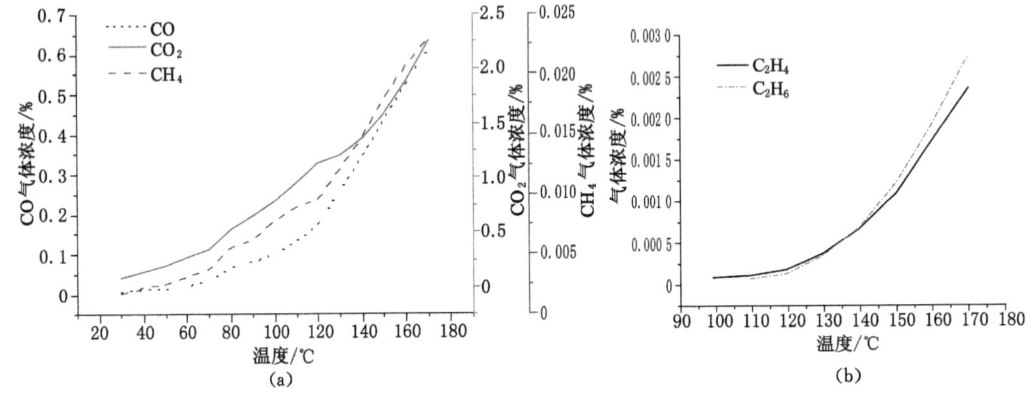

图 1-3　指标气体浓度与煤温的关系曲线

(a) CO、CO_2 和 CH_4；(b) C_2H_4 和 C_2H_6

伴随着煤自然发火过程中气体产物的释放，氧气含量会不断下降，表征氧气含量变化的自燃特性参数是耗氧速率。耗氧速率随着氧气含量的不断下降而急剧上升，表明在氧化过程中，随着官能团被活化，对氧气分子的需求越来越大[67-70]。此外，文虎、宋泽阳等[71-73]对煤自燃高温氧化阶段的气体产物和耗氧速率进行测试和推算，得出高温氧化阶段由于耗氧量的剧增，气体产物呈现出抛物线式增长的趋势。张嫲妮、邓军等通过对不同粒度的亭南煤和白胶煤在油浴程序升温实验产生的气体种类及浓度进行分析，得出了粒度对亭南和白胶两个煤矿煤样的耗氧速度、气体产生率及放热强度随温度升高的变化规律，并且通过分析计算得出了煤样粒度的大小对自燃临界温度的影响规律[74]。郭小云、王德明、李金帅采用自行研制的煤自燃特性综合测试装置进行实验，通过对不同煤种煤样耗氧量以及生成气体两个关键指标的分析，并对不同煤种在低温氧化阶段的气体吸附过程及气体解析过程进行了分析，认为煤低温氧化阶段耗氧速率小以及耗氧曲线平缓是共有的特性，其表明在低温氧化阶段煤样氧化反应以物理吸附为主，而煤的氧化升温过程中所产生的不同气体以及气体浓度大小是由煤在低温阶段的结构和反应性共同决定的[75]。朱红青、屈丽娜、沈静等为了研究在不同条件下对煤吸氧量以及热焓值的影响关系，通过 TG-DSC 实验，研究了煤氧化升温过程中煤失重特性及热焓值的变化规律，得出升温速率越大，煤吸氧量与升温速率呈指数关系减小，而热焓值则随着升温速率的增大呈现先减小后增大的趋势；煤的吸氧量与氧浓度关系为氧浓度增大，热焓值先上升后下降，吸氧量在 12% 氧浓度时达到谷值；煤吸氧量与粒度的关系则表现为粒度越大,煤吸氧量越大,而热焓值则先增大后减小[76]。姬建虎、谢强燕、王长元认为对煤氧复合起决定性作用的是煤体内部因素,氧气吸附量值大小决定煤的自燃倾向等级,与此同时分析了煤质指标与吸氧量的关系,为预防煤自燃工作提供了理论支持[77]。戴广龙分别对不同变质程度煤样进行了测试,分析了煤氧化升温过程与吸氧量大小之间的关系[78]。

煤氧复合作用学说认为,煤自燃的根本原因是煤氧化放出热量。煤自发产生热量的能力体现了其内在的自然属性,这个属性称为放热性。由于煤氧复合作用过程的多样性,不同煤岩组分和煤岩中所含矿物质的多样化,使得煤的放热性非常复杂。国内外学者采用不同手段对其进行了多角度的研究。程序升温法测试煤自燃特征参数是使用最为广泛的实验手段,具有与现场煤自燃实际情况相似的优点,徐精彩、张辛亥等[79]在2000年根据程序升温实验,率先提出了煤放热强度的测算方法。国内外各大高校的学者们建立了不同类型的煤自燃程序升温实验装置测试煤的放热性,其中温度、粒径、煤变质程度是影响放热强度的主要因素[80-88]。梁运涛、杨永良、陈晓坤、李增华等[89-92]学者分别建立了松散煤体氧化放热强度理论计算模型和利用键能平衡法、热平衡法以及加速量热法等方法计算自燃过程中的放热强度,均能够得出温度越高放热性越强的规律。此外,其他的一些实验和数值模拟手段也逐渐引入放热强度的计算中,如热重分析法、量子化学模拟等。热重分析法主要用于测试物质在热反应过程中的热效应变化,具有实验样品量少、周期较短的优点[93],可根据差热扫描法曲线面积计算出整个氧化过程中的放热量大小[94-96]。刘高文通过煤聚、散热模型的建立,对煤自燃过程中存在的自燃特性参数进行了定义,同时对影响煤热量积聚的因素进行了分析,研究了煤自燃的主要影响因素以及影响因素与自燃特性参数之间的对应规律[97]。

煤氧化自燃的过程中,存在多个转折点,这些转折点所对应的温度称为煤自燃的特征温度,特征温度体现了煤自燃的发展程度,其测试方法有指标气体分析法[98]、增长率分析法[99]、交叉点温度法[100]、热重分析法[101]等。特征温度会随着煤的变质程度、外界条件、煤的形态的不同而发生变化。一般来说,随着煤变质程度的加深,特征温度增大,氧化煤样、风化煤样等的特征温度低于新鲜煤样[102-105]。朱建芳和屈丽娜为了研究煤自燃阶段特征以及临界点的变化规律,通过对10个不同变质程度的煤样进行同步热分析实验、红外官能团测试、程序升温实验,得到了煤自燃过程中不同影响因素对特征参数的影响以及燃烧过程中低温、高温时期各个阶段的特征和临界温度点[106-107]。张卫清等研究了离子液体对煤自燃特性结构的影响[108]。马蓉选取了5种不同变质程度的煤样,对CO、CO_2、CH_4等气体的浓度变化进行分析研究,测算耗氧速率等特征参数;同时通过指标气体、耗氧速率以及临界温度确定了CO作为指标气体可以准确地对煤自燃进行预测预报,证明了交叉点温度法是煤氧化升温过程中临界温度最理想的测试方法[109]。

1.4 煤热动力学特性研究

煤氧化过程中的动力学研究一直是国内外学者研究的重点,对其动力学过程进行研究,能够帮助人们更好地认识煤自燃现象,防止煤自燃的发生(图1-4)。动力学特征参数主要包括反应速率、活化能、热焓变化、指前因子和反应机理函数等[110-112],其中氧化过程中活化能的变化是煤自燃发展程度的又一体现。

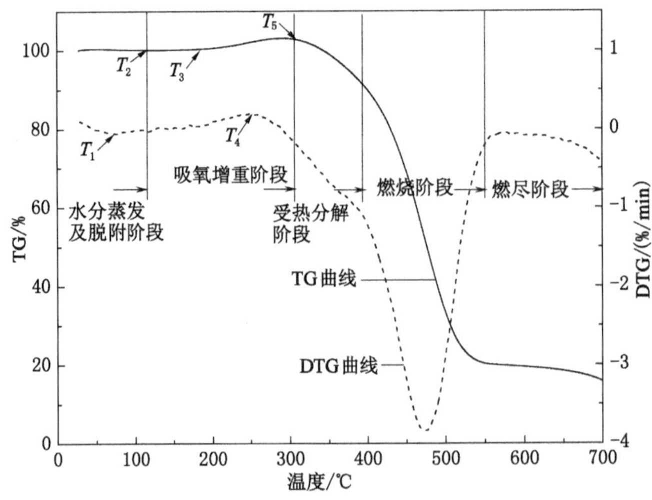

图 1-4　热分析实验对煤自燃过程的阶段性划分

热分析技术的出现，使人们可以在变温或定温的情况下，研究固体物质的反应动力学。常见的热分析动力学方法包括积分法和微分法两类，其中，积分法主要有帕德尼斯(Phadnis)法、冯仰婕-陈炜-邹文樵法、科茨-雷德芬(Coats-Redfern)法、弗林-沃尔-小泽(Flynn-Wall-Ozawa)法、一般积分法等20多种；微分法主要包括有基辛格(Kissinger)法、微分方程法、放热速率方程法以及纽柯克(Newkirk)法等多种[113]。舒新前、王祖讷等[114]在国内较早地采用热重实验方法研究了神府烟煤和汝箕沟无烟煤氧化自燃的动力学过程，并认为煤在低温氧化过程中的动力学计算是遵从阿仑尼乌斯定律的。刘剑等[115-117]以TG-DSC非定温动力学为基础，对煤样从低温氧化到燃烧阶段的动力学参数进行了分析，并借助化学动力学理论分析计算求得了该过程的活化能值。仲晓星[118]采用氧化动力学方法鉴定煤自燃倾向性，并形成了国家标准。朱红青、郭艾东等[119]将反应动力学参数与工业分析参数进行对比分析，得到了动力学参数与工业分析参数的关系。卡尔朱维(T. Kaljuvee)、张玉龙等[120-121]通过热重、红外与质谱联用实验对煤样进行了动力学参数研究，得到了实验煤样的气体产物变化规律。

另外，C80微量热仪、程序升温实验系统、数值模拟等方法也可以进行煤自燃动力学过程的测试。亓冠圣、王德明等[122]在贫氧条件下，采用C80微量热仪和热分析实验系统对煤样在低温氧化阶段的动力学特征进行研究，得到了气体产物的释放规律。刘文永、文虎、王宝元[123]为了研究烟煤的变质程度对煤自燃特性参数的影响，选取了四种变质程度烟煤，采用程序升温实验系统，对煤自燃过程中的特性参数进行分析并计算表观活化能，得出变质程度低、粒度小的煤样表观活化能小，表现出来的煤自燃特性参数更易于自燃的发生和发展，对烟煤自燃进程的揭示提供了一定的理论基础。邓军、尹晓丹、李增华、仲晓星等[124-127]对采用程序升温实验系统测得的气体产物和氧气消耗量等特征参数进行动力学参数测试，得出在低温氧化过程中，随着温度的增大，活化能逐渐降低。计算机模拟技术可以很好地验证实验结论，并对实验过程进行补充，煤自燃动力学过程的量化模拟就极好地诠释了热分析实验、微热量热实验以及程序升温实验的整个过程，并得出了氧化过程中的动力学参数。更重要的是结合煤结构分析，量化模拟可以得出不同官能团在氧化反应中的活性大小，计算其在生成不同气体过程中的热焓变化[128-129]。

1.5 煤微观结构研究

自20世纪40年代开始，煤化学家试图建立煤分子结构模型。煤分子结构可以从微观层面反映出煤自燃的本质原因。煤是复杂的交联大分子固体，没有任何两种煤样具有完全相同的分子结构，所以这也就决定了煤自燃的难易程度。

知名的煤分子结构模型有富克斯（Fuchs）模型、吉文（Given）模型、怀泽（Wiser）模型、温德（Wender）模型、所罗门（Solomon）模型和希恩（Shinn）模型等。最早的具有代表性的煤结构可以追溯到1942年在美国宾夕法尼亚州立大学建立的Fuchs模型，学者富克斯（W. Fuchs）和三岛夫（A. G. Sandoff）构建了一个如蜂窝状的大型2D煤结构，首次提出了煤是由芳香结构为主体组成的大分子结构[130-131]。该模型在1957年经过学者克里维伦（V. Krevelen）修改，更加符合实际，但该模型忽略了含硫官能团，含氧官能团也考虑得较少。1959年美国科学家吉文（P. H. Given）在吉利特（Gillet）提出的模型基础上发展了新的煤分子模型[132]，命名为Given模型，这个模型首先在*Nature*上发表[133]，引起了行业内外的轰动，是煤结构研究的一项重大突破。它建立了烟煤的典型结构，得出年轻烟煤中极少存在萘环的结论，并不断对其进行优化[134]。1984年Wiser烟煤模型问世[135]，该模型首次将含硫官能团考虑到了煤分子中，并且指出这种模型结构由少量（1～5个）的芳环结构构成，芳环上含有较多的含氧官能团侧链，如羟基、醚、羧基、硫醇等，结构单元之间主要由醚键相连，该结构是现代煤化学结构中认可度最高的结构，能够合理地解释氧化、热解、催化等化学反应中的实验现象。温德（I. Wender）于20世纪末首次尝试将煤分子结构分为四个不同的部分，从而建立新的煤结构模型[136]。Solomon模型[137]为三段式结构，其中包含了氢键。Shinn模型[138]代表了20世纪最复杂的煤分子模型，该模型是通过煤液化产物成分的组合而得到的，分子量超过10 000，并且包含了三个相对来说较小的且不相连的分子结构。

煤氧化微观结构的研究，实质上是对煤自燃过程中微观结构变化规律及活性基团反应模式的研究[139]。红外光谱技术是目前研究煤自燃中活性基团的主要技术之一，并且得到了广泛的应用和认可。它可以测试出煤不同官能团的谱峰强度和位置，确定官能团的种类。当用红外光源照射煤样时，煤样中的分子会吸收某些波长的光，在被吸收的光的波长或波数位置会出现吸收峰（谱峰），某一波长的光被吸收得越多，谱峰就越强。谱峰位置的不同，表明内部结构的差异；谱峰强度的差异，表明基团数量的不同。早在1945年，坎农（C. G. Cannon）和萨瑟兰（G. B. B. M. Sutherland）就率先采用红外光谱技术研究煤分子结构[140]。由于不同的官能团所处的位置不同，体现出的强度也就不同，众多学者结合煤分子结构对不同官能团所处的波长范围进行了划分研究，直到1981年，佩因特（P. C. Painter）等[141]提出了现代煤化学分析中通用的煤分子官能团红外光谱归属表，奠定了定量分析的基础。基于前人对煤结构的分析，实现了红外光谱技术的应用，大大方便了国内外学者对煤结构做进一步的分析。新的研究发现，煤中存在类离子交联聚合物[142]，煤中的氢基可以分为五类[143]，煤中的灰分含量与3 620 cm^{-1}峰位的面积相近，该位置为结晶水谱峰[144]。此外，红外光谱技术也在不断发展，从初期的压片静态式傅立叶红外光谱技术逐步发展为可以研究动态演化过程的原位红外光谱技术。学者们研究了在氧化、煤化、热解过程中，不同变质程度煤分子中不同官能团的变化规律，发现煤结构会随着不同条件的变化发生改变，芳核部分结构最为稳定，脂肪烃、含氧官能团等是活性较大的基团，将会首先发生复合反应[145-158]。

外界条件是影响煤结构变化的主要因素，姜波、秦勇等[159]认为高温高压和差应力作用是促进煤结构由无序向有序方向转化，使大分子结构有序畴和定向性增大的重要因素。张玉贵、张子敏等[160]认为力学作用是煤结构演化的重要影响因素。李晓泉、尹光志[161]发现渗透特性与煤的微观特性密切相关，吸附和解吸能力较强，渗透特性较差，强度较低，易发生突出危险。余明高、林棉金等[162]得出温度和煤的氧化程度是决定煤结构变化的重要因素。

从坎农和萨瑟兰最早利用红外光谱对煤结构进行研究以来，各国学者已取得了一系列的研究成果。在国内学者的不断探索下，新的实验手段也引入煤结构的分析中，结合红外光谱分析，得到了更新的研究成果。冯杰、李文英等[163]采用模型化合物确定标准浓度的方法并结合煤样的红外光谱分析，定量研究了影响煤反应性的官能团，并认为煤中的羟基、芳氢和脂氢的比例、含氧官能团以及亚甲基的多寡是影响煤反应性的几个主要参数。何启林等[164]利用红外光谱分析煤结构在不同氧化程度下的变化，研究表明煤在低温氧化过程中，脂肪取代基特别易被氧攻击，芳香环 C ═C 键比较稳定，难被氧化。余明高等[165]通过傅立叶变换红外光谱方法，研究烟煤的微观活性结构，结果表明煤结构中的含氧官能团、烷基侧链及芳香度的高低决定了煤氧化难易程度。马汝嘉等[166]通过傅立叶变换红外光谱等手段得到了陕西凤县高煤级无烟煤的分子结构，确定其芳香结构以萘、蒽和菲为主。国外格特纳(J. Gethner)[167]利用红外光谱研究了在提前加热处理过的煤样与未处理煤样分别反应后的活性基团情况，利用 FTIR(傅立叶变换红外光谱仪)观察煤分子的活性部分在氧化时的变化规律，认为干燥预处理后的煤样的化学组成会发生改变。卡莱玛(V. Calemma)等[168]利用傅立叶变换红外光谱方法，研究烟煤在空气发生氧化反应时的化学变化，发现含氧官能团的体积分数主要取决于氧化温度的高低。朱学栋等[169]研究了 18 种不同变质程度煤样所含基团氧含量与红外图谱强度以及煤化程度的关系。辛海会等[170]采用量子化学分析方法对褐煤的自燃氧化过程进行模拟，验证实验和计算结构所示官能团振动位置一致，得出煤自燃中关键基团首先是羟基、甲基和亚甲基，其次是羧基。张辛亥等[171]通过对比实验煤样的微观结构以及自燃倾向性，得出煤中含氧官能团的数量与煤的自燃倾向性成反比的结论，并证实了采用红外光谱实验研究煤自燃倾向性的可行性。周沛然[172]采用红外光谱法对煤样氧化过程中的结构进行研究，发现羟基变化不明显，醚类基团在 300 ℃前数量保持恒定，氨基、甲基、亚甲基、羧酸和脂类等基团数量减少。袁林等[173]利用傅立叶红外光谱测试了不同温度下的实验煤样的微观结构，结果表明活性基团的数量、种类、放热性以及活泼性是决定煤自燃的主要因素。冯杰等[174]采用红外光谱方法与计算机相结合的方式研究了不同变质程度煤样的活性结构，最后总结出可较方便地归纳不同煤种的反应活性的方法，即采用模型化合物确定标准浓度的方法，对羟基、芳氢/脂氢的比例、含氧官能团及亚甲基链长逐一进行定量分析。季伟等[175]利用红外光谱研究了低阶煤中表面活性结构对煤自燃的影响程度，研究发现含氧官能团对煤自燃起关键性的作用，其中羟基以及羧基是自燃的导因，亚甲基和醚键是煤自燃的关键因素。

1992 年，卡尔森(G. A. Carlson)[176]将计算机模拟技术引入煤结构研究领域，同年，沃帕格尔(E. R. Vorpagel)和拉文(J. G. Lavin)[177]通过计算机模拟手段建立了芳环聚集的模型，这个模型为使用计算机建立煤分子结构模型功不可没。自此之后，学者们发现分子模拟技术可以得到分子结构、动力学以及热力学方面的信息及这些信息之间的关系。侯新娟、杨建丽等[178]在煤分子局部结构特征分析的基础上进一步进行电子结构分析，解释了煤的反应性。邓军、侯爽等[179-180]利用高斯量子化学模拟手段，对煤分子中次甲基醚键和α位带羟基的次甲基在氧化初期的反应机理进行了研究。王继仁、菲鲁齐(M. Firouzi)等[181-184]采用量子化学理论方法研究了煤分子结构、煤表面与氧的物理吸附和化学吸附机理、煤中有机大分子与氧的化学反应机理、煤中低分子化合物与氧的化学反应机理。辛海会等[185]采用原位傅立叶红外光谱实时测试了 3 种低阶煤的低温热反应过程，发现所选用的煤样的官能团受温度影响的转折点温度均在 40 ℃之前，40 ℃之后峰强度基本都出现了不同程度的降低。

X 射线光电子能谱仪(XPS)和电子顺磁共振波谱仪(ESR)也是研究煤微观特性经常使用的方法。杜淑凤[186]用 XPS 研究煤在氧化自燃过程中碳氧键的变化历程，煤表面在不同氧化条件下，含氧官能团会发生较大的变化，得到了含有羰基、羟基和羧基的氧化物。常海洲等[187]通过 XPS 对两个地区的煤样表面结构特征进行了分析，其中这两个煤样的煤岩组分、煤级相近而还原程度不同，研究结果表明 C—C 或 C—H 质量分数的差异是影响煤样表面结构的主要参数。段旭琴等[188]利用 XPS 分析和化学计算对镜质组和惰质组进行了研究，镜质组中的脂肪族侧链和羟基基团较多。刘利等[189]采用 XPS 分析对煤样表面碳元素的电子价态进行研究，研究结果表明，经过干燥脱水后的煤样的自燃性会比干燥前变强。

1929 年，马哈德万(Mahadevan)最先利用 X 射线衍射仪(XRD)对煤的结构特征进行研究。沃伦(Warren)在研究煤的晶格特征中提出了估算煤基本结构单元的 Warren 方程，后经富兰克林(Franklin)进一步完善为 Warren-Franklin 方法。富兰克林还根据石墨化和非石墨化煤的结晶生长提出了第一个煤结构的物理模型。目前利用 XRD 方法研究主要针对煤大分子结构和煤显微组分的晶体特征。乔伟、张小东等[190]采用核磁共振、X 射线衍射和傅立叶红外光谱等微观手段对原生结构煤、碎裂煤、碎粒煤和糜棱煤 4 类煤的微晶结构进行了分析测试，发现糜棱煤最容易发生自燃，造成灾害。张守玉、吕俊复等[191]对煤进行热天平和 X 射线衍射实验，得出热处理使得焦炭微观碳结构有序化，且温度越高，有序化越明显。

1.6 煤渗透特性研究

煤体是一种具有明显非均质性的沉积岩。煤体本身分布着诸多类型的缺陷，如孔隙、裂隙、层理等。这些缺陷对煤样的强度以及应变影响很大。煤样全应力-应变曲线是研究煤样的力学特性、确定其本构关系的物理基础，其本身含有丰富的物理信息。

刘保县等[192]进行了煤样单轴压缩实验，根据声发射特征，建立了煤样的损伤模型，同时得到试件压缩过程中的应力-应变曲线。苏承东等[193]进行了卸围压加载路径条件下的压缩实验，研究了煤岩样的变形、强度及声发射特征。赵毅鑫等[194]对煤样进行了单、三轴压缩实验，研究了煤样破坏过程中的声发射特征，分析了煤样的预兆信息，认为单轴条件下声发射的预兆信息更加明显一点。

高春玉等[195]对大理岩进行加卸载三轴压缩实验，分析不同条件下的弹性模量及强度特征。孟陆波等[196]通过 MTS815 型实验机，对砂岩进行了三轴压缩实验，研究了围压与砂岩应力-应变特征曲线、弹性模量、峰值强度和峰值应变。吴刚等[197]研究了砂岩高温后的力学性质，表明砂岩力学性质的改变与温度引起的热应力作用、矿物成分和微结构变化密不可分。申卫兵等[198]进行了三轴压缩实验，研究不同煤种的强度、变形模量、泊松比与围压之间的关系情况。什库拉提尼克(V. L. Shkuratnik)等[199]研究了煤样在单轴和三轴压缩全过程中声发射的变化规律，得到煤样应力-应变曲线与声发射特征之间的关联性。康卫勇等[200]通过对中硬煤样进行压缩实验，得到了其强度与受压面积之间的关系式，并分析了煤样压缩过程中裂隙变化情况。对于煤岩样的单、三轴应力-应变特性，前人做过大量实验研究，在科研和工程实践中取得了一些具有指导意义的研究成果[201-203]。

煤岩样在渗流过程中裂隙的发展贯通及最终破裂形式，不仅与煤体本身的结构有关，还与其所处环境的温度和所受应力有关。深部煤体渗透率受原岩应力和温度的共同影响，随着煤层埋深的增加，地温也相应增大。文献[204]和文献[205]得出了煤体渗透率随温度升高而增大的结论。孙培德等[206]研究了常温下，平均有效应力与煤体渗透率之间的关系，发现平均有效应力对煤体渗透率有抑制作用。祝捷等[207]研究了煤样形变与其渗透率之间的内在关联，建立了加载煤样形变与渗透率的相关模型。何峰等[208]通过蠕变-渗流耦合实验研究了蠕变变形与渗透率之间的关系。

李树刚等[209]通过 MTS815.02 型刚性伺服实验系统，研究了在不同应变下煤体的非达西流渗透率。孙明贵等[210]采用瞬态渗透法测试了石灰岩破裂全过程的非达西流渗透特性，发现在峰后大应变状态下非达西流 β 因子出现负值现象。唐红度等[211]对淮南矿区的 4 个煤样进行了加载过程中的渗透性实验，分析了各试件渗透特性的变化规律。马占国等[212]在 MTS815.02 型刚性伺服实验系统上进行了破碎煤体压实过程中的渗透性测定，研究了在不同渗流速度下不同粒径破碎煤样轴向应力对渗透系数的影响。韩国锋等[213]通过分析当前实验中岩石渗透率的变化范围，提出岩石破坏后是否出现非达西流需要从有效应力考虑，指出了渗流失稳与渗流作用下结构失稳的区别。李晓泉等[214]利用自行研制的含瓦斯煤热流固耦合三轴伺服渗流系统对天府煤样进行固定瓦斯压力及不同围压情况下，突出煤试样在循环载荷下的渗流研究。

关于有效应力与渗透率的关系，海内外学者开展了一系列研究。在国外，研究者通过实验发现应力对煤体渗透性的影响比较大，并分析得到了有效应力与煤岩体渗透特性之间的耦合关系式[215-216]。在国内，林柏泉和周世宁[217]进行了模拟地应力环境下含瓦斯煤的渗透特性实验；之后，学者们通过实验，研究了三轴应力及有效应力条件下煤的渗透性，得到了应力与煤的渗透率之间的关系式[218-223]。莫海鸿等[224]利用拓扑学建立了裂隙网络模型，研究了多孔介质的流动和传输；滞斯姆(M. Tissm)和埃文斯(R. D. Evans)[225]对固化多孔介质材料的非达西流因子进行了测试和相关关系研究。

国内外许多学者认为，岩石材料的宏观脆性破坏是岩石中众多微裂隙萌发、扩展、增生和贯通的结果。其中一些学者做了大量理论研究和实验测试，尝试探索岩石材料从微观到宏观的破裂发展过程。曼苏罗夫(V. A. Mansurov)等[226]根据岩石破坏过程的声发射信息预测岩石的破坏类型。蔡(M. Cai)等[227]由声发射事件分析岩石的初始裂纹产生时间及破坏过程与应力的关系。李庶林等[228]在单轴压缩条件下对岩石变形破坏进行全过程声发射监测，得到了岩石变形破坏全过程力学特性以及声发射特征。研究结果表明，在岩石试件加载过程中，岩石的声发射 Kaiser 效应特征不是所有岩石都具有的；随着加载应力的不断增加，岩石声发射现象在弹性阶段的前期和后期明显增加，尤其在塑性阶段会发生突然增多；岩样加载应力在接近峰值强度时会随着时间的变化而降低，此时声发射事件率较前一阶段也发生明显降低，即出现声发射平静区；岩石发生失稳破坏后，声发射现象仍然明显。

左建平等[229-230]在单轴压缩条件下，测试了单体岩石、煤以及煤岩组合体声发射参数。实验结果表明，单体岩石、煤及煤岩组合体的声发射累积数随着轴压的加大而增大。此外通过对不同时间段各组试件进行声发射监测，发现同一时间段内，岩石的声发射数随着荷载的增加而增多，而煤呈现减少趋势，但是煤岩组合体的声发射数却是呈现先逐渐增加而后逐渐减少的趋势。杨永杰等[231]对灰岩进行三轴压缩声发射实验，通过声发射参数，分析了三轴压缩条件下灰岩的损伤演化特点，发现其损伤演化过程可划分为初始损伤阶段、损伤发展阶段、损伤加速发展阶段和损伤破坏阶段。结果表明：围压使岩石压密阶段声发射活动降低，同时声发射振铃计数最大值稍滞后于岩样，说明随着围压增加，岩石的剪切强度和峰后承载能力有所提高。此外，他还建立了基于声发射累计振铃计数的岩石三轴压缩损伤演化模型。陈景涛[232]通过三轴压缩声发射实验，提出了围压对岩石形变和声发射参数的影响。指明可以用声发射现象缓慢增加阶段作为岩石弹性变形阶段的判断依据，从而确定岩石的弹性极限，利用岩石声发射现象急剧增加阶段的起点作为判断岩石破坏前兆的依据。赵兴东等[233]对5种不同试样变形破坏声发射特征进行了研究，结果显示：5种岩石均发生劈裂破坏；在实验条件不变情况下，5种岩石在初始加载阶段产生的声发射事件都比较少；不同岩石的声发射特征有一定差异，一般情况下砂岩声发射事件数最少，而花岗岩声发射事件数最多；声发射定位结果显示花岗岩与大理岩的声发射定位结果比其他三种试样明显，可以直观反映其内部裂纹产生、扩展和贯通过程。高保彬等[234]分别对干燥、自然和饱水煤样进行单轴压缩条件下声发射实验，表明含水量对于煤样单轴抗压强度大小影响较大。

参考文献

[1] 王佟，张博，王庆伟，等. 中国绿色煤炭资源概念和内涵及评价[J]. 煤田地质与勘探，2017，45(1)：1-9.

[2] 中国环境报. 煤炭消费占一次能源比重下降[EB/OL]. [2019-06-06]. http://www.ccoalnews.com/201906/06/c107613.html.

[3] 王娟，苗韧，周伏秋. "十三五"能源与煤炭市场化改革与发展[J]. 煤炭经济研究，2015，35(1)：9-13.

[4] 中国煤炭新闻网. 十三五规划：未来中国煤炭发展新趋势[EB/OL]. [2015-11-11]. http://www.cwestc.com/newshtml/2015-11-11/390455.shtml.

[5] 常绪华，王德明，贾海林. 基于热重实验的煤自燃临界氧体积分数分析[J]. 中国矿业大学学报，2012，41(4)：526-530.

[6] 丰安祥，马砺，方昌才，等. 高瓦斯煤层群煤层自燃监测及预防技术[J]. 煤矿安全，2009，40(7)：31-33.

[7] 李爽，陈静升，冯秀燕，等. 应用TG-FTIR技术研究黄土庙煤催化热解特性[J]. 燃料化学学报，2013，41(3)：271-276.

[8] 周俊虎，平传娟，杨卫娟，等. 用热重红外光谱联用技术研究混煤热解特性[J]. 燃料化学学报，2004，32(6)：658-662.

[9] 刘钦甫，徐占杰，崔晓南，等. 不同煤化程度煤的热解及氮的释放行为[J]. 煤炭学报，

2015,40(2):450-455.

[10] 余明高,郑艳敏,路长.贫烟煤氧化热解反应的动力学分析[J].火灾科学,2009,18(3):143-147.

[11] 张瑞新,谢和平.煤堆自然发火的实验研究[J].煤炭学报,2001,26(4):168-171.

[12] 何启林,王德明.TG-DTA-FTIR技术对煤氧化过程的规律性研究[J].煤炭学报,2005,30(1):53-57.

[13] 何启林,王德明.煤水分含量对煤吸氧量与放热量影响的测定[J].中国矿业大学学报,2005,34(3):358-362.

[14] 陈向军,刘军,王林,等.不同变质程度煤的孔径分布及其对吸附常数的影响[J].煤炭学报,2013,38(2):294-300.

[15] 谢克昌.煤的结构与反应性[M].北京:科学出版社,2001.

[16] DENG Jun, ZHAO Jingyu, XIAO Yang, et al. Thermal analysis of the pyrolysis and oxidation behaviour of 1/3 coking coal[J]. Journal of thermal and calorimetry, 2017, 129(1):1779-1786.

[17] 陈文敏,张自勋.煤化学基础[M].北京:煤炭工业出版社,1993.

[18] 金铌.我国煤矿事故的特征及微观原因分析[J].中国安全生产科学技术,2011,7(6):104-106.

[19] 张志呈,罗尧东,李春晓.我国煤矿事故多发性和实现本质安全管理的研究[J].西南科技大学学报(哲学社会科学版),2011,28(1):1-6.

[20] 梅国栋,刘璐,王云海.影响我国煤矿安全生产的主要因素分析[J].中国安全生产科学技术,2008,4(3):84-87.

[21] 石海龙.当前煤炭经济形势分析及应对措施[J].煤炭经济研究,2015,35(5):23-26.

[22] 陆伟,胡千庭.煤低温氧化结构变化规律与煤自燃过程之间的关系[J].煤炭学报,2007,32(9):939-944.

[23] 崔馨,严煌,赵培涛.煤分子结构模型构建及分析方法综述[J].中国矿业大学学报,2019,48(4):704-717.

[24] 邓军,赵婧昱,张嫣妮,等.陕西侏罗纪煤二次氧化自燃特性试验研究[J].中国安全科学学报,2014,24(1):34-40.

[25] 张锐,夏阳超,谭金龙,等.低阶煤分子碳结构的分析与研究[J].中国煤炭,2018,44(12):88-94,116.

[26] PLOT R. The natural history of Oxford-shire[M]. Oxford:[s. n.],1677.

[27] BERZELIUS J J. A view of the progress and present state of animal chemistry[J]. Journal of Schirren public,1813(Ⅲ):51-52.

[28] World Coal Association. Uses of coal[Z/OL]. https://www.worldcoal.org/coal/uses-coal.

[29] 邓军,徐精彩,陈晓坤.煤自燃机理及预测理论研究进展[J].辽宁工程技术大学学报(自然科学版),2003,22(4):455-459.

[30] ДРХИМНАУК. Самовоэгорания твер-ых горючих ископаемых[M]. [S. l.]: Уголъ. Нояъръ,1986.

[31] 李增华.煤炭自燃的自由基反应机理[J].中国矿业大学学报,1996,25(3):111-114.

[32] LOPEZ D, SANADA Y, MONDRAGON F. Effect of low-temperature oxidation of coal on hydrogen-transfer capability[J]. Fuel,1998,77(14):1623-1628.

[33] WANG H, DLUGOGORSKI B Z, KENNEDY E M. Theoretical analysis of reaction regimes in low-temperature oxidation of coal[J]. Fuel,1999,78(9):1073-1081.

[34] 李增华,位爱竹,杨永良.煤炭自燃自由基反应的电子自旋共振实验研究[J].中国矿业大学学报,2006,35(5):576-580.

[35] 位爱竹,李增华,杨永良.破碎、氧化和光照对煤中自由基的影响分析[J].湖南科技大学学报(自然科学版),2006,21(4):19-22.

[36] 徐精彩.煤自燃危险区域判定理论[M].北京:煤炭工业出版社,2001.

[37] 王继仁,邓存宝.煤微观结构与组分量质差异自燃理论[J].煤炭学报,2007,32(12):1291-1296.

[38] 邓军,张嬿妮.煤自然发火微观机理[M].徐州:中国矿业大学出版社,2015.

[39] 陆伟,胡千庭,仲晓星,等.煤自燃逐步自活化反应理论[J].中国矿业大学学报,2007,36(1):111-115.

[40] 李林,BEAMISH B B,姜德义.煤自然活化反应理论[J].煤炭学报,2009,34(4):505-508.

[41] 王德明,辛海会,戚绪尧,等.煤自燃中的各种基元反应及相互关系:煤氧化动力学理论及应用[J].煤炭学报,2014,39(8):1667-1674.

[42] 谭波,牛会永,和超楠,等.回采情况下采空区煤自燃温度场理论与数值分析[J].中南大学学报(自然科学版),2013,44(1):381-387.

[43] 邓军,文虎,张辛亥,等.煤田火灾防治理论与技术[M].徐州:中国矿业大学出版社,2014.

[44] 刘乔,王德明,仲晓星,等.基于程序升温的煤层自然发火指标气体测试[J].辽宁工程技术大学学报(自然科学版),2013,32(3):362-366.

[45] 王振平.基于指标气体的煤自燃程度判定技术基础研究[D].西安:西安科技大学,2006.

[46] 刘飞.煤低温反应指标气体研究[D].南京:南京工业大学,2003.

[47] 吴阳阳,穆朝民,胡嘉伟,等.煤低温氧化标志性气体变化规律[J].矿业工程研究,2014,29(3):52-57.

[48] 王彩萍,王伟峰,邓军.不同煤种低温氧化过程指标气体变化规律研究[J].煤炭工程,2013(2):109-111,114.

[49] 何萍,王飞宇,唐修义,等.煤氧化过程中气体的形成特征与煤自燃指标气体选择[J].煤炭学报,1994,19(6):635-643.

[50] 陆伟.煤自燃过程气态产物产生机理[J].湖南科技大学学报(自然科学版),2009,24(2):10-14.

[51] 马汉鹏,陆伟,王宝德.煤自燃过程指标气体产生规律的系统研究[J].矿业安全与环保,2007,34(6):4-6,9.

[52] 王福生,刘颖健,高东,等.煤自燃过程中自由基与指标气体释放规律[J].煤炭科学技

术,2016,44(增刊):72-74.

[53] 许延辉.煤自燃全过程测试和指标气体的研究与应用[D].西安:西安科技大学,2005.

[54] WU Youqing,WU Shiyong,GU Jing,et al. Differences in physical properties and CO_2 gasification reactivity between coal char and petroleum coke[J]. Process safety and environmental protection,2009,87(5):323-330.

[55] WU Yuguo,WU Jianming. Experimental study on significant gases of coal spontaneous combustion by temperature programmed(TP)[J]. Procedia engineering,2011,26(1):120-125.

[56] KRZYSZTOF W. Harnessing methane emissions from coal mining[J]. Process safety and environmental protection,2008,86(5):315-320.

[57] 李林,陈军朝,姜德义,等.煤自燃全过程高温区域及指标气体时空变化实验研究[J].煤炭学报,2016,41(2):444-450.

[58] 谭波,胡瑞丽,高鹏,等.煤自燃灾害气体指标的阶段特征试验研究[J].中国安全科学学报,2013,23(2):51-57.

[59] 刘通.煤自燃指标气体优选及影响因素研究[D].太原:太原理工大学,2014.

[60] 王儒军,杨宏民,罗海珠.气体分析法预测预报典型易燃褐煤自然发火[J].煤矿安全,2004,35(9):32-34.

[61] 寇砾文,蒋曙光,王兰云,等.温庄煤自燃指标气体产生规律及影响因素分析[J].煤矿安全,2012,43(3):6-10.

[62] 罗海珠,钱国胤.各煤种自然发火标志气体指标研究[J].煤矿安全,2003,34(增刊):86-89.

[63] 陈晓坤,李士戎,王亚超.大佛寺煤样在程序升温条件下自燃特性研究[J].煤矿安全,2007,38(12):5-7.

[64] 谢振华,金龙哲,任宝宏.煤炭自燃特性与指标气体的优选[J].煤矿安全,2004,35(2):10-12.

[65] 张辛亥,李青蔚.预氧化煤自燃特性试验研究[J].煤炭科学技术,2014,42(11):37-40.

[66] 陈欢,杨永亮.煤自燃预测技术研究现状[J].煤矿安全,2013,44(9):194-197.

[67] QI Xuyao,WANG Deming,ZHONG Xiaoxing,et al. Characteristics of oxygen consumption of coal at programmed temperatures[J]. Mining science and technology,2010,20(3):372-377.

[68] WANG H H, DLUGOGORSKI B Z, KENNEDY E M. Coal oxidation at low temperatures:oxygen consumption,oxidation products,reaction mechanism and kinetic modelling[J]. Progress in energy and combustion science,2003,29(6):487-513.

[69] 陆伟.基于耗氧量的煤自燃倾向性快速鉴定方法[J].湖南科技大学学报(自然科学版),2008,23(1):15-18.

[70] 文虎,徐精彩,葛岭梅,等.煤自燃性测试技术及数值分析[J].北京科技大学学报,2001,23(6):499-501.

[71] 宋泽阳,朱红青,徐纪元,等.地下煤火高温阶段贫氧不完全燃烧耗氧速率的计算[J].煤炭学报,2014,39(12):2439-2445.

[72] 文虎,郭军,金永飞,等.煤田火区高温氧化燃烧特性参数测试装置研发[J].工矿自动化,2015,41(3):14-18.

[73] 金永飞,郭军,文虎,等.煤自燃高温贫氧氧化燃烧特性参数的实验研究[J].煤炭学报,2015,40(3):596-602.

[74] 张嫣妮,邓军,金永飞,等.煤自燃特性的油浴升温实验研究[J].煤矿安全,2010,41(11):7-10.

[75] 郭小云,王德明,李金帅.煤低温氧化阶段气体吸附与解析过程特性研究[J].煤炭工程,2011(5):102-104.

[76] 朱红青,屈丽娜,沈静,等.不同因素对煤吸氧量、热焓影响的试验研究[J].中国安全科学学报,2012,22(10):30-35.

[77] 姬建虎,谢强燕,王长元.煤自燃内在影响因素分析[J].矿业安全与环保,2008,35(3):24-26.

[78] 戴广龙.煤低温氧化与吸氧试验研究[J].辽宁工程技术大学学报(自然科学版),2008,27(2):172-175.

[79] 徐精彩,张辛亥,文虎,等.煤氧复合过程及放热强度测算方法[J].中国矿业大学学报,2000,29(3):253-257.

[80] 文虎,徐精彩,葛岭梅,等.煤低温自然发火的热效应及热平衡测算法[J].湘潭矿业学院学报,2001,16(4):1-4.

[81] 文虎,徐精彩,李莉,等.煤自燃的热量积聚过程及影响因素分析[J].煤炭学报,2003,28(4):370-374.

[82] 徐精彩,文虎,葛岭梅,等.松散煤体低温氧化放热强度的测定和计算[J].煤炭学报,2000,25(4):387-390.

[83] NELSON M I,BALAKRISHNAN E,CHEN X D. A Semenov model of self-heating in compost piles[J]. Process safety and environmental protection,2003,81(5):375-383.

[84] DENG Jun,XIAO Yang,LI Qingwei,et al. Experimental studies of spontaneous combustion and anaerobic cooling of coal[J]. Fuel,2015,157(1):261-269.

[85] MAO Zhanli,ZHU Hongya,ZHAO Xuejuan,et al. Experimental study on characteristic parameters of coal spontaneous combustion[J]. Procedia engineering,2013,62(1):1081-1086.

[86] BARIS K,KIZGUT S,DIDARI V. Low-temperature oxidation of some Turkish coals[J]. Fuel,2012,93(1):423-432.

[87] SIPILÄ J,AUERKARI P,HEIKKILÄ A M,et al. Risk and mitigation of self-heating and spontaneous combustion in underground coal storage[J]. Journal of loss prevention in the process industries,2012,25(3):617-622.

[88] 谢振华,金龙哲,宋存义.程序升温条件下煤炭自燃特性[J].北京科技大学学报,2003,25(1):12-14.

[89] 梁运涛,罗海珠.煤低温氧化自热模拟研究[J].煤炭学报,2010,35(6):956-959.

[90] 杨永良,李增华,高思源,等.松散煤体氧化放热强度测试方法研究[J].中国矿业大学

学报,2011,40(4):511-516.

[91] 陈晓坤,易欣,邓军.煤特征放热强度的实验研究[J].煤炭学报,2005,30(5):623-626.

[92] 李增华,王德明,陆伟,等.煤炭自燃特性研究的加速量热法[J].中国矿业大学学报,2003,32(6):16-18.

[93] 彭本信.应用热分析技术研究煤的氧化自燃过程[J].煤矿安全,1990(4):1-12.

[94] 张卫亮,梁运涛.差式扫描量热法在褐煤最易自燃临界水分试验中的应用[J].煤矿安全,2008,39(7):9-10.

[95] 潘乐书,杨永刚.基于量热分析煤低温氧化中活化能研究[J].煤炭工程,2013,45(6):102-105.

[96] 赵彤宇,王刚,于贵生,等.煤自燃危险性测试技术条件热力学参数的实验分析[J].煤矿安全,2010,41(7):16-18.

[97] 刘高文.煤自燃特性参数研究及应用[D].西安:西安科技大学,2012.

[98] 仲晓星,王德明,尹晓丹.基于程序升温的煤自燃临界温度测试方法[J].煤炭学报,2010,35(增刊):128-131.

[99] 邓军,赵婧昱,张嬿妮.基于指标气体增长率分析法测定煤自燃特征温度[J].煤炭科学技术,2014,42(7):49-52,56.

[100] 王寅,王海晖.基于交叉点温度法煤自燃倾向性评定指标的物理内涵[J].煤炭学报,2015,40(2):377-382.

[101] 肖旸,马砺,王振平,等.采用热重分析法研究煤自燃过程的特征温度[J].煤炭科学技术,2007,35(5):73-76.

[102] 张辛亥,李青蔚,肖旸,等.风化煤自燃性程序升温氧化实验研究[J].矿业安全与环保,2015,42(5):5-9.

[103] 邓军,赵婧昱,张嬿妮,等.低变质程度煤二次氧化自燃特性试验[J].煤炭科学技术,2016,44(3):49-54.

[104] 文虎,姜华,翟小伟,等.煤二次氧化气体特征实验研究[J].煤矿安全,2013,44(9):38-40.

[105] 邓军,赵婧昱,张嬿妮,等.不同变质程度煤二次氧化自燃的微观特性试验[J].煤炭学报,2016,41(5):1164-1172.

[106] ZHU Jianfang,HE Ning,LI Dengji. The relationship between oxygen consumption rate and temperature during coal spontaneous combustion[J]. Safety science,2012,50(4):842-854.

[107] 屈丽娜.煤自燃阶段特征及其临界点变化规律的研究[D].北京:中国矿业大学(北京),2013.

[108] ZHANG Weiqing,JIANG Shuguang,WANG Kai. Study on coal spontaneous combustion characteristic structures affected by ionic liquids[J]. Procedia engineering,2011,26(1):480-485.

[109] 马蓉.煤自燃临界温度及其影响因素实验研究[D].西安:西安科技大学,2015.

[110] TSENG H P,EDGAR T F. Combustion behaviour of bituminous and anthracite coal char between 425 and 900 ℃[J]. Fuel,1985,64(3):373-379.

[111] TSENG H P,EDGAR T F. Identification of the combustion behaviour of lignite char between 350 and 900 ℃[J]. Fuel,1984,63(3):385-393.

[112] DHUPE A P,GOKARN A N,DORAISWAMY L K. Investigations into the compensation effect at catalytic gasification of active charcoal by carbon dioxide[J]. Fuel,1991,70(7):839-844.

[113] 胡荣祖. 热分析动力学[M]. 北京:科学出版社,2001.

[114] 舒新前,王祖讷,徐精彩,等. 神府煤煤岩组分的结构特征及其差异[J]. 燃料化学学报,1996,24(5):50-57.

[115] LI Bo,CHEN Gang,ZHANG Hui,et al. Development of non-isothermal TGA-DSC for kinetics analysis of low temperature coal oxidation prior to ignition[J]. Fuel,2014,118(1):385-391.

[116] 刘剑,陈文胜,齐庆杰. 基于活化能指标煤的自燃倾向性研究[J]. 煤炭学报,2005,30(1):67-70.

[117] 刘剑,王继仁,孙宝铮. 煤的活化能理论研究[J]. 煤炭学报,1999,24(3):94-98.

[118] 仲晓星. 煤自燃倾向性的氧化动力学测试方法研究[D]. 徐州:中国矿业大学,2008.

[119] 朱红青,郭艾东,屈丽娜. 煤热动力学参数、特征温度与挥发分关系的试验研究[J]. 中国安全科学学报,2012,22(3):55-60.

[120] KALJUVEE T,KEELMAN M,TRIKKEL A,et al. TG-FTIR/MS analysis of thermal and kinetic characteristics of some coal samples[J]. Journal of thermal analysis and calorimetry,2013,113(3):1063-1071.

[121] ZHANG Yulong,WANG Junfeng,WU Jianming,et al. Modes and kinetics of CO_2 and CO production from low-temperature oxidation of coal[J]. International journal of coal geology,2015,140(1):1-8.

[122] QI Guansheng,WANG Deming,CHEN Yun,et al. The application of kinetics based simulation method in thermal risk prediction of coal[J]. Journal of loss prevention in the process industries,2014,29(1):22-29.

[123] 刘文永,文虎,王宝元. 烟煤自燃特性参数差异性实验研究[J]. 煤矿安全,2017,48(12):53-56.

[124] 邓军,张丹丹,张嬿妮,等. 基于程序升温的煤低温氧化表观活化能试验研究[J]. 煤炭科学技术,2015,43(6):54-58.

[125] 尹晓丹,王德明,仲晓星. 基于耗氧量的煤低温氧化反应活化能研究[J]. 煤矿安全,2010,41(7):12-15.

[126] 李增华,齐峰,杜长胜,等. 基于吸氧量的煤低温氧化动力学参数测定[J]. 采矿与安全工程学报,2007,24(2):137-140.

[127] 仲晓星,王德明,陆伟,等. 交叉点温度法对煤氧化动力学参数的研究[J]. 湖南科技大学学报(自然科学版),2007,22(1):13-16.

[128] 王宝俊,凌丽霞,章日光,等. 煤热化学性质的量子化学研究[J]. 煤炭学报,2009,34(9):1239-1243.

[129] 石婷,邓军,王小芳,等. 煤自燃初期的反应机理研究[J]. 燃料化学学报,2004,32(6):

652-657.

[130] 曾凡桂,谢克昌.煤结构化学的理论体系与方法论[J].煤炭学报,2004,29(4):443-447.

[131] FUCHS W,SANDOFF A G. Theory of coal pyrolysis[J]. Industrial engineering chemistry,1942,34(5):567-571.

[132] GIVEN P H. The distribution of hydroxyl in coal and its relation to coal structure [J]. Fuel,1960,39(2):147-153.

[133] GIVEN P H. Structure of bituminous coals:evidence from distribution of hydrogen [J]. Nature,1959,184(4691):980-981.

[134] GIVEN P H. Dehydrogenation of coals and its relation to coal structure[J]. Fuel, 1961,40(3):427-431.

[135] WISER W H. Conversion of bituminous coals to liquids and gases[M]. [S. l.]:D. Reidel publishing company,1984.

[136] WENDER I. Catalytic synthesis of chemicals from coal[J]. Catalysis reviews,1976, 14(1):97-129.

[137] SOLOMON P R. Coal structure and thermal decomposition[J]. New approaches in coal chemistry,1981(4):61-71.

[138] SHINN J H. From coal to single-stage and two-stage products:a reactive model of coal structure[J]. Fuel,1984,63(9):1187-1196.

[139] 戚绪尧.煤中活性基团的氧化及自反应过程[D].徐州:中国矿业大学,2011.

[140] CANNON C G,SUTHERLAND G B B M. The infra-red absorption spectra of coals and coal extracts[J]. Transactions of the faraday society,1945,41(1):279-288.

[141] PAINTER P C,SNYDER R W,STARSINIC M,et al. Concerning the application of FTIR to the study of coal:a critical assessment of band assignments and the application of spectral analysis programs[J]. Applied spectroscopy,1981,35(5):475-485.

[142] OPAPRAKASIT P,SCARONI A W,PAINTER P C. Ionomer-like structures and π-cation interactions in Argonne premium coals[J]. Energy and fuels,2002,16(3):543-551.

[143] CHEN Chong,GAO Jinsheng,YAN Yongjie. Observation of the type of hydrogen bonds in coal by FTIR[J]. Energy and fuels,1998,12(3):446-449.

[144] GENG W H,TSUNENORI N,HIROKAZU T,et al. Analysis of carboxyl group in coal and coal aromaticity by Fourier transform infrared(FT-IR) spectrometry[J]. Fuel,2009,88(1):139-144.

[145] IBARRA J V,MUÑOZ E,MOLINER R. FTIR study of the evolution of coal structure during the coalification process[J]. Organic geochemistry,1996,24(6-7):725-735.

[146] PETERSEN H I,NYTOFT H P. Oil generation capacity of coals as a function of coal age and aliphatic structure[J]. Organic geochemistry,2006,37(5):558-583.

[147] PETERSEN H I,ROSENBERG P,NYTOFT H P. Oxygen groups in coals and alginite-rich kerogen revisited[J]. International journal of coal geology, 2008, 74

(2):93-113.
[148] PETERSEN H I. The petroleum generation potential and effective oil window of humic coals related to coal composition and age[J]. International journal of coal geology,2006,67(4):221-248.
[149] 董庆年,陈学艺. 红外发射光谱法原位研究褐煤的低温氧化过程[C]//第九届全国分子光谱学术报告会文集. 北京:[出版者不详],1996:80-83.
[150] 刘国根,邱冠周,胡岳华. 煤的红外光谱研究[J]. 中南工业大学学报(自然科学版),1999,30(4):44-46.
[151] 朱红,李虎林,欧泽深,等. 不同煤阶煤表面改性的 FTIR 谱研究[J]. 中国矿业大学学报,2001,30(4):46-50.
[152] 戚绪尧. 煤中活性基团的氧化及自反应过程[J]. 煤炭学报,2011,36(12):2133-2134.
[153] 葛岭梅,薛韩玲,徐精彩,等. 对煤分子中活性基团氧化机理的分析[J]. 煤炭转化,2001,24(3):23-28.
[154] LYNCH B M,LANCASTER L I, ANTHONY M J. Carbonyl groups from chemically and thermally promoted decomposition of peroxides on coal surfaces detection of specific types using photoacoustic infrared Fourier transform spectroscopy [J]. Fuel,1987,66(1):979-983.
[155] CAROL A,RHOADS J T,SENFTLE M M,et al. Further studies of coal oxidation [J]. Fuel,1983,62(12):1387-1392.
[156] 褚廷湘,杨胜强,孙燕,等. 煤的低温氧化实验研究及红外光谱分析[J]. 中国安全科学学报,2008,18(1):171-176.
[157] 余明高,郑艳敏,路长,等. 煤自燃特性的热重-红外光谱实验研究[J]. 河南理工大学学报(自然科学版),2009,28(5):547-551.
[158] MACPHEE J A,CHARLAND J P,GIROUX L. Application of TG-FTIR to the determination of organic oxygen and its speciation in the Argonne premium coal samples[J]. Fuel processing technology,2006,87(4):335-341.
[159] 姜波,秦勇,金法礼. 高温高压下煤超微构造的变形特征[J]. 地质科学,1998,33(1):18-25.
[160] 张玉贵,张子敏,谢克昌. 煤演化过程中力化学作用与构造煤结构[J]. 河南理工大学学报(自然科学版),2005,24(2):95-99.
[161] 李晓泉,尹光志. 不同性质煤的微观特性及渗透特性对比试验研究[J]. 岩石力学与工程学报,2011,30(3):500-508.
[162] 余明高,林棉金,路长,等. 不同温度条件下煤的恒温氧化特性实验研究[J]. 河南理工大学学报(自然科学版),2009,28(3):261-265.
[163] 冯杰,李文英,谢克昌. 傅立叶红外光谱法对煤结构的研究[J]. 中国矿业大学学报,2002,31(5):25-29.
[164] 何启林,任克斌,王德明. 用红外光谱技术研究煤的低温氧化规律[J]. 煤炭工程,2003(11):45-48.
[165] 余明高,贾海林,徐俊. 乌达烟煤的微观结构与自燃的关联性分析[J]. 辽宁工程技术

大学学报,2006,25(6):819-822.

[166] 马汝嘉,张帅,侯丹丹,等.陕西凤县高煤级煤分子结构模型的构建与结构优化[J].煤炭学报,2019,44(6):1827-1835.

[167] GETHNER J. Thermal and oxidation chemistry of coal at low temperatures[J]. Fuel,1985,64(10):1443-1446.

[168] CALEMMA V,RAUSA R,MARGARIT R. FTIR study of coal oxidation at low temperature[J]. Fuel,1988,67(6):764-770.

[169] 朱学栋,朱子彬,韩崇家,等.煤中含氧官能团的红外光谱定量分析[J].燃料化学学报,1999,27(4):335-339.

[170] 辛海会,王德明,戚绪尧,等.褐煤表面官能团的分布特征及量子化学分析[J].北京科技大学学报,2013,35(2):135-139.

[171] 张辛亥,罗振敏,张海珩.煤自燃性的红外光谱研究[J].西安科技大学学报,2007,27(2):171-174.

[172] 周沛然.煤低温氧化结构变化的红外光谱研究[J].煤炭转化,2014,37(1):15-18.

[173] 袁林,费金彪.基于红外光谱技术对煤低温氧化规律的研究[J].陕西煤炭,2014(2):45-48.

[174] 冯杰,李文英,谢克昌.傅立叶红外光谱法对煤结构的研究[J].中国矿业大学学报,2002,31(5):362-366.

[175] 季伟,吴国光.低阶煤表面活性结构对自燃的影响研究[J].煤炭技术,2014,33(9):272-274.

[176] CARLSON G A. Computer-simulation of the molecular-structure of Bituminous coal[J]. Energy and fuels,1992,6(6):771-778.

[177] VORPAGEL E R,LAVIN J G. Most stable configurations of polynuclear aromatic hydrocarbon molecules in pitches via molecular modelling[J]. Carbon,1992,30(7):1033-1040.

[178] 侯新娟,杨建丽,李永旺.煤大分子结构的量子化学研究[J].燃料化学学报,1999,27(增刊):143-149.

[179] 邓军,侯爽,李会荣,等.煤分子中—CH_2O—活性基团初期氧化反应机理研究[J].长春理工大学学报,2006,29(2):84-87.

[180] 邓军,侯爽,李会荣,等.煤分子中—HCOH—初期氧化反应机理研究[J].煤炭转化,2006,29(3):1-4.

[181] FIROUZI M, RUPP E C, LIU C W,et al. Molecular simulation and experimental characterization of the nanoporous structures of coal and gas shale[J]. International journal of coal geology,2014,121(1):123-128.

[182] 王继仁,邓存宝,邓汉忠,等.煤自燃生成甲烷的反应机理研究[C]//第三届国际理论化学、分子模拟和生命科学研讨会暨第三届北京宏剑公司用户大会文集.烟台:[出版者不详],2007:20-25.

[183] 王继仁,孙艳秋,邓存宝,等.煤自燃生成水的反应机理研究[J].煤炭转化,2008,31(1):51-56.

[184] 王继仁,邓汉忠,邓存宝,等.煤自燃生成一氧化碳和水的反应机理研究[J].计算机与应用化学,2008,25(8):935-940.

[185] 辛海会,王德明,许涛,等.低阶煤低温热反应特性的原位红外研究[J].煤炭学报,2011,36(9):1528-1532.

[186] 杜淑凤.用X-射线能谱(XPS)和二次离子质谱(SIMS)分析法研究烟煤镜质组低温氧化过程初探[J].煤质技术,2001(增刊):38-43.

[187] 常海洲,王传格,曾凡桂,等.不同还原程度煤显微组分组表面结构XPS对比分析[J].燃料化学学报,2006,34(4):389-394.

[188] 段旭琴,王祖讷.煤显微组分表面含氧官能团的XPS分析[J].辽宁工程技术大学学报,2010,29(3):498-501.

[189] 刘利,崔文权,陈鹏,等.利用XPS研究低温干燥脱水过程中煤的氧化规律[J].煤炭技术,2010,29(5):189-191.

[190] 乔伟,张小东,简瑞.不同煤体结构特征对比研究[J].煤炭科学技术,2014,42(3):61-65.

[191] 张守玉,吕俊复,王文选,等.热处理对煤焦反应性及微观结构的影响[J].燃料化学学报,2004,32(6):673-678.

[192] 刘保县,赵宝云,姜永东.单轴压缩煤岩变形损伤及声发射特性研究[J].地下空间与工程学报,2007,3(4):647-650.

[193] 苏承东,翟新献,李宝富,等.砂岩单三轴压缩过程中声发射特征的试验研究[J].采矿与安全工程学报,2011,28(2):225-229.

[194] ZHAO Yixin,JIANG Yaodong. Acoustic emission and thermal infrared precursors associated with bump-prone coal failure[J]. International journal of coal geology,2010,83(1):11-20.

[195] 高春玉,徐进,何鹏,等.大理岩加卸载力学特性的研究[J].岩石力学与工程学报,2005,24(3):456-460.

[196] 孟陆波,李天斌,徐进,等.高温作用下围压对页岩力学特性影响的试验研究[J].煤炭学报,2012,37(11):1829-1833.

[197] 吴刚,邢爱国,张磊.砂岩高温后的力学特性[J].岩石力学与工程学报,2007,26(10):2110-2116.

[198] 申卫兵,张保平.不同煤阶煤岩力学参数测试[J].岩石力学与工程学报,2000,19(增刊):860-862.

[199] SHKURATNIK V L,FILIMONOV Y L,KUCHURIN S V. Experimental investigations into acoustic emission in coal samples under uniaxial loading[J]. Journal of mining science,2004,40(5):458-464.

[200] 康卫勇,靳钟铭,魏锦平.中硬煤大煤样的压裂实验研究[J].太原理工大学学报,2001,32(1):6-11.

[201] 曹树刚,李勇,郭平,等.型煤与原煤全应力-应变过程渗流特性对比研究[J].岩石力学与工程学报,2010,29(5):899-905.

[202] 李祥春,聂百胜,王康龙,等.煤层渗透性变化影响因素分析[J].中国矿业,2011,20

(6):112-115.

[203] 李东印,王文,李化敏,等.重复加-卸载条件下大尺寸煤样的渗透性研究[J].采矿与安全工程学报,2010,27(1):121-125.

[204] 冉启全,李士伦.流固耦合油藏数值模拟中物性参数动态模型研究[J].石油勘探与开发,1997,24(3):61-65.

[205] 梁冰,高红梅,兰永伟.岩石渗透率与温度关系的理论分析和试验研究[J].岩石力学与工程学报,2005,24(12):2009-2012.

[206] 孙培德,凌志仪.三轴应力作用下煤渗透率变化规律实验[J].重庆大学学报(自然科学版),2000,23(增刊):28-31.

[207] 祝捷,姜耀东,孟磊,等.载荷作用下煤体变形与渗透性的相关研究[J].煤炭学报,2012,37(6):984-988.

[208] 何峰,王来贵,王振伟,等.煤岩蠕变-渗流耦合规律实验研究[J].煤炭学报,2011,36(6):930-933.

[209] 李树刚,张天军,陈占清,等.高瓦斯矿煤样非 Darcy 流的渗透性试验[J].湖南科技大学学报,2008,23(3):1-4.

[210] 孙明贵,黄先伍,李天珍,等.石灰岩应力-应变全过程的非达西流渗透特性[J].岩石力学与工程学报,2006,25(3):484-491.

[211] 唐红度,唐平,陈占清.煤样渗透特性及渗流稳定性的实验研究[J].煤炭科技,2009(3):1-3.

[212] 马占国,缪协兴,陈占清,等.破碎煤体渗透特性的试验研究[J].岩土力学,2009,30(4):985-988,996.

[213] 韩国锋,王恩志,刘晓丽.岩石损伤过程中的渗流特性[J].土木建筑与环境工程,2011,33(5):41-50.

[214] 李晓泉,尹光志,蔡波.循环载荷下突出煤样的变形和渗透特性试验研究[J].岩石力学与工程学报,2010,29(2):3498-3504.

[215] MAVOR M J, GUNTER W D. Secondary porosity and permeability of coal vs. gas composition and pressure[J]. Society of petroleum engineers,2006,9(2):114-125.

[216] PENG Yongwei,QI Qinxin,DENG Zhigang,et al. Experimental research on sensibility of permeability of coal samples under confining pressure status based on scale effect[J]. Journal of the China coal society,2008,33(5):509-513.

[217] 林柏泉,周世宁.煤样瓦斯渗透率的实验研究[J].中国矿业学院学报,1987(1):21-28.

[218] 贺玉龙,杨立中.围压升降过程中岩体渗透率变化特性的试验研究[J].岩石力学与工程学报,2004,23(3):415-419.

[219] 吴世跃,赵文.含吸附煤层气煤的有效应力分析[J].岩石力学与工程学报,2005,24(10):1674-1678.

[220] 唐巨鹏,潘一山,李成全,等.有效应力对煤层气解吸渗流影响实验研究[J].岩石力学与工程学报,2006,25(8):1563-1568.

[221] 殷黎明,杨春和,王贵宾,等.地应力对裂隙岩体渗流特性影响的研究[J].岩石力学与

工程学报,2005,24(16):3071-3075.
[222] 金大伟,赵永军.煤储层渗透率复合因素数值模型研究[J].西安科技大学学报,2006,26(4):460-463.
[223] 孙立东,赵永军,蔡东梅.应力场、地温场、压力场对煤层气储层渗透率影响研究:以山西沁水盆地为例[J].山东科技大学学报(自然科学版),2007,26(3):12-14.
[224] MO Haihong,BAI Mao,LIN Dezhang,et al. Study of flow and transport in fracture network using percolation theory[J]. Applied mathematical modelling,1998,22(4):277-291.
[225] TISSM M,EVANS R D. Mcasurcmcnt and correlation of non-Darcy flow coefficient in consolidated porous media[J]. Journal of petroleum science and engineering,1989,3(1-2):19-33.
[226] MANSUROV V A. Acoustic emission from failing rock behavior [J]. Rock mechanicsand rock engineering,1994,27(3):173-182.
[227] CAI M,MORIOKA H,KAISER P K,et al. Back-analysis of rock mass strength parameters using AE monitoring data[J]. International journal of rock mechanics and mining sciences,2007,44(4):538-549.
[228] 李庶林,尹贤刚,王泳嘉,等.单轴受压岩石破坏全过程声发射特征研究[J].岩石力学与工程学报,2004,23(15):2499-2503.
[229] 左建平,裴建良,刘建锋,等.煤岩体破裂过程中声发射行为及时空演化机制[J].岩石力学与工程学报,2011,30(8):1564-1570.
[230] 左建平,谢和平,吴爱民,等.深部煤岩单体及组合体的破坏机制及力学特性研究[J].岩石力学与工程学报,2011,30(1):84-92.
[231] 杨永杰,王德超,郭明福,等.基于三轴压缩声发射试验的岩石损伤特征研究[J].岩石力学与工程学报,2014,33(1):98-104.
[232] 陈景涛.岩石变形特征和声发射特征的三轴试验研究[J].武汉理工大学学报,2008,30(2):94-96.
[233] 赵兴东,陈长华,刘建坡,等.不同岩石声发射活动特性的实验研究[J].东北大学学报(自然科学版),2008,29(11):1633-1636.
[234] 高保彬,李回贵,李化敏,等.含水煤样破裂过程中的声发射及分形特性研究[J].采矿与安全工程学报,2015,32(4):665-670.

第2章　中变质程度煤基础物理化学特征

煤炭是由远古时代各种复杂的动物和植物遗体经过长期一系列的物理变化、化学变化以及生物变化的作用，最终形成的一种有机生物岩。成煤时期，物种的多样性、环境影响和作用过程的不同，导致了煤的本质特性的差异性。本书选取中变质程度烟煤为研究对象，分析煤样的自然发火特性。在进行机理研究之前，需对中变质程度烟煤本身进行全面的物理化学结构特性研究，确定参数表征及分布规律。煤的物理化学结构特征参数指煤的煤质分析参数、物理化学吸附指标、导热特性、X射线衍射特征、矿物含量、官能团结构分布特征和力学特性等。

2.1　煤质分析

煤质分析主要包括工业分析和元素分析。工业分析[1-5]是检验煤的规格的主要手段，主要测试煤样的水分、灰分以及挥发分，并确定它们是否符合有关工业生产方面的要求。元素分析[6]的主要目的是鉴定煤中存在元素种类并测定其含量。通过元素分析与工业分析，测试中变质程度烟煤的煤质组成。

2.1.1　实验方法

工业分析利用5E-MAG6700型开元工业分析仪（中国）测试煤样的水分、灰分以及挥发分。工业分析实验的工作原理是利用热重分析，将远红外加热设备与称量用的电子天平结合在一起，在特定的气氛条件、规定的温度和时间内对受热过程中的试样予以称重，以此计算出试样的水分、灰分以及挥发分等工业分析指标。工业分析在室温常压下进行。

采用Elementar Vario EL Ⅲ型元素测定仪（德国）进行元素分析，并采用X射线荧光扫描仪（德国）对煤样中的微量元素进行分析。元素分析是让煤样在高温条件下，经氧气与复合催化剂的共同作用，使待测样品发生氧化燃烧与还原反应，被测煤样组分转化为气态物质（CO_2、H_2O和N_2），并在载气的推动下，进入分离检测单元，分离单元采用色谱法原理，利用气相色谱柱，将被测样品的混合组分气体载入色谱柱中。由于这些组分在色谱柱中流出的时间不同，从而使混合组分按照N、C、H的顺序被分离，被分离出的单组分气体通过热导检测器分析测量，不同组分的气体在热导检测器中的导热系数不同，从而使仪器针对不同组分产生出不同的读数。

X射线荧光扫描仪（德国）简称XRF，可定性和定量测试煤中微量元素含量。其原理为用X射线（一次X射线）照射样品，激发产生二次X射线（荧光X射线）。检测此二次X射线，从而进行元素的定性和定量分析。对样品施加比K层电子具有更高能量的粒子线光子后，K层电子会飞出，从而产生空隙。为了填补这个空隙，外层的电子进行跃迁时，就会产生等同于能量差值的特定元素X射线。不同元素具有波长不同的特征X射线谱，而各谱线的荧光强度又与元素的浓度呈一定关系，根据布拉格(Bragg)定律将不同能量曲线分开，从而测定待测元素特征 X 射线谱线的波长和强度。所采用的能量色散 XRF 电压为 50 kV。根据两组元素分析实验，最后由差减法得到 O 元素含量。有机元素 8 分析实验在室温常压下进行。

实验选取 6 种来自不同煤矿的中变质程度的烟煤煤样作为研究对象，并与高变质程度无烟煤和低变质程度褐煤进行对比分析。根据《煤样的制备方法》(GB 474—2008)，采取煤样呈块状，用内衬塑料袋密封包装，并在煤质分析前对煤样进行剥离破碎、筛选。分别将新鲜煤样在空气中粉碎并筛选出直径为 80～120 目(0.124～0.178 mm)的样品作为实验煤样。为了提高实验数据的可信度，每个煤样均进行三次重复实验，之后取实验数据的平均值。

2.1.2　工业分析

煤的水分是指煤中外在水分、内在水分和化合水分的总称，本实验使用的指标是指脱去外在水分的空气干燥基下内在水分 M_{ad}。灰分是指煤中所有可燃物质完全燃烧后，煤中的矿物质在一定温度下经过一系列分解、化合等复杂反应后剩下的残渣，实验选用空气干燥基下的灰分产率 A_{ad}。挥发分(V_{ad})是指煤在规定的条件下隔绝空气加热后挥发性有机物质的产率，包括有机质热解产物、碳酸盐分解生成的 CO_2 和水分，它表征煤的变质程度。FC_{ad} 是指煤中有机质在发生热解反应后的固体产物，包括 C、H、O、N 等元素，其值小于元素分析中的 C 含量。如表 2-1 所列，烟煤煤样水分含量较小，且不同煤样水分含量较为均匀，在 0.95%～1.81%之间，褐煤水分含量最大，无烟煤最小。烟煤灰分含量在 8.65%～17.92%之间，介于褐煤和无烟煤之间。灰分含量与矿物质含量之间有着密切关系。烟煤挥发分含量在 24.32%～36.35%之间。同样，烟煤的挥发分介于褐煤与无烟煤之间。6# 煤样挥发分含量最少，与其 C 含量最大相对应，挥发分与煤的放热量之间有一定的关系。FC_{ad}/V_{ad} 可以体现煤的燃烧率，比值越大，燃烧率越高，也是体现煤质的主要参数。

表 2-1　煤样工业分析

煤样		M_{ad}/%	A_{ad}/%	V_{ad}/%	FC_{ad}/%	FC_{ad}/V_{ad}
褐煤		9.44	34.28	39.32	16.96	0.43
烟煤	1#	1.64	17.92	32.84	47.60	1.45
	2#	1.44	17.38	31.93	49.25	1.54
	3#	1.64	11.35	32.70	54.31	1.66
	4#	1.50	16.20	35.92	46.38	1.29
	5#	1.81	8.65	36.35	53.19	1.46
	6#	0.95	12.92	24.32	61.81	2.54
无烟煤		0.71	8.07	11.29	79.93	7.08

2.1.3　元素分析

元素分析实验结果如表 2-2 和表 2-3 所列。煤主要由碳、氢、氧、氮等有机元素和种类繁多的微量元素构成，其中碳、氢、氧、氮四者总和约占有机质的 90%以上。此外，还有钙、铁、硅、锌、硒、锰等多种微量元素富集，主要与煤中有机组分结合的元素有锌、铜、铬、铅、银、金等。在成煤植物死亡以后的堆积过程中，水流可能带来各种矿物岩石碎屑而大量富集硅、铝、钙、镁、铁、锰、钠、钾等造岩元素。存在于煤的外来灰分中的元素主要有锡、钴、砷、钛、硼、汞等。

所选的烟煤煤样中，氢元素和氮元素含量大于褐煤与无烟煤，氢元素含量在5%左右，氮元素含量在2%以下，之和不超过8%。碳元素含量中等，介于褐煤与无烟煤之间，且所选用的烟煤煤样碳含量分布较为均匀，在67.63%～77.53%之间。氧元素含量介于褐煤与无烟煤之间，在8.70%～14.80%之间，且氧元素含量和碳元素含量成反比关系，呈负相关性，碳元素含量越高，氧元素含量越低。实验结果中的H/C元素比是表征煤结构及变质程度的重要参数，烟煤煤样的H/C元素比值在0.060～0.069范围内，6种煤样值非常相近，验证煤变质程度相似，与褐煤相比，烟煤结构中碳元素、氢元素和氮元素含量较高，氧元素含量较小。烟煤O/C元素比值在0.112～0.219之间，小于褐煤的比值1.683，且大于无烟煤的比值0.049，该比值可以为煤结构中官能团的分布提供参考依据，O/C比越大，含氧官能团数量越多。

表2-2　煤样元素分析

煤样		C_{daf}/%	H_{daf}/%	O_{daf}/%	N_{daf}/%	H/C	O/C
褐煤		34.91	3.57	58.74	0.51	0.102	1.683
烟煤	1#	67.63	4.65	14.80	1.58	0.069	0.219
	2#	72.38	4.77	13.29	1.79	0.066	0.184
	3#	75.90	4.77	11.24	1.59	0.063	0.148
	4#	76.75	5.00	11.45	1.90	0.065	0.149
	5#	76.85	5.08	10.73	1.89	0.066	0.140
	6#	77.53	4.62	8.70	1.68	0.060	0.112
无烟煤		90.19	3.96	4.40	0.65	0.044	0.049

中变质程度的烟煤微量元素含量中，硅(Si)元素含量最大，1#煤样含量达到了7%，其次是硫(S)元素和铝(Al)元素，Si元素和Al元素是高岭石和地开石等矿物成分的主要组成元素，Si元素和Al元素含量越大，说明这些矿物成分含量也越多，此外，Si元素还是石英的主要组成成分。由表2-3可知，所选煤样的硫元素含量均在1%左右，S元素容易氧化生成SO和SO_2气体，在高温氧化程序升温实验中可以观测到黄色油状液体和释放出黄色气体的现象。此外，铁(Fe)元素、钙(Ca)元素、钛(Ti)元素含量也均在0.1%之上，Ca元素是方解石的主要组成元素，6#煤样的Ca元素含量最大，表明其矿物成分中含有较多的方解石。Fe元素含量在1#、5#和6#煤样中体现出较其他三种煤样略大的特点，是菱铁矿的主要体现。Ti元素熔点极高，在氧化反应中比较稳定。其他的一些微量元素，如氯(Cl)、钾(K)、磷(P)等元素的含量在0.01%以上，镉(Cd)、铜(Cu)、锶(Sr)、锆(Zr)的含量在0.001%以上。然而这些微量元素中，大部分为有害元素，如S、Cl、P、Cd等，容易氧化释放出有毒有害气体，危害环境和人的健康。除此之外，实验还测试到了银(Ag)、钼(Mo)、铅(Pb)等微量元素，但其含量极为微小，小于0.001%。

表 2-3　煤中微量元素分析(X 射线荧光扫描法)　　单位:%

煤样	Al	Ca	Cd	Cl	Cu	Fe	K	P	S	Si	Sr	Ti	V	Zr
1#	1.357	0.264	0.002	0.021	0.002	0.769	0.025	0.022	1.652	7.000	0.002	0.205	0.018	0.006
2#	1.373	0.366	0.002	0.024	—	0.272	0.016	0.032	0.566	4.763	0.007	0.328	0.011	0.007
3#	0.770	0.110	0.002	0.044	0.003	0.295	—	0.022	1.155	3.708	0.037	0.344	0.007	0.005
4#	0.695	0.271	0.002	0.025	—	0.486	—	0.023	0.559	2.577	0.006	0.241	0.010	0.004
5#	0.644	0.295	0.002	0.057	0.001	0.547	—	0.019	1.059	2.587	0.014	0.210	0.008	0.005
6#	0.965	0.642	0.002	0.069	—	0.560	—	0.240	1.350	3.238	0.036	0.351	0.011	0.006

2.2　微晶结构参数

煤中的有机质部分是介于晶体与无定形态之间的一种短程有序而长程无序的物质，这些物质为非晶碳，称为芳香晶体，属于聚集态结构，这说明聚集态是煤的基本结构特征之一。聚集态结构的差异，就决定了不同煤之间结构特征的差异，表现为微晶化程度的不同与微晶结构参数的不同。X 射线衍射法[7-8]是研究煤微晶结构参数及矿物成分的主要手段，通过对煤聚集态结构的 X 射线衍射分析，了解和掌握煤微晶参数特征与煤结构的基本组成单元和演化特征。

2.2.1　实验方法

实验采用 XRD-7000 型 X 射线衍射仪(日本)进行微晶结构参数测试。物质的晶格大小与 X 射线的波长在同一个数量级上，当发射固定波长的 X 射线通过该晶体结构时会出现衍射现象，根据记录的衍射图谱可以分析晶体的相关结构参数。将选用的烟煤煤样在空气气氛中破碎粒度至 80～120 目(0.124～0.178 mm)。X 射线衍射实验中，为保持煤样的原始特征信息，所有实验煤样均未做脱灰处理。因煤经过酸处理后会改变其本身分子结构，造成部分有机小分子的脱落，从而改变煤样的原始活性。实验时，将制备好的煤样固定于铝框架上进行 XRD 分析。实验采用铜靶辐射，持续扫描模式，管压 40 kV，管流 30 mA，扫描 2θ 角范围分别是 5°～90°，扫描速度为 4°/min。

2.2.2　XRD 图谱分析

石墨晶体在结构上具有排列整齐、结构有序的特点，其衍射峰规律明显且极具辨认度。煤芳香微晶结构与石墨晶体结构相似，其衍射峰虽不及石墨具有规律性，但也表现出一部分有序碳排列，并且随着变质程度的不同而产生变化。煤中的有序三维结构称为微晶，它是由若干芳香环层片以不同的平行程度堆砌而成。煤的 XRD 图谱和石墨的 XRD 图谱相似，随着变质程度的不断提高，煤的 XRD 图谱不断趋近石墨的 XRD 图谱。实验煤样的 XRD 图谱如图 2-1 所示。

中变质程度的烟煤煤样衍射图谱呈一定的规律性分布，主要存在两个较强的衍射峰，002 峰和 100 峰，其中 002 峰较为明显，在 2θ 角为 20°～30°的范围内，002 峰为 γ 带和 002 带的叠加体现。理论条件下，002 带为对称峰，而不对称现象的出现主要是由于左侧

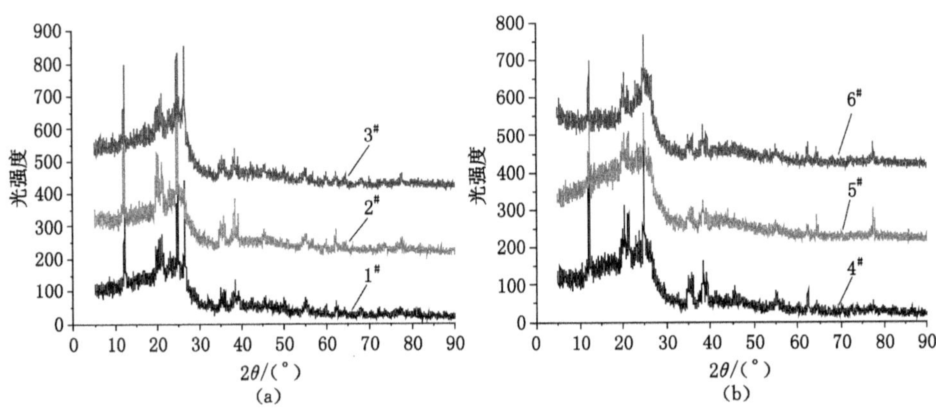

图 2-1 煤样 XRD 衍射图谱

(a) 1# ～3# 煤样;(b) 4# ～6# 煤样

γ 带(10°～20°)的振动影响。002 带与芳香环层间的堆砌形式有关,归因于层片的堆砌高度,对应的是由缩聚芳香核所形成的通常意义上的微晶,即芳香微晶,而 γ 带则是由于缩聚芳香核相连的脂肪烃支链、各种官能团和脂肪烃,即所谓的支链微晶所引起的,煤中脂肪烃结构越少,γ 带所占比例越小。002 峰会随煤的变质程度加深而变窄增强,且慢慢趋近于石墨的 002 衍射峰峰位 26.6°。100 峰位于 40°～50°的位置,峰宽较弱,该峰归因于芳香环的缩合程度,即芳香环碳网层片的大小。对于变质程度较深的煤该峰比较明显,说明随着煤变质程度的加深,煤分子中芳香层片逐渐趋于定向排列,有序性增强。利用 Gaussian 分峰拟合,对 002 峰的 γ 带和 002 带的堆叠峰区进行分峰,并对 100 峰进行拟合,拟合公式如下:

$$y = y_0 + \frac{A}{\omega\sqrt{\frac{\pi}{4\ln 2}}} \cdot e^{-4\ln 2 \cdot \left(\frac{x - x_c}{\omega}\right)^2} \tag{2-1}$$

式中,y_0 表示 XRD 谱图的基线位置;x_c 表示衍射峰中心位置 2θ 角度,(°);ω 表示衍射峰宽度,(°);A 表示衍射峰面积。分峰拟合图形如图 2-2 所示。

由分峰拟合图 2-2 及表 2-4 可以看出,002 衍射峰强度较强,拟合图谱中 002 峰对称性极高,2θ 角度在 23.96°～24.93°之间,离石墨结构的 26.6°相差较远,石墨化程度较低,分子内芳香环层的堆砌高度较小,微晶结构较为松散,这与成煤时期的地质条件和外界作用有关。所选煤样中 1# 煤样 2θ 角度最小,石墨化程度最低,3# 和 6# 煤样的 002 峰较为尖锐,峰宽较窄,有趋于石墨化的趋势。γ 衍射峰集中在 2θ 角度为 13.48°～15.04°的位置,除 5# 煤样外,其余煤样的 γ 衍射峰强度小于 002 峰,脂链和脂环结构单元含量较少,而 5# 煤样中 γ 衍射峰强度大于 002 峰,脂肪族结构含量较多。100 衍射峰峰型宽缓,但有明显的峰值,2θ 角度在 40.70°～44.53°的范围内,说明煤分子中具有 C ═C 双键结构,芳香环缩合程度中等,层片结构较为有序。

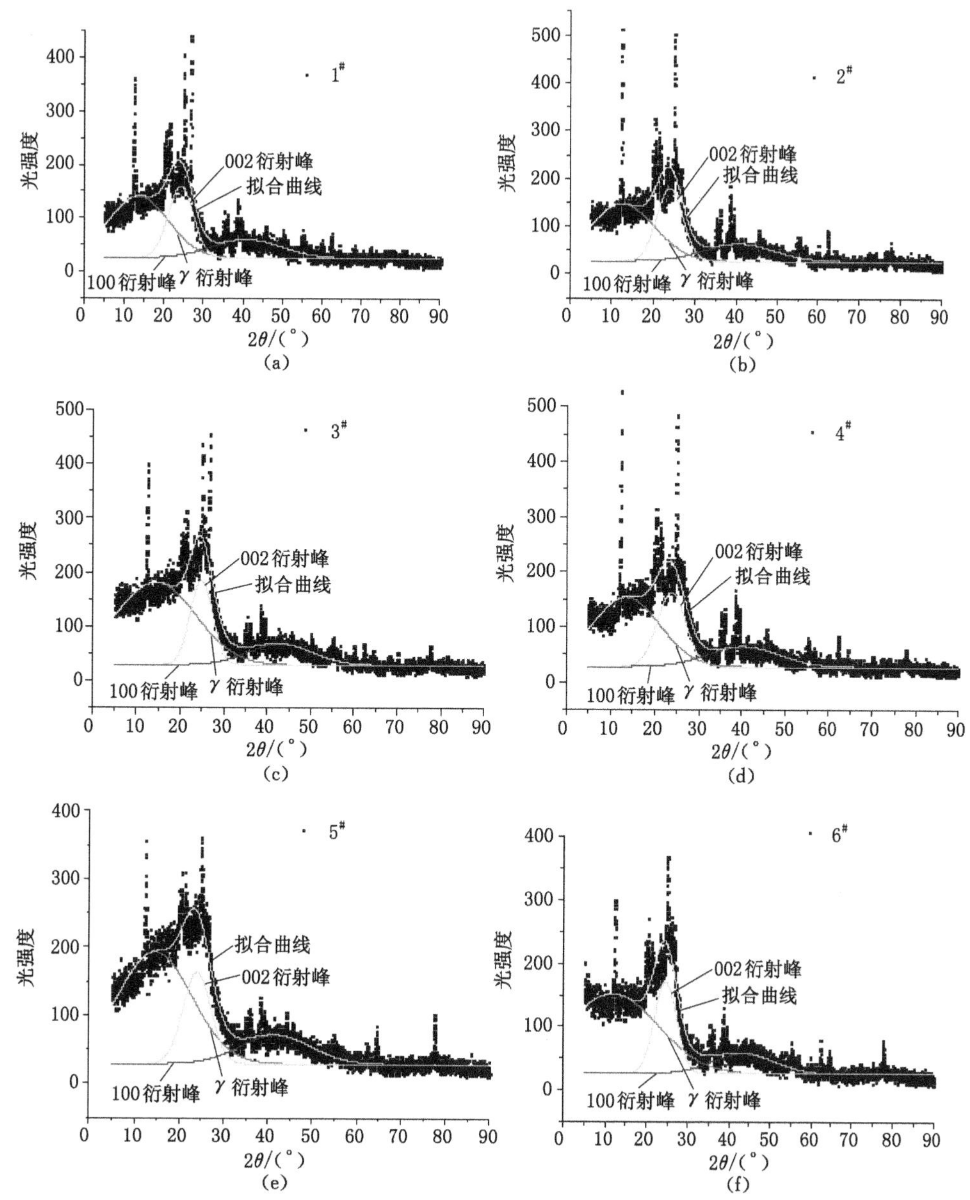

图 2-2　煤样分峰拟合图

(a) 1# 煤样;(b) 2# 煤样;(c) 3# 煤样;(d) 4# 煤样;(e) 5# 煤样;(f) 6# 煤样

表 2-4　分峰拟合衍射峰对应 2θ 角度　　单位:(°)

分峰	煤样					
	1#	2#	3#	4#	5#	6#
γ 峰	13.48	14.61	14.14	14.54	14.93	15.04
002 峰	23.96	24.47	24.57	24.22	24.55	24.93
100 峰	41.18	40.87	42.96	40.91	40.70	44.53

2.2.3 矿物种类分析

煤是由有机质与矿物质组成的具有复杂性、多样性、非晶质性和不均一性的物质。混杂在煤中的无机矿物质成分复杂，通常多为黏土、硫化物、碳酸盐、氧化硅、硫酸盐等类矿物，含量变化较大。所含元素可达数十种，主要有硅、铝、铁、钙、镁、钠、钾、硫、磷等。煤中矿物质按来源可分为内在矿物质和外来矿物质。内在矿物质是在成煤过程中形成的矿物质。内在矿物质进一步分为原生和次生两类，前者主要来自成煤植物，较难从煤中分离出来，后者主要来自成煤过程和成煤后地下水循环过程中带来的物质，在煤中呈层状、凸镜状以及其他各种复杂形状。外来矿物质是在采煤过程中由于煤层的顶板、底板和煤层中的矸石等混入煤中而造成的。这种矿物质用洗选的方法较易除去。矿物质的种类、含量和在煤中分布状况，决定了煤的灰分高低和洗选的难易程度，这是影响煤质的重要因素之一。此外，矿物种类会影响煤的自燃性。利用 MID Jade 5.0 分析软件，通过实验所得 X 射线衍射图谱，与粉末衍射联合会国际数据中心(JCPDS-ICDD)标准图谱对比分析 6 个煤样衍射峰位和强度，从而对应得出各煤样所含矿物种类，并通过经验公式：

$$MM=1.08A_{\mathrm{daf}}+0.55S \tag{2-2}$$

计算煤样中矿物成分的含量大小。其中，MM 表示煤中矿物质含量，%；A_{daf} 表示煤中灰分含量，%；S 表示煤中硫含量，%。结果如表 2-5 所列。

表 2-5 煤样矿物质种类及含量

煤样	矿物质种类	含量/%
1#	高岭石，方解石，石英，菱铁矿	20.26
2#	高岭石，方解石，石英	19.08
3#	高岭石，方解石，地开石，石英	12.89
4#	高岭石，方解石，地开石	17.80
5#	高岭石，方解石，石英，菱铁矿	9.92
6#	高岭石，方解石，石英，菱铁矿	14.69

煤中矿物质成分与所处地区在成煤过程中的地质环境相关，同时也与矿物在地质作用下的转化有密切关系。矿物含量与灰分含量有着直接的关系，灰分含量越大，矿物含量越大。通过分析可知所有的煤样均含有高岭石和方解石，高岭石的主要成分是 $Al_2Si_2O_5(OH)_4$，富含硅、铝等矿物质，且煤样中高岭石含量较多，结合微量元素分析可知，1# 和 2# 煤样高岭石含量最多。方解石主要成分为 $CaCO_3$，煤样中含量较少，其中 6# 煤样在六种煤样中方解石含量是最多的。3# 和 4# 煤样均存在地开石，地开石也是一种含羟基的铝硅酸盐矿物质，主要成分是 $Al_2Si_4O_{10}(OH)_2$，它与高岭石、珍珠石的成分相同，但晶体的结构有所不同。除 4# 煤样之外，其余五种煤样中均含有石英矿物质，主要成分是 SiO_2。此外，部分煤样还存在菱铁矿，菱铁矿主要成分为 $FeCO_3$。1# 煤样矿物种类较多、含量最大，石墨化程度低，在煤质分析中表现为灰分含量最大，碳元素含量最小。

2.2.4 微晶结构参数分析

当 X 射线通过晶体时因为每种结晶物质有着独特的晶体结构、化学组成和衍射形式，因此这些特征可以用相应的衍射面网之间的间距及衍射线相对的强度来表征。通过 X 射线衍射对煤结构进行分析，可获得芳香簇结构排列、大小、键长及原子分布微晶结构等信息。

根据 X 射线衍射图的半峰宽和衍射角的大小，计算出芳香层单层之间的距离 d_{002} 和 d_{100}（10^{-1} nm）、芳香层片平均堆砌厚度 L_c（10^{-1} nm）、芳香层片的直径 L_a（10^{-1} nm）和有效堆砌芳香片数 M_c 等微晶结构参数，并通过衍射峰的形状判断煤的有机分子排列的规则。

d_{002} 及 d_{100} 用布拉格公式计算得出，L_c 和 L_a 由谢乐（Scherrer）公式计算得出，如下：

$$d_{002} = \frac{\lambda}{2\sin\theta_{002}} \tag{2-3}$$

$$d_{100} = \frac{\lambda}{2\sin\theta_{100}} \tag{2-4}$$

$$L_c = \frac{0.94\lambda}{\beta_{002}\cos\theta_{002}} \tag{2-5}$$

$$L_a = \frac{1.84\lambda}{\beta_{100}\cos\theta_{100}} \tag{2-6}$$

$$M_c = \frac{L_c}{d_{002}} \tag{2-7}$$

式中，λ 是 X 射线波长，$\gamma = 1.540\ 5$ nm；θ_{002} 指 002 峰对应的布拉格角度，(°)；θ_{100} 指 100 峰对应的布拉格角度，(°)；β_{002} 指 002 峰的半峰宽，rad；β_{100} 指 100 峰的半峰宽，rad；0.94 和 1.84 是微晶形状因子，可用符号 K 表示。

煤的层间距是介于纤维素（$d_{002}=3.975\times10^{-1}$ nm）与石墨（$d_{002}=3.354\times10^{-1}$ nm）之间的，据此可以类比于芳香度，用煤化度 P 来描述煤中 d_{002} 为 3.354×10^{-1} nm 的缩合芳香层环的百分数，判断芳香层与脂肪层堆积结构的相对含量，计算公式如下：

$$P = \frac{3.975 - 10\,d_{002}}{3.975 - 3.354} \tag{2-8}$$

由上述可得各煤样的 XRD 微晶结构参数如表 2-6 所列。表中数据显示，所选用的烟煤煤样的 d_{002} 数值较为接近，范围在 $3.543\ 3\times10^{-1}$～$3.686\ 5\times10^{-1}$nm 之间，最大值与理想石墨的层间距 $3.354\ 0\times10^{-1}$ nm 相差 0.03 nm；与褐煤和无烟煤相比，所选用的烟煤属于中上煤阶，表明煤分子中桥键、侧链和官能团含量比较稳定，分子内部排列有序性比较稳定，芳香环深度缩合度中等，煤分子中微晶的晶体结构较为完善，煤分子中的芳香环结构化学性质比较稳定，在常温通风条件下与氧较难发生反应，煤自燃倾向性和低温氧化能力较弱，判定其属于中变质程度煤。

表 2-6　各煤样的 XRD 微晶结构参数

煤样		$d_{002}/\times10^{-1}$ nm	$d_{100}/\times10^{-1}$ nm	$L_c/\times10^{-1}$ nm	$L_a/\times10^{-1}$ nm	$M_c/\times10^{-1}$ nm	P
褐煤		3.596 0	2.375 4	8.858 2	28.738 2	2.463 3	0.610 3
烟煤	1#	3.686 5	2.190 2	11.257 5	8.374 4	3.057 0	0.465 3
	2#	3.609 8	2.206 1	11.661 0	8.635 1	3.136 7	0.589 1
	3#	3.595 2	2.103 5	11.879 2	8.693 1	3.251 2	0.612 7
	4#	3.647 0	2.204 0	11.363 9	8.901 4	3.045 0	0.529 0
	5#	3.598 1	2.214 9	11.505 4	9.290 8	3.106 9	0.608 0
	6#	3.543 3	2.032 9	13.743 2	9.885 2	3.791 0	0.696 3
无烟煤		3.517 5	2.040 6	17.799 2	14.730 1	5.060 1	0.736 6

2.3 热物理特性

煤的导热特性是衡量煤自然发火及放热强度的一个主要物性指标。煤的导热性越强，越容易发生自燃，且导热性的变化规律反映煤结构的内部变化特点。导热特性[9-11]即煤样的热物性，主要包括热扩散率、比热容和导热系数。早期的测定方法是通过岩石导热系数测定的，之后出现了一些新的测试方法，如水平平板法、同心球法、圆筒法、闪光法等。本节采用闪光法对煤样进行导热性测试，为热力学和动力学研究提供基础参数。

2.3.1 实验方法

材料的导热性能测试方法大体可分为稳态法和瞬态法两大类。其中，稳态法（包括热流法、保护热流法、热板法等）是根据傅立叶方程直接测量导热系数的，但温度范围和导热系数范围较窄；而瞬态法则应用范围较为宽广，可在变温过程中连续测定，测试时间短，减少了水分迁移对煤的热导性的影响。瞬态法中发展最快、最具代表性并得到国际热物理学界普遍承认的方法是闪光法（Flash Method，有时也称为激光法、激光闪射法），闪光法所要求的样品尺寸较小，测量范围宽广，可测量除绝热材料以外的绝大部分材料。实验仪器采用耐驰LFA457 型激光导热分析仪（德国）。

根据《煤样的制备方法》（GB 474—2008），将新鲜煤样在空气中粉碎并筛选出直径为80～120 目（0.124～0.178 mm）的样品作为实验煤样。为了降低非均质特性的影响，在进行热物性测试时采用压片制样进行测试。制片厚度 1 mm，直径 12.7 mm。实验温度 30～300 ℃，升温速率 1 ℃/min，吹扫气为氮气，供气流量 100 mL/min，数据采集每 30 ℃一次，每个采集点测试三次，求平均值作为该点热物性参数。温度误差不超过±1 ℃，温度波动不超过 1 ℃/min。实验测试煤样随着温度和时间的变化，热物性的变化规律。

2.3.2 热扩散系数分析

闪光法直接测量的是煤的热扩散系数。在设定的温度（由炉体控制的恒温条件）下，由激光源在瞬间发射一束光脉冲，均匀照射在样品下表面，使其表层吸收光能后温度瞬时升高，并作为热端将能量以一维热传导方式向冷端（上表面）传播。使用红外检测器连续测量样品上表面中心部位的相应温升过程，得到类似于图 2-3 的温升（检测器信号）与时间的关系曲线。

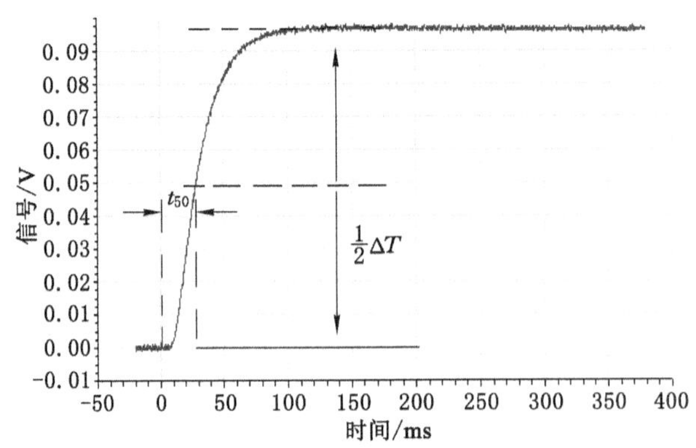

图 2-3 时间与信号关系曲线

在理想情况下，光脉冲宽度接近于无限小，热量在样品内部的传导过程为理想的由下表面至上表面的一维传热，不存在横向热流，外部测量环境则为理想的绝热条件，不存在热损耗（此时样品上表面温度升高至图中的顶点后将保持恒定的水平线），则通过计量图中所示的半升温时间[定义为在接受光脉冲照射后样品上表面温度（检测器信号）升高到最大值的一半所需的时间]，由下式即可得到样品在特定温度下的热扩散系数。

$$D = 0.1388 L^2 / t_{50} \tag{2-9}$$

式中，D 为热扩散系数，mm^2/s；L 为样品厚度，mm；t_{50} 为半升温时间，s。据此得出煤样的热扩散系数随温度变化曲线图，如图 2-4 所示。

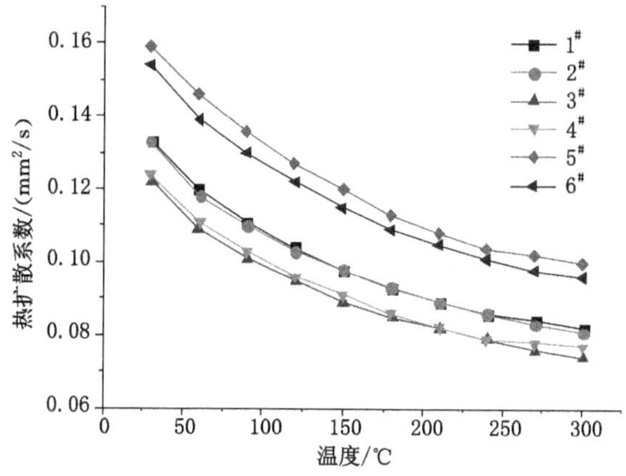

图 2-4　煤样热扩散系数随温度变化曲线图

从图 2-4 可以看出，中变质程度的烟煤煤样热扩散系数随着温度的升高而降低，且随着温度的升高，热扩散系数的降低趋势趋于平缓。热量在煤体中的传播与声子振动有关。声子的平均自由程越小，声子振动越剧烈，声子间碰撞的概率就越大，热量越不容易传播。随着温度的升高，声子的振动越来越剧烈，平均自由程减小，热扩散系数降低，而当温度较高时，声子数量较大，趋于饱和，温度继续升高将不能明显影响声子的传热作用，热扩散系数趋于平缓。热扩散系数越大，温度在煤体内的传播速度越快，越易发生氧化反应。30 ℃时煤样的热扩散系数为 0.111～0.192 mm^2/s，当温度达到 300 ℃时，煤样的热扩散系数为 0.068～0.129 mm^2/s。5# 煤样在氧化过程中释放的气体量最多，这与热扩散系数较大有直接关系。

2.3.3　比热容分析

比热容表示物体吸热或散热能力。比热容越大，物体的吸热或散热能力越强。它指单位质量的某种物质升高或下降单位温度所吸收或放出的热量。由于煤的升温氧化反应是一个放热过程，所以所测得的比热容为单位质量的煤升高单位温度时所放出的热量大小。闪光法测试比热容是通过比较法与热扩散系数的计算测试获得的。比较法是使用一个与样品截面形状相同、厚度相近、热物性相近、表面结构（光滑程度）相同且比热值已知的参比标样（以下简写为 std），与待测样品（以下简写为 sam）同时进行表面涂覆（确保与样品具有相同的光能吸收比与红外发射率），并依次进行测量。根据比热容定义：

$$c_p = Q/(\Delta T \cdot m) \tag{2-10}$$

其中，c_p 为比热容，J/(g · K)；Q 为样品吸收的能量，J；ΔT 为样品吸收能量后的温升，

K;m 为样品质量,g。

在光源照射能量相同、样品与标样下表面吸收面积和吸收比相同的情况下,$Q_{sam}=Q_{std}$;在环境温度一定、样品与标样上表面检测面积一致、红外发射比相同的情况下可将上式中的 ΔT 用检测器信号差值 ΔU 代替,则:

$$\frac{c_{psam}}{c_{pstd}}=\frac{\Delta U_{std}}{\Delta U_{sam}}\cdot\frac{m_{std}}{m_{sam}} \tag{2-11}$$

其中,c_{pstd} 为参比标样的比热容,J/(g·K);c_{psam} 为待测样品比热容,J/(g·K);m_{std} 为参比标样的质量,g;m_{sam} 为待测样品的质量,g;ΔU 为信号差值,可由测试曲线得到,则:

$$c_{psam}=c_{pstd}\frac{\Delta U_{std}\cdot m_{std}}{\Delta U_{sam}\cdot m_{sam}} \tag{2-12}$$

所以,根据上式可测试得到随着温度的升高,煤样比热容的变化情况,如图 2-5 所示。

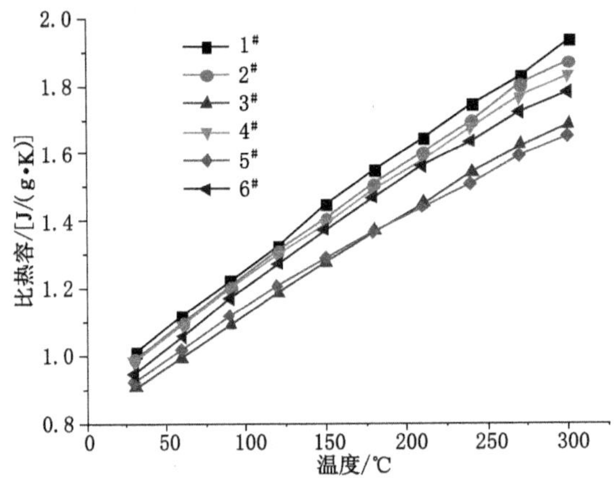

图 2-5　煤样比热容随温度变化曲线

从图 2-5 可以看出,中变质程度烟煤煤样的比热容随着温度的升高而升高。30 ℃时的比热容为 0.86～1.021 J/(g·K);当温度达到 300 ℃时,比热容为 1.606～1.954 J/(g·K),比热容越大,说明煤样需要更多的热能加热。比热容与煤样的水分、灰分含量以及温度变化有一定的关系,水分和灰分含量越大,比热容越大,而矿物质的导热性远高于有机物,所以灰分含量对比热容的影响远大于水分,因 1# 煤样灰分含量最大,由图可知 1# 煤样比热容最大,与煤质分析中灰分含量大小呈正相关性。同时,验证了 5# 煤样的比热容较小,发生放热反应所需能量较小。

2.3.4　导热系数分析

导热系数与热扩散系数、比热容和密度存在以下关系[12]:

$$\lambda = D\cdot c_p\cdot\rho \tag{2-13}$$

其中 λ 为特定温度下的导热系数,W/(m·K);ρ 为密度,g/cm^3。忽略升温过程中热膨胀的影响,将测得的热扩散系数和比热容代入公式(2-13),可得到不同温度下的导热系数(图 2-6)。

从图 2-6 可以看出,中变质程度烟煤煤样的导热系数随着温度的升高而升高。导热系数与煤样的热扩散系数、比热容和密度有关。实验测试过程中,忽略热膨胀作用的影响,即认为密度恒定,因此导热系数的大小主要取决于热扩散系数和比热容。图 2-4 和图 2-5 表

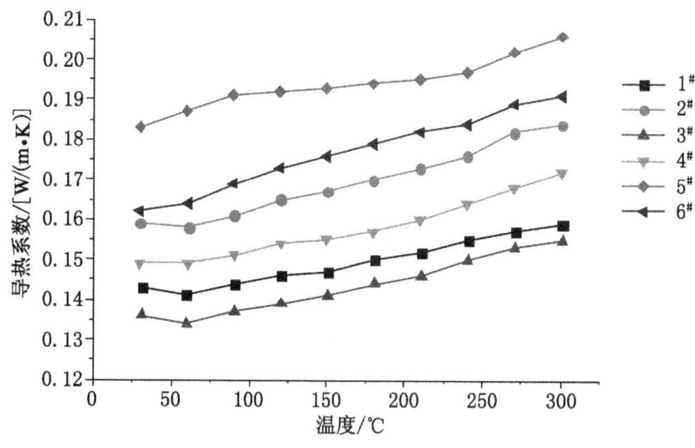

图 2-6　煤样导热系数随温度变化曲线

明，热扩散系数随着温度的升高而降低，比热容随着温度的升高而升高，当热扩散系数的降低速率小于比热容的增大速率时，导热系数增大；当热扩散系数的降低速率大于比热容的增大速率时，导热系数减小。因此，从导热系数的测试结果可以看出，烟煤煤样的导热系数随着温度的升高而升高，即表明热扩散系数的降低速率小于比热容的增大速率，进而导致导热系数的增大。30 ℃时煤样的导热系数为 0.130～0.244 W/(m·K)；当温度达到 300 ℃时，煤样的导热系数为 0.145～0.268 W/(m·K)。

2.4　比表面积和孔径分布

煤的比表面积和孔径分布[13]主要由物理吸附实验测试获得，物理吸附也称范德华吸附，它是由吸附质和吸附剂分子间作用力所引起，此力也称作范德华力。实验测试煤样的表面特性及其变化规律。

2.4.1　实验方法

孔径分布和比表面积是物理吸附的表征参数。实验采用 Autosorb-iQ-C 全自动物理化学吸附分析仪(美国)。该物理吸附实验采用静态容量法，实验气氛为氮气，实验试管处于 77.4 K 液氮气氛围下，向样品管内通入氮气，通过控制样品管中的平衡压力直接测试吸附分压，通过气体状态方程得到该分压点的吸附量；通过逐渐投入吸附质气体增大吸附平衡压力，得到吸附等温线；通过逐渐抽出吸附质气体降低吸附平衡压力，得到脱附等温线。

实验样品粒径为 80～120 目(0.124～0.178 mm)，分析煤的表面特性及其变化规律。实验在低于室温 10 ℃的条件下进行，这是为了防止实验中液氮在常温下挥发散失。使用万分之一天平称量容器重 2 g，再将煤样放入物理吸附容器中，测量容器和煤样总重，然后将液氮放入冷阱中。实验初始需要对煤样进行脱附预处理，从预处理开始保持真空状态，至实验开始前填充氦气，首先将测试试管放置在预处理端，实验开始在 5 ℃/min 速率条件下进行升温，升温到 100 ℃后保持 100 min，再以 5 ℃/min 速率升温，到 110 ℃后保持 600 min，然后自然降至室温。预处理结束后，实验开始向装有煤样的试管内注入氮气，在－196 ℃(氮气临界点，77 K)下，测量不同压力下煤样对于氮气的吸附量，得到吸附曲线，分析实验结果。

2.4.2 BET 比表面积分析

比表面积是指每克物质中所有颗粒总外表面积之和，是煤的内表面积，它是衡量煤质特性的重要参数。BET 法所检测得到的比表面积称为 BET 比表面。BET 法是由布鲁诺尔(Brunauer)、埃米特(Emmett)和特勒(Teller)三人从经典统计理论推导出的多分子层吸附公式，是颗粒表面吸附科学的理论基础，与实际值较为吻合，广泛用于表面积测试。由于煤表面结构的复杂性，对氧气、氮气等气体的吸附是多分子层吸附状态，因此实验煤样在氮气环境下采用多分子层吸附模型，测试实验煤样在不同分压时的多层吸附量，根据吸附量计算煤的比表面积。BET 方程如下：

$$\frac{p}{V(p_0-p)}=\frac{1}{V_m \cdot C}+\frac{C-1}{V_m \cdot C}\cdot\frac{p}{p_0} \tag{2-14}$$

式中，p 为平衡吸附压力，Pa；p_0 为 −196 ℃下氮气的饱和蒸气压，Pa；V 为实验煤样表面实际吸附氮气的体积，m^3；V_m 为实验煤样的单层氮气饱和吸附体积，m^3；C 为与吸附能力相关的 BET 常数。

如图 2-7 所示，令 p/p_0 为 X 轴，$(p/p_0)/[V(1-p/p_0)]$ 为 Y 轴，对实验过程中测试的参数进行计算和线性拟合，得到直线 $Y=AX+B$ 的斜率(A)和截距(B)，从而计算实验煤样的 BET 比表面积 S_w(质量比表面积)。通过大量实验数据发现，当 $X=p/p_0$ 取值范围在0.05～0.30 时，利用 BET 方程拟合的直线斜率和截距可以较好地符合实际吸附过程，所得到的比表面积结果也更为准确。

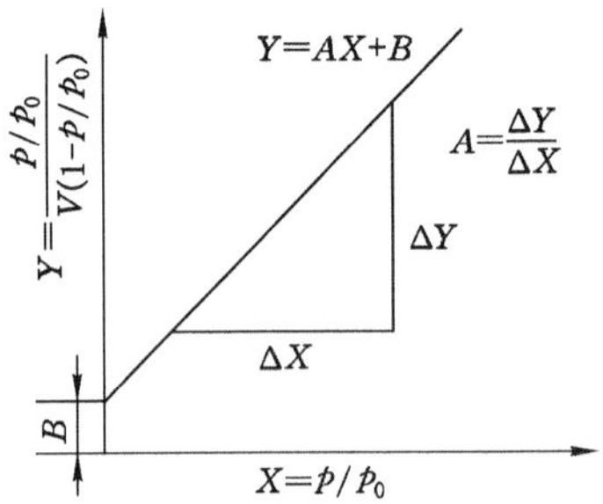

图 2-7　多点 BET 测试原理图

根据该计算方法，利用煤样的比表面积测试数据，制得多点 BET 散点图，并拟合各点，计算出 A 和 B 值，如图 2-8 所示。

测算出斜率 A 和截距 B 之后，即可根据下式计算出单层吸附体积 V_m：

$$V_m=\frac{1}{A+B} \tag{2-15}$$

采用氮气吸附气体，其分子横截面积在 77 K 温度下为 0.162 nm^2，则可得 BET 比表面积 S_w(m^2/g)，如下式：

$$S_w=\frac{4.35\,V_m}{m} \tag{2-16}$$

根据上述方法，计算所选用的煤样的 BET 比表面积如表 2-7 所列。

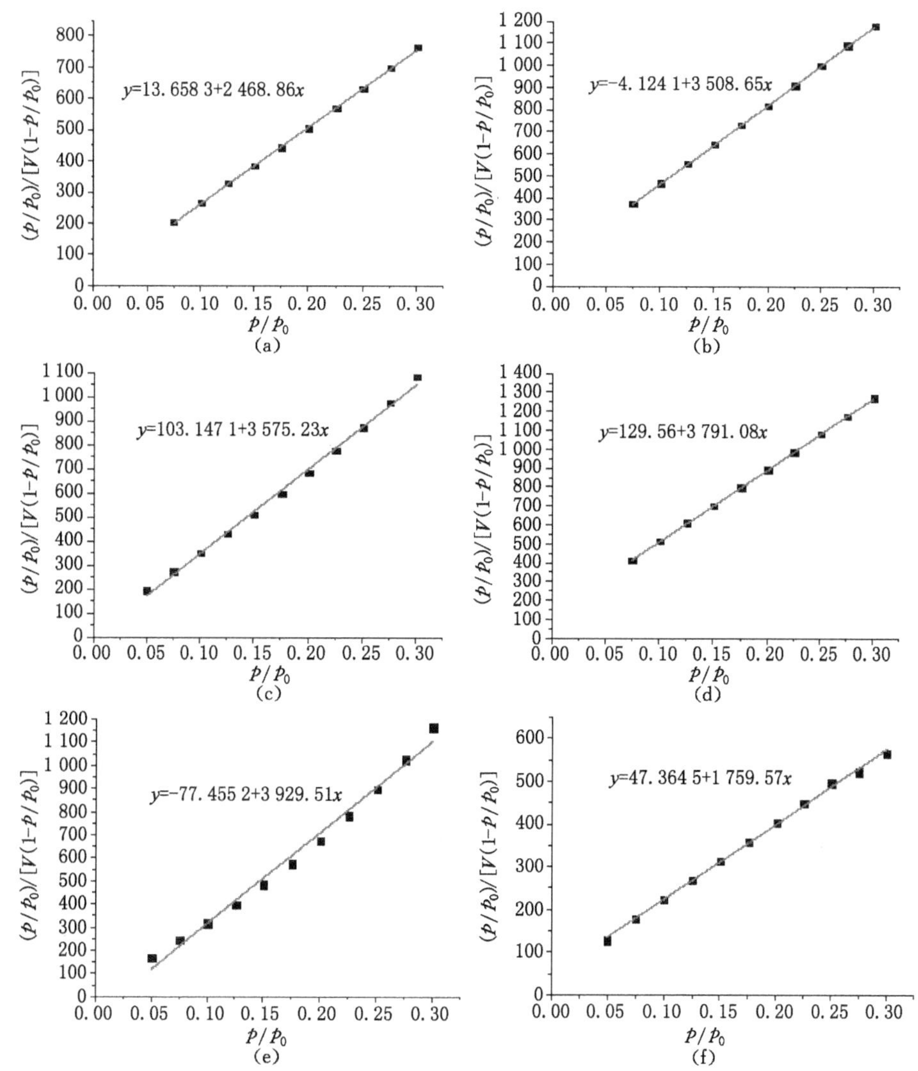

图 2-8　煤样多点 BET 测试图

(a) 1# 煤样；(b) 2# 煤样；(c) 3# 煤样；(d) 4# 煤样；(e) 5# 煤样；(f) 6# 煤样

表 2-7　煤样 BET 比表面积

煤样	BET 比表面积/(m^2/g)	煤样	BET 比表面积/(m^2/g)
褐煤	7.520	4#	0.362
1#	0.422	5#	0.904
2#	0.994	6#	0.647
3#	0.947	无烟煤	1.028

整体上，所选用的中变质程度烟煤煤样 BET 比表面积较小，均小于 1 m^2/g，常温常压下较难与氧发生煤氧复合反应。与褐煤和无烟煤相比，选取的烟煤煤样比表面积较小，不利于与氧气进行表面反应。横向比较可以发现，不同煤样之间比表面积有所差异，2#、3# 和

5# 煤样的比表面积较大，均为 0.9 m^2/g 左右，相对而言较为利于氧气吸附，而其余煤样比表面积较小。

2.4.3 孔径分布分析

煤的孔隙结构决定了煤对气体吸附量的大小。然而煤并非均质的实体，其中包含了裂缝、节理、裂隙、丝质体的孔细胞腔等[14]，所以不能使用均匀孔隙来计算吸附量，故根据《压汞法和气体吸附法测定固体材料孔径分布和孔隙度 第 2 部分：气体吸附法分析介孔和大孔》(GB/T 21650.2—2008)国家标准将孔径分布(pore size distribution，PSD)按照孔径大小分为三类，分别为微孔(<2 nm)、中孔(2～50 nm)和大孔(>50 nm)，通过测试各个孔径之和计算吸附量。孔径分布可以通过压汞法、气体吸附法等实验方法测试得出，然后通过巨正则系综蒙特卡洛法(GCMC)、密度泛函理论(DFT 原理)和 Barret-Joyner-Halcnda(BJH)原理等计算得出孔径分布情况。本书通过气体吸附法，利用 DFT 理论推算得出煤样的孔径分布，DFT 是分子动力学方法，不仅能够提供吸附的微观模型，还能体现孔内流体的热力学变化过程。根据煤样对氮气的吸附结果，得出煤样的孔径分布图，如图 2-9 所示。图中

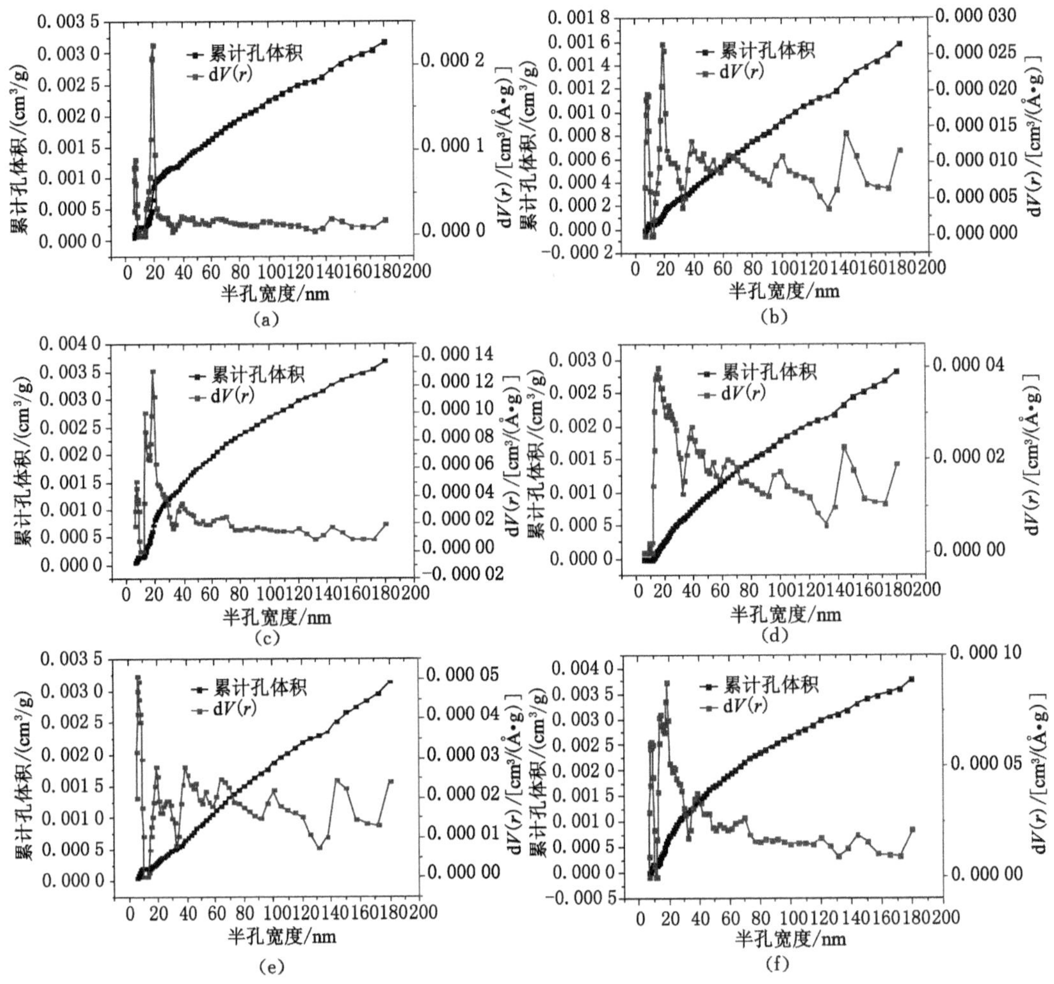

图 2-9 煤样孔径分布图

(a) 1# 煤样；(b) 2# 煤样；(c) 3# 煤样；(d) 4# 煤样；(e) 5# 煤样；(f) 6# 煤样

dV(r)表示总孔容对孔半径的微分，表征了孔体积密度分布函数，即孔半径对应的孔体积分布比重；累计孔体积表示随着孔半径的增加，煤样孔体积的累计总体积。

根据图2-9可知，累计孔体积呈上升趋势，且在中孔的2～50 nm范围内较为聚集，对应dV(r)曲线，在中孔范围内均出现峰值，说明中孔占据了孔隙结构的绝大部分，其中，1#、4#和6#煤样中孔含量较多。通过计算，得出三种孔隙结构所占百分比如表2-8所列。所选用的中等变质程度的煤样中，中孔和大孔占主要部分，微孔含量极少，且比表面积较大的2#、3#和5#煤样，大孔百分比大于其他煤样。煤质分析测试得出6#煤样碳含量最大，比表面积较小，孔径分布中大孔含量最少，在常温下不易与氧发生复合反应。这也验证了，大孔和中孔含量越少，煤结构越紧密。由于煤样中孔结构较多，且比表面积整体较小，导致常温通风条件下，较难在煤体表面发生氧化作用和吸附作用，说明煤分子结构稳定，较难发生煤氧复合作用。少量的气体吸附到孔隙中后，促进菲克型扩散、诺森扩散和过渡型扩散等扩散作用的发生(发生何种扩散作用取决于吸附气体的种类)，从而导致在煤孔中氧化和吸附作用的发生。

表2-8　煤样孔径分布　　单位：%

煤样	微孔	中孔	大孔
1#	1.2	63.9	34.9
2#	2.4	51.6	46.0
3#	1.0	52.1	46.9
4#	0.3	60.2	39.5
5#	4.3	50.0	45.7
6#	5.2	61.0	33.8

2.5　主要活性官能团

以上煤质分析、孔径及表面特性分析和微晶结构参数分析发现，煤是一种多孔隙、聚集态结构，含有大量矿物质和有机质。从微观分子角度而言，煤是复杂的大分子结构，主要由缩合度较差的芳香结构、脂肪烃、含氧官能团等活性基团组成。为了研究中变质程度烟煤的化学基本特性，对煤样进行官能团测试，确定其官能团种类与分布特征，并结合其他实验及理论分析确定参与反应的主要官能团。

2.5.1　实验方法

红外光谱是使用频率最高的测试煤分子结构的实验手段，可以测试出煤分子中官能团的种类、位置和数量，是研究氧化过程中，煤分子内部微观变化情况的最直观的方法。实验对所选新鲜煤样进行红外光谱测试，分析煤样的红外光谱特征，得出煤样的官能团特征。实验采用布鲁克VENTEX70型傅立叶变换红外光谱仪(德国)，干涉仪为气密闭结构，内装自动除湿装置。

实验粉碎并筛选出直径为80～120目(0.124～0.178 mm)的样品作为实验煤样。红外光谱实验样品的制备采用 KBr 压片法，称取经干燥处理的实验煤样 1 mg 和干燥的 KBr 粉末 150 mg，一起置于玛瑙研钵，在红外光灯下研磨，充分混合，然后迅速压片，并将制备好的样品置于傅立叶变换红外光谱仪的样品室内进行测试，测试范围为 400～4 000 cm^{-1}，累计扫描次数为 32 次。

2.5.2 主要活性官能团

红外吸收谱峰的位置与强度取决于分子中各基团的振动形式和相邻基团的影响，反映了分子结构上的特点。由于煤结构中的各种基团具有多种振动方式，使得其红外谱图中会出现大量的吸收峰，将羟基、脂肪烃、芳烃和含氧官能团四类吸收谱带作为煤的特征峰，只需对这几个特征峰进行辨认，便可确定其结构。

红外光谱区间按照波数可以划分为近红外区（12 500～4 000 cm^{-1}）、中红外区（4 000～200 cm^{-1}）和远红外区（200～10 cm^{-1}），中红外区是常见化学基团的敏感区，应用最广泛。中红外区分为四个区域：(1) <1 650 cm^{-1}归属于 X—Y 伸缩振动和 X—H 变形振动区，主要包括了 C—O、C—X（卤素）等伸缩振动和 C—C 单键骨架振动、C—H、N—H 的变形振动等；(2) 1 900～1 200 cm^{-1}归属于双键伸缩振动区，主要包括芳环的骨架振动和 C═C、C═O、C═N、—NO_2 等伸缩振动等；(3) 2 500～1 900 cm^{-1}归属于三键和累计双键区，主要包括炔键—C≡C—、氰基—C≡N、丙二烯基—C═C═C—、烯酮基—C═C═O、异氰酸酯基—N═C═O 等非对称伸缩振动；(4) 4 000～2 500 cm^{-1}归属于 X—H 伸缩振动区，主要包括 O—H、N—H、C—H 和 S—H 键的伸缩振动。

根据目前各学者对红外光谱的研究[15-17]，结合煤化学的知识，得出煤样中主要特征谱峰归属表和红外光谱图，见表 2-9 和图 2-10。

表 2-9 煤主要特征谱峰归属表

吸收峰类型	谱峰位置/cm^{-1}	官能团	归属
羟基	3 697～3 625	—OH	游离的羟基
	3 624～3 613	—OH	分子内氢键
	3 550～3 200	—OH	酚羟基、醇羟基或氨基在分子间缔合的氢键
脂肪烃	2 975～2 950	—CH_3	甲基不对称伸缩振动
	2 940～2 915	—CH_2—	亚甲基不对称伸缩振动
	2 870～2 845	—CH_2—	亚甲基对称伸缩振动
	1 470～1 430	—CH_3	甲基变形振动
	1 380～1 370	—CH_3	甲基变形振动
芳烃	3 085～3 030	Ar—CH	芳烃 Ar—CH 伸缩振动
	1 625～1 575	C═C	芳香环化合物 C═C 变形振动
	900～700	Ar—CH	多种取代芳烃的变形振动
含氧官能团	1 790～1 715	C═O	酯类的羰基伸缩振动
	1 715～1 690	—COOH	羧基伸缩振动
	1 270～1 230	ArC—C	芳醚伸缩振动
	1 210～1 015	C—O—C	脂肪醚伸缩振动

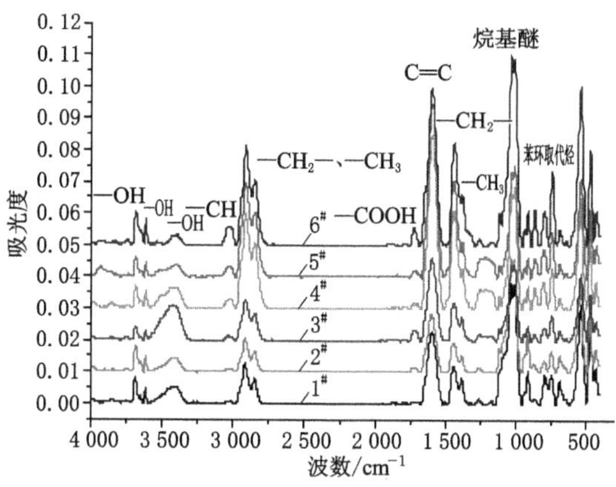

图 2-10　煤样傅立叶红外光谱图

由表 2-9 和图 2-10 可知，烟煤实验煤样红外光谱图表现出峰形基本相似，所含有的官能团种类基本相同，但所含有官能团的数量不同，表现为不同煤矿煤样的吸收峰强度之间存在明显差异。其中，3 697～3 625 cm^{-1}、3 624～3 613 cm^{-1} 和 3 500～3 200 cm^{-1} 谱带的羟基官能团谱峰相对较弱但很尖锐，2 975～2 915 cm^{-1}、2 870～2 845 cm^{-1}、1 470～1 430 cm^{-1} 和 1 380～1 370 cm^{-1} 谱峰对应的脂肪烃结构谱峰非常强。1 625～1 575 cm^{-1} 峰位的 C═C 结构、1 210～1 015 cm^{-1} 峰位的脂肪醚结构也都显示出强壮的谱峰，均体现了煤样的特性。煤样四类特征吸收峰谱峰强度分析如下：

(1) 羟基

羟基是影响煤反应性的一个重要官能团，反应性较强，在煤分子结构中不稳定。羟基在煤分子结构中以游离羟基、分子内的氢键和分子间缔合的氢键三种形式存在，归属的谱峰位置分别为 3 697～3 625 cm^{-1}、3 624～3 613 cm^{-1} 和 3 550～3 200 cm^{-1} 谱带之间。不同煤样中所含有的三种羟基的数量明显存在差异。2# 煤样中所含的游离的氢键和分子内的氢键最少，而分子间缔合的氢键最多；4# 煤样中所含的游离的氢键和分子内的氢键最多。

以 4# 煤样为例，选取其羟基谱带进行分峰拟合，可得出三种形式的羟基所对应的波数，从图 2-11 可知，游离的羟基以双峰的形式出现，归属于 3 688 cm^{-1} 和 3 653 cm^{-1} 峰位，分子内的氢键位于 3 617 cm^{-1} 峰位，酚羟基、醇羟基或氨基在分子间缔合的氢键同样以双峰的形式出现，归属于 3 484 cm^{-1} 和 3 404 cm^{-1} 峰位。

(2) 脂肪烃

脂肪烃的谱带主要位于 3 000～2 800 cm^{-1} 和 1 500～1 350 cm^{-1}，其中 2 975～2 950 cm^{-1} 谱峰归属于甲基（$—CH_3$）不对称伸缩振动，2 940～2 915 cm^{-1} 谱峰属于亚甲基（$—CH_2—$）不对称伸缩振动，2 870～2 845 cm^{-1} 谱峰归属于亚甲基对称伸缩振动，1 470～1 430 cm^{-1} 和 1 380～1 370 cm^{-1} 谱峰归属于甲基变形振动（面内弯曲振动）。在所有实验煤样中均检测到了甲基与亚甲基的存在，且甲基与亚甲基吸收强度总体较高，分子结构中侧链较多，但不同煤样的吸收强度存在一定的差异。5#、6# 煤样的甲基与亚甲基的吸收强度相似且高于其他煤样。4# 煤样的脂肪烃分峰拟合图如图 2-12 所示，2 955 cm^{-1} 谱峰归属于甲基非对称伸缩振动吸收峰，2 917 cm^{-1} 谱峰属于亚甲基非对称伸缩振动吸收峰，

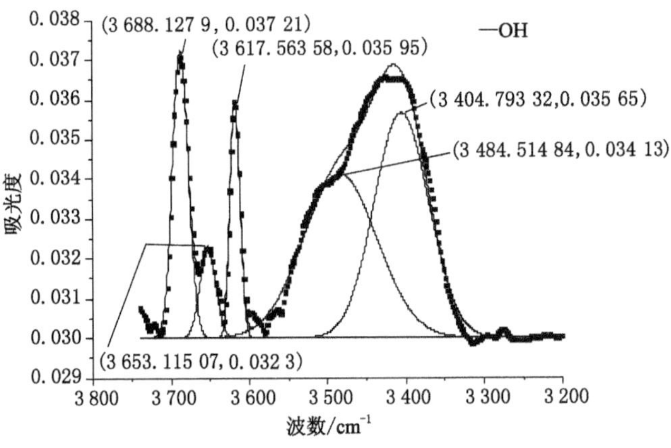

图 2-11　4# 煤样—OH 分峰拟合

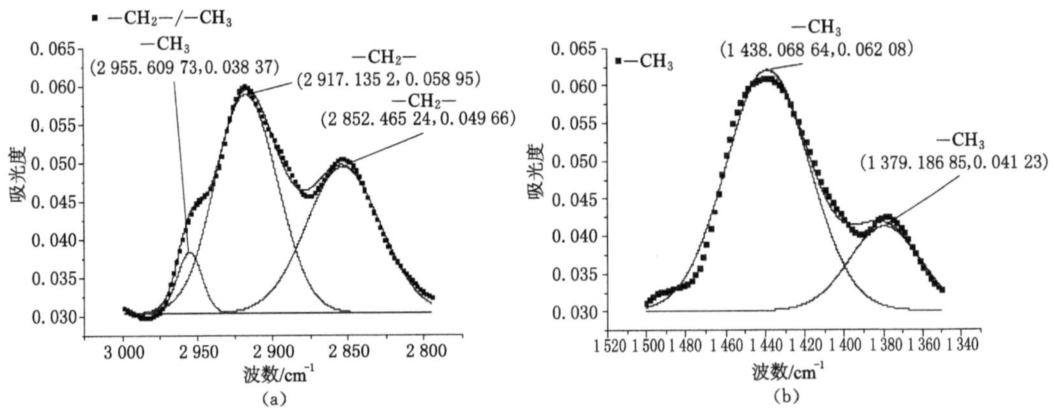

图 2-12　4# 煤样脂肪烃分峰拟合图

2 852 cm^{-1}谱峰归属于亚甲基对称伸缩振动吸收峰，1 438 cm^{-1}和 1 379 cm^{-1}谱峰归属于甲基变形振动吸收峰。

(3) 芳烃

煤种的变质程度决定了煤分子中芳烃结构的比例。芳烃的谱带主要分布在三个不同区域，3 085～3 030 cm^{-1}谱峰归属于芳烃 Ar—CH 伸缩振动，1 600 cm^{-1}谱峰为中心的峰位归属于芳香环中 C═C 面内弯曲振动，900～700 cm^{-1}谱峰归属于多种取代芳烃 Ar—CH 的变形振动。900～700 cm^{-1}之间有三个明显谱峰，870～800 cm^{-1}谱峰归属于含有两个氢原子的取代苯环；810～750 cm^{-1}谱峰归属于含有三个氢原子的取代苯环；770～730 cm^{-1}谱峰归属于含有五个氢原子的取代苯环。其中中变质程度烟煤实验煤样在 1 600 cm^{-1}处吸收谱峰强度比在3 085～3 030 cm^{-1}、900～700 cm^{-1}处的吸收谱峰强度大，这主要是 C═C 双键是芳环的主体结构，且原始煤样未经氧化，双键结构稳定，含量较大，显示为谱峰强度较大。4# 煤样芳香烃分峰拟合如图 2-13 所示，3 028 cm^{-1}谱峰归属芳烃 Ar—CH 的伸缩振动吸收峰，1 597 cm^{-1}谱峰归属于芳环化合物的 C═C 面内振动吸收峰，865 cm^{-1}、805 cm^{-1}、746 cm^{-1}谱峰归属于苯环取代烃的振动吸收峰。

(4) 含氧官能团

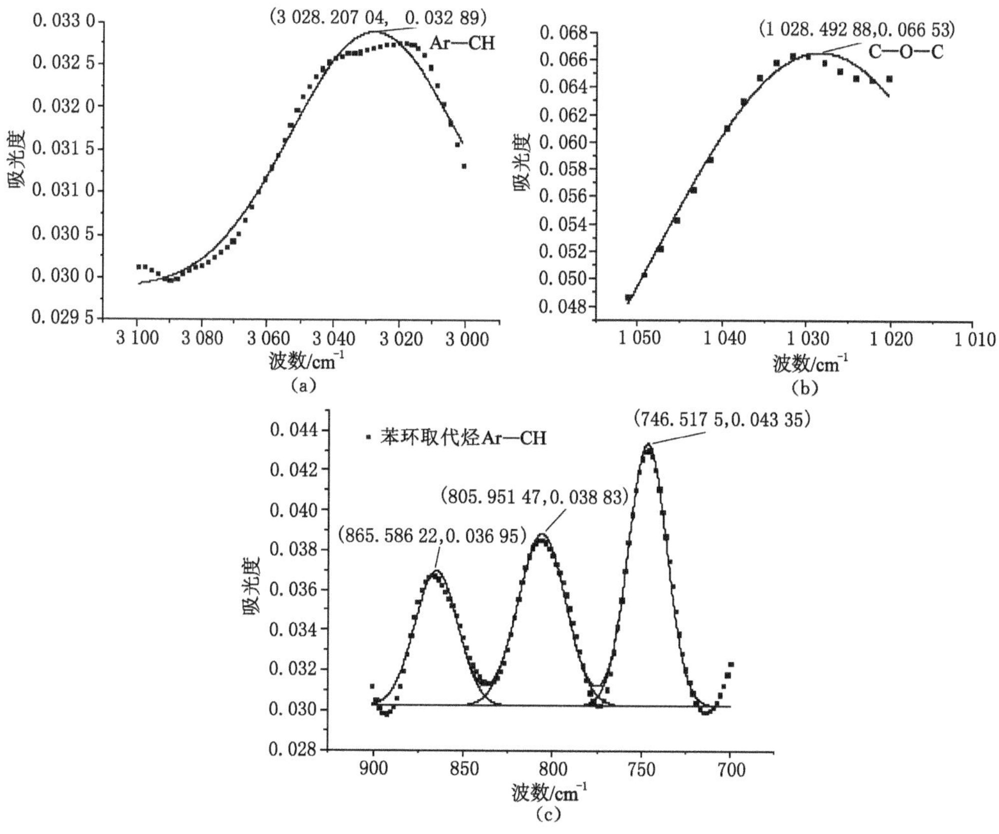

图 2-13　4# 煤样芳烃分峰拟合

煤中含氧官能团谱带主要分布在 1 790～1 690 cm^{-1}之间，其中 1 790～1 715 cm^{-1}谱峰归属于酯类的羰基(C═O)伸缩振动，其中，1 780 cm^{-1}谱峰附近归属于 Ar—O—CO—R 酯类振动吸收峰，1 760 cm^{-1}谱峰附近归属于 R—O—CO—R 酯类振动吸收峰，1 730 cm^{-1}谱峰附近归属于 Ar—O—CO—Ar 酯类振动吸收峰。1 715～1 690 cm^{-1}谱峰归属于—COOH，主要是—COOH 的伸缩振动，1 270～1 230 cm^{-1}谱峰归属于芳醚(ArC—C)的伸缩振动，1 210～1 015 cm^{-1}谱峰归属于脂肪醚的 C—O—C 伸缩振动。所选用的中等变质程度烟煤分子中含氧官能团中的芳醚吸收强度明显强于其他种类的含氧官能团，说明煤样中芳醚的含量较大。4# 煤样中(图 2-14)，1 781 cm^{-1}谱峰归属于 Ar—O—CO—R 脂类振动吸收峰，1 760 cm^{-1}谱峰归属于 R—O—CO—R 脂类振动吸收峰，1 731 cm^{-1}谱峰归属于 Ar—O—CO—Ar 脂类振动吸收峰，1 705 cm^{-1}谱峰归属于—COOH 吸收峰，1 215 cm^{-1}谱峰归属于芳醚类吸收峰，1 028 cm^{-1}谱峰归属于脂肪醚类吸收峰。

对所选中变质程度烟煤实验煤样的四类活性官能团分别进行分峰拟合，得出各个煤样的官能团分布如表 2-10 所列，各个煤样所含有的官能团种类基本相同，分析可得某一官能团峰位相差不大，都在某一特定峰位附近波动，如游离的羟基在 3 690 cm^{-1}与 3 655 cm^{-1}附近波动，亚甲基非对称伸缩振动的峰位在 2 915 cm^{-1}附近波动，各个官能团的峰位符合前人所总结的表中各个官能团所属波数范围。

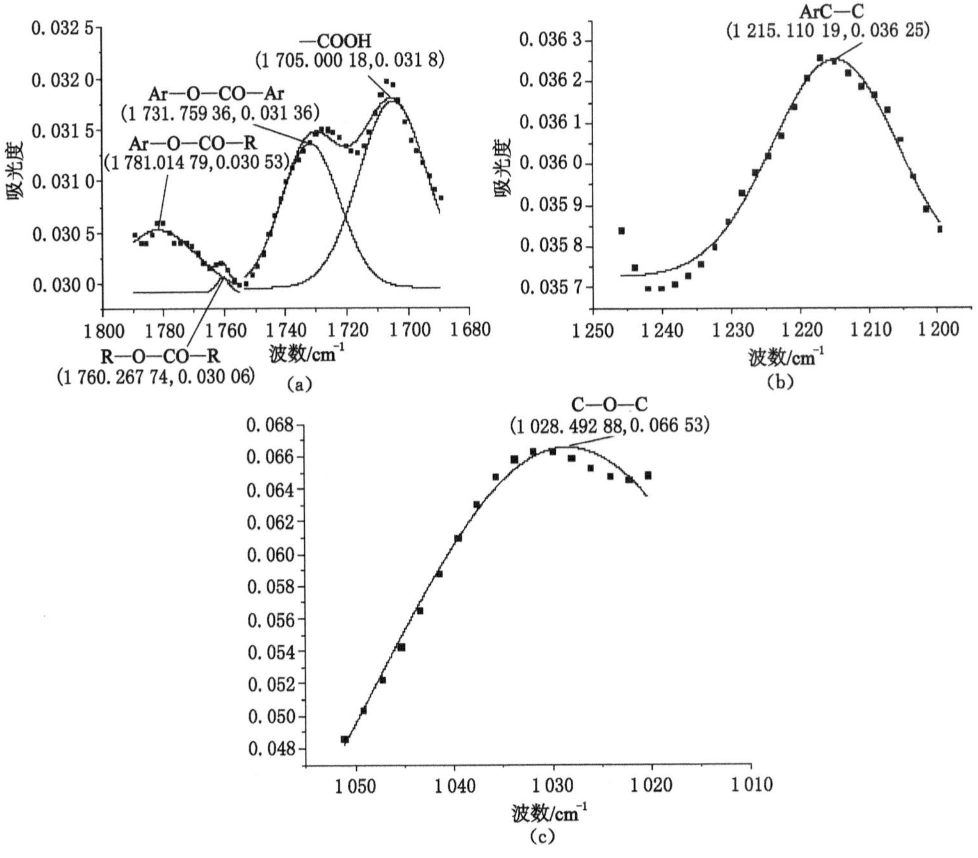

图 2-14　4#煤样含氧官能团分峰拟合

表 2-10　煤样活性官能团峰位分布表　　单位：cm^{-1}

官能团	煤样					
	1#	2#	3#	4#	5#	6#
游离的羟基—OH	3 695,3 655	3 687,3 659	3 696,3 659	3 688,3 653	3 691,3 654	3 684,3 657
分子内氢键—OH	3 616	3 617	3 617	3 617	3 612	3 615
分子间缔合的氢键—OH	3 485,3 416	3 488,3 409	3 484,3 423	3 484,3 404	3 511,3 401	3 489,3 399
$—CH_3$非对称伸缩振动	2 948	2 958	2 963	2 955	2 963	2 952
$—CH_2—$非对称伸缩振动	2 913	2 920	2 920	2 917	2 916	2 917
$—CH_2—$对称伸缩振动	2 852	2 852	2 842	2 852	2 852	2 849
$—CH_3$变形振动	1 432,1 384	1 440,1 379	1 440,1 375	1 438,1 379	1 440,1 375	1 438,1 373
芳烃 Ar—CH 伸缩振动	3 022	3 026	3 022	3 028	3 017	3 031
芳环化合物 C═C 面内振动	1 593	1 600	1 605	1 597	1 600	1 597
芳烃 Ar—CH 变形振动	856,794,747	868,807,755	871,793,743	865,805,746	867,803,747	873,800,743
Ar—O—CO—R	1 779	1 778	1 776	1 781	1 778	1 780
R—O—CO—R	1 757	1 747	1 742	1 760	1 754	1 760
Ar—O—CO—Ar	1 735	1 730	1 724	1 731	1 727	1 727

表 2-10(续)

官能团	煤样					
	1#	2#	3#	4#	5#	6#
—COOH	1 704	1 702	1 709	1 705	1 703	1 707
芳醚 ArC—C	1 253	1 258	1 259	1 261	1 246	1 259
脂肪醚 C—O—C	1 021	1 029	1 029	1 028	1 033	1 032

根据数据分析，利用红外光谱图测算四种基团的吸收峰面积，如表 2-11 所列。可以得出含氧官能团在四种官能团中所占比例最大，分别占到了总面积的 56.8%、56.7%、41.0%、34.7%、32.6%、29.6%，与元素分析中 O/C 比相对应，O/C 比越大，含氧官能团越多。脂肪烃中，除 3# 煤样外，亚甲基面积几乎是甲基的 2 倍。这也与 H 元素含量一致，新庄孜煤样中 H 元素含量最多，并且甲基和亚甲基非对称振动吸收峰强度大于对称振动吸收峰强度。$—CH_3/—CH_2—$ 表示煤中脂肪链的长度，1#～6# 煤样的比值分别为 0.45、0.37、0.63、0.38、0.44、0.54。2# 和 4# 煤样甲基与亚甲基之比较小，说明亚甲基含量较多，链长较短，3# 煤样比值最大，表明甲基含量最大，链长最长。5# 煤样脂肪烃含量最多，与 XRD 分析中 γ 带峰值最大相对应。

表 2-11　原始煤样红外吸收振动区峰面积

官能团		煤样					
		1#	2#	3#	4#	5#	6#
羟基—OH		1.02	0.87	1.08	1.30	0.77	0.82
脂肪烃	甲基—CH_3	0.26	0.20	0.40	0.72	0.96	1.08
	亚甲基—CH_2—	0.57	0.54	0.63	1.88	2.15	2.01
芳烃 Ar—CH		0.67	0.39	0.44	0.87	0.94	1.37
含氧官能团		3.32	2.62	2.77	2.54	2.33	2.22

2.6　力学特性

煤岩体裂隙渗流是在温度（热应力）和围岩应力共同作用下产生的，实际上是一个热固流的耦合作用过程[18-22]。本节采用 MTS815.02 型岩石力学伺服实验系统测试煤岩体单轴和三轴的应力应变特征，以及温度作用下全应力应变过程中的渗透特性，得出相应的峰值应力值、峰值轴向应变值和峰值侧向应变值，同时通过计算得到煤样在不同围压、温度下的达西流渗透率。采用 PCI-2 声发射（AE）三维定位实时监测、显示系统对声发射事件自动计数、存储，实现声发射的实时监测和三维定位，得到相关的声发射特征参数（振铃计数、能量计数）。

2.6.1　实验方法

本实验采用成型煤样来模拟真实煤层。实验煤样加工程序如下：首先利用碎煤机将原煤粉碎，并筛选介于 80～100 目的煤粉；其次用天平称取 240 g 煤粉，添加水 40 g、石膏 5 g、水泥 5 g，搅拌均匀，装入成型模具。型煤的压制在高低频冲击力学实验台上进行，设置加载压力为 30 MPa，采用轴向加载方式，加载速率为 0.001 mm/s，制成 ϕ50 mm×100 mm 的标准煤样（含标准端盖）。然后将制成的煤样置于 100 ℃的烘干箱内烘干 48 h，待冷却后存放于干燥箱，以备实验之用。

2.6.2 煤体单轴和三轴应力应变特征及声发射测试

为进行煤岩体全应力应变过程的渗透特性测试，需要得到煤岩体的峰值应力，为此进行煤岩体的单轴和三轴环境下的应力应变测试，得出煤岩体的峰值应力、峰值轴向应变和峰值侧向应变。

（1）煤体单轴应力应变测试

实验采用 MTS815.02 型岩石力学伺服实验系统对烟煤煤样进行常规单轴测试。采用轴向位移加载控制方式，以 0.001 5 mm/s 的速率加载至煤样破坏，通过采集煤样的轴向应力、轴向位移和环向位移，获得常规单轴测试全过程应力、轴向应变和环向应变。

煤样的单轴应力应变测试结果见表 2-12，其单轴应力应变曲线如图 2-15 所示。

表 2-12 煤样常规单轴测试结果

试样编号	直径 D/mm	高度 H/mm	峰值应力/MPa	峰值轴向应变/%	峰值侧向应变/%
1#	50.68	101.26	1.81	0.95	1.43
2#	49.95	100.36	1.58	2.11	1.05
3#	50.24	99.47	2.20	2.14	0.48

从图 2-15 和表 2-12 可以看出，煤样的变形过程经历了密实阶段、弹性变形阶段、屈服阶段、破坏阶段、残余阶段 5 个阶段。由于煤样的离散性和非均质性，所测应变值的变化范围较大，但全应力应变曲线的基本规律是一致的。型煤在加载过程中应力应变曲线呈现良好的一致性，峰值强度基本接近，强度在 2 MPa 左右，在制样过程中加有添加剂，制样过程中加载的压力不是很大，因此强度较低符合预期。由于试样个体间的差异，1# 煤样的峰值环向应变较大，达到了 1.43%，而 3# 煤样只有 0.48%。从体积应变曲线可知，体积应变存在扩容点，预示着型煤也有软岩特性，且体积扩容点出现在峰值应力附近，试样在峰值应力后进入残余阶段，主要表现出应变软化的特性，煤体完全破坏后，承载能力未完全消失，而是维持在一定的应力水平，试样具有峰值应力 80%以上的残余强度，符合软岩特性。

（2）煤体三轴应力应变测试

煤岩体实际上都是处于一定的围岩应力作用下，受到三向作用力的影响和控制，因此，进行煤岩体三轴应力应变的测试具有更为重要的实际意义。采用 MTS815.02 型岩石力学伺服实验系统对煤样进行常规三轴测试。围压分别设置为 1 MPa、2 MPa、4 MPa，围压加载速率为 1 MPa/min，采用轴向位移控制方式，以 0.001 5 mm/s 的速率加载至煤样破坏，通过采集煤样的轴向应力、轴向位移和环向位移，获得不同围压条件下常规三轴测试全过程应力、轴向应变和环向应变值。

煤样的常规三轴应力应变测试结果见表 2-13，其三轴全应力应变曲线如图 2-16 所示。

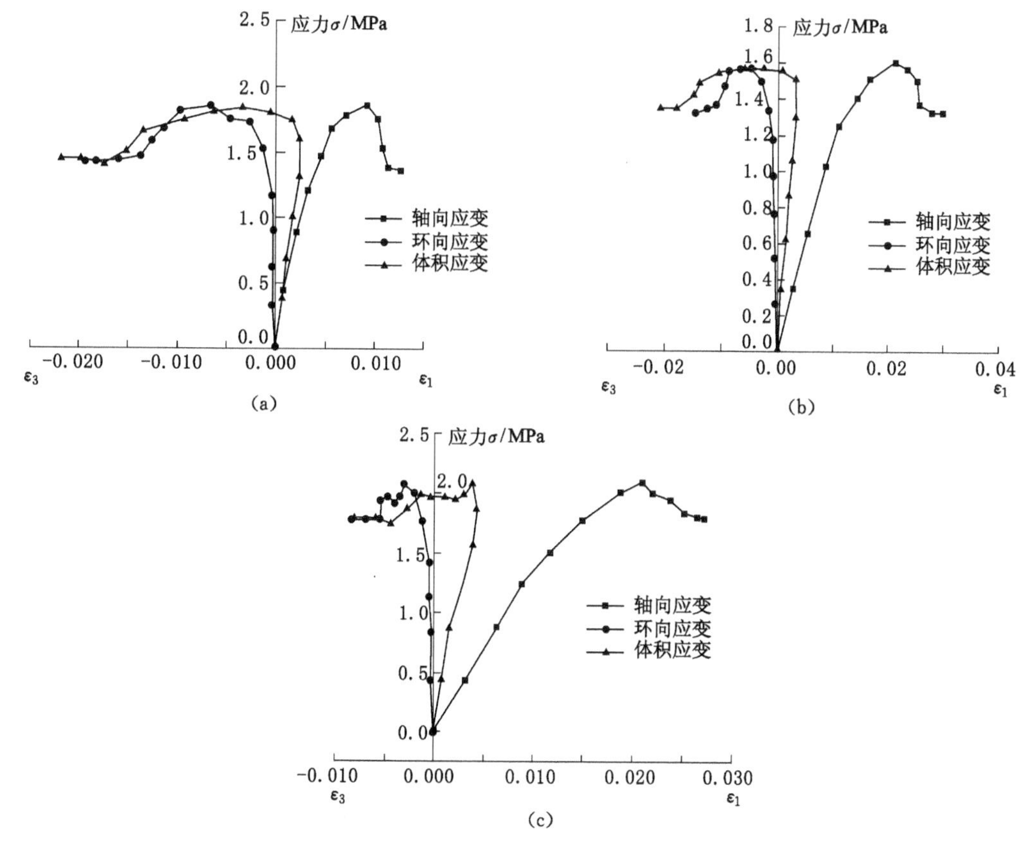

图 2-15　单轴压缩全应力应变曲线

(a) 1# 煤样全应力应变曲线；(b) 2# 煤样全应力应变曲线；(c) 3# 煤样全应力应变曲线

表 2-13　煤样常规三轴测试结果

试样编号	直径 D/mm	高度 H/mm	围压 σ_3/MPa	峰值应力 σ_{1max}/MPa	峰值轴向应变/%	峰值侧向应变/%
1#	50.78	100.05	1	5.93	1.52	0.91
2#	49.85	101.46	2	10.25	3.15	1.28
3#	50.32	99.37	4	13.74	3.56	1.14

显然，煤样的变形过程经历了密实阶段、弹性变形阶段、屈服阶段、破坏阶段以及残余阶段等阶段。三轴测试条件下，试样均存在体积应变拐点，且围压越高，体积应变拐点越滞后，低围压时体积应变拐点大致在屈服点附近，围压越高时体积应变拐点越接近峰值点。随围压增大，体积膨胀点逐渐后移，1 MPa 下体积膨胀点在峰前，2 MPa 下体积膨胀点后移到峰后，4 MPa 下体积膨胀点在残余时仍未出现。与常规单轴测试相比，三轴条件下，试样的强度显著提高，单轴压缩下，抗压强度为 2 MPa 左右，三轴压缩下，围压为 4 MPa 时，抗压强度达到了 13.74 MPa 左右。且随着围压增高，抗压强度越大，峰值应力与围压具有较好的线性关系。由于围压的作用，试样的塑性得到提高，表现在试样峰值轴向应变与单轴相比有很大提高，单轴压缩下试件的峰值轴向应变不到 1%，而三轴压缩

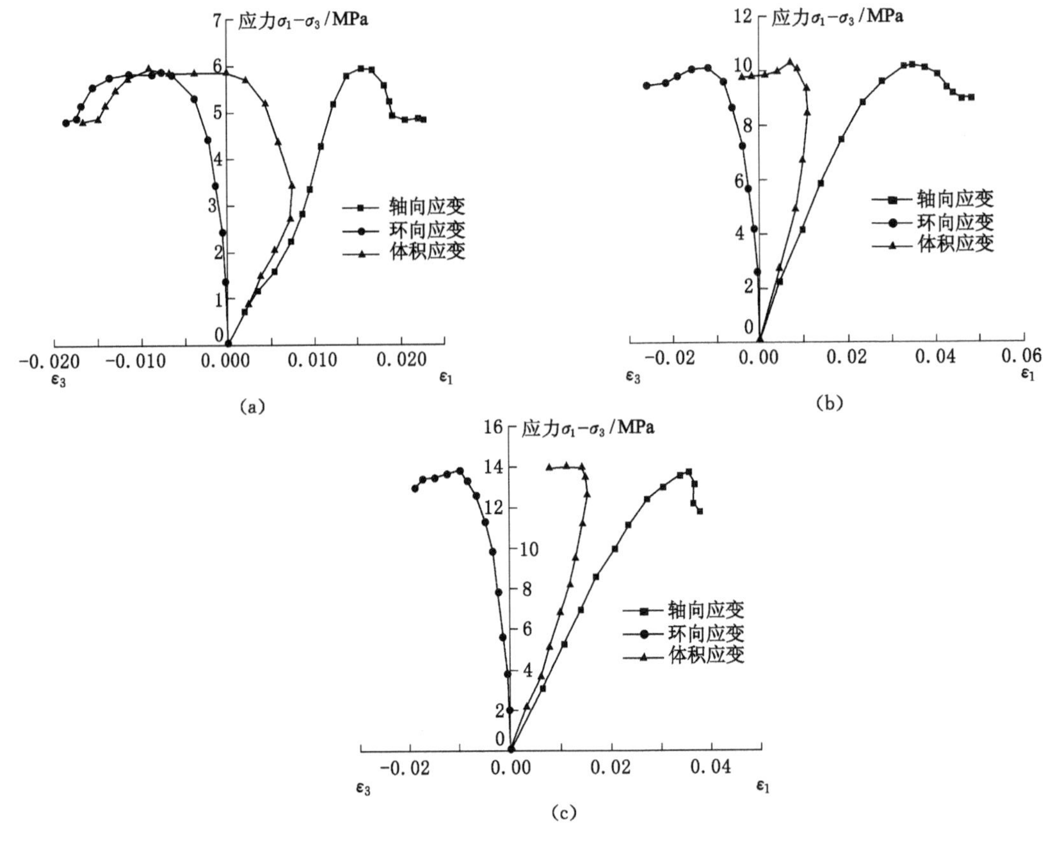

图 2-16　三轴压缩全应力应变曲线

(a) $\sigma_3=1$ MPa；(b) $\sigma_3=2$ MPa；(c) $\sigma_3=4$ MPa

下，围压为 4 MPa 时，峰值轴向应变达到了 3.56%，远高于一般硬岩峰值应力时的轴向应变，具有软岩大变形的特征。三轴压缩下，试样具有峰值应力 85%以上的残余强度，同时残余阶段变形快且变形量大。

2.6.3　煤体全应力应变过程渗透性测试

对型煤进行热力耦合下的三轴全过程渗透测试。在进行渗透实验前必须预先使试样充分饱和，试样不饱和或不充分饱和会造成渗流过程不畅，渗透压有时不是单调减小(有局部升高现象)，使实验结果不够准确。

对预先抽真空饱和好的试样外部套两层耐高温的热塑胶膜以防止实验过程中漏油漏水。安装好试样后，开始实验，实验全程对声发射进行监测。先进行围压加载，加载速率 1 MPa/min，加到预定围压后分多步逐渐加温至预定温度，再加载水压至预定水压，然后开始进行轴向加载，轴向加载采用 LVDT 控制，加载速率为 0.1 mm/min。在轴向加载前进行初始渗透率测试，在应力应变全过程中，选取若干个点进行渗透率测试，其测试原理为瞬态法。

在实验室条件下，通过在加载的煤岩试件中预设 n 个应变值 $\varepsilon_0,\varepsilon_1,\varepsilon_2,\cdots,\varepsilon_n$，且 $\varepsilon_0<\varepsilon_1<\varepsilon_2<\cdots<\varepsilon_n$。并按应变增加的方向加载，当应变达到预设的各应变值时，轴向加载系统保持煤岩样的轴向位移不变，利用孔隙压力系统在煤岩样两端施加压力 $p_1=p_2=p_0$，控制作

动器，突然降低一端的孔隙压力，使煤岩样两端形成孔隙压差 Δp_0，并采集孔隙压差随时间变化的关系，计算该预设应变下的渗透特性(即渗透率)。接着释放孔隙压力，对煤岩样继续加载到下一项预设的应变值，进行下一应变下的渗透特性的测试，直到预设应变的最大值为止。具体实验步骤如下：

(1) 水渗透实验中先将试件充分饱和(保证渗透压差单调减小，使渗流过程通畅)，用聚四氟乙烯(Teflon)热缩塑料致密牢固热封试件(以保证流体介质不致从防护套和试件间隙渗漏)，然后将试件置于实验机三轴缸内。

(2) 依次启动电液三轴伺服岩石力学实验系统的稳压电源、主机、控制器、系统软件、轴向压缩作动器，使其处于工作状态。

(3) 将试件置于加载室内承压板中心，连通孔隙水压渗流管路，并排出每个渗流管路内部空气；连接轴向位移、环向位移传感器连接线，使其处于工作状态；使用手动控制器施加轴向载荷 1 kN 压紧试样，并将轴向位移和环向位移值清零，同时设置实验程序监测变量保护值限制。

(4) 启动围压闭环系统，调整各个汽阀位置，使得系统处于充油状态。开启空气压缩机压缩空气作为动力源，将油箱内的油充至三轴室；待充满回流至油箱内的油稳定且没有气泡后将各个汽阀关闭，同时将围压作动器降至最小值。

(5) 编写实验加载程序(设置选择控制变量、加载路径、加载速率、数据采集模式及图像显示等)。

① 控制方式可选择：轴向载荷、轴向位移；

② 加载路径：由计算机程序控制，根据实验设计要求施加一定的轴压 p_1，围压 p_2 和孔压 p_3(始终保持 $p_3<p_2$，否则会导致热缩塑料等密封失效而使实验失败)，然后降低试件另一端的孔压至 p_4(开始时 $p_3=p_4$)，在试件两端形成渗透压差 $\Delta p=p_3-p_4$，引起水体通过试件渗流(直到 2 个水箱的压力相等，达到平衡状态)。

③ 加载速率：一般为 0.001～0.005 mm/s 或者 0.5～0.8 kN/s。

(6) 在施加每一级轴向位移过程中，由计算机测定试件的轴压及渗透压差随时间的变化，并采集每一级轴向位移下的轴压及渗透率值。为消除实验误差，一般选择压差开始稳定降低后的 100～300 s 内的有关参数计算渗透率。计算该应变状态下的渗透特性，并绘制各点的 Δp-t 曲线。

(7) 释放孔隙水压力，增加轴向载荷至另一个预设应变状态，重新在试样两端施加不同孔隙水压力值，进行该状态下渗透特性的测量，直到预设应变的最大值为止。

(8) 实验结束，整理实验数据。

根据实验系统自动采集的数据计算煤岩试样不同应变状态下渗透率：

$$k = 9\ 701.597\ 6H\frac{\ln(\Delta p_1/\Delta p_2)}{5D^2(t_f-t_0)} \tag{2-17}$$

式中，H、D 分别是煤岩试样的高度和直径，cm；Δp_1、Δp_2 分别对应实验开始、结束时的孔隙压差传感器读数，MPa；t_0、t_f 分别为实验开始、结束时刻，s。

实验程序流程如图 2-17 所示。

煤样在不同温度下的全应力应变渗透特性测定实验条件、参数及结果见表 2-14。

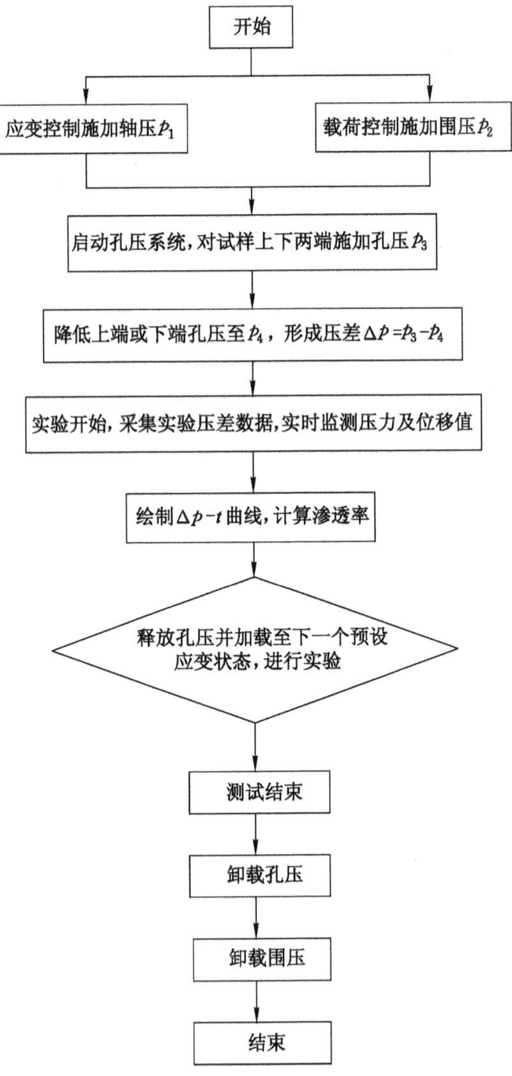

图 2-17　实验程序流程

表 2-14　煤样全应力应变渗透特性测试结果

试样编号	直径 D/mm	高度 H/mm	围压 σ_3/MPa	温度 T/℃	渗透压 p/MPa	峰值应力 /MPa	峰值应变 /%	渗透率 k /(10^{-11} m^2)
1#	50.11	100.01	1	50	0.5	1.36	1.92	0.32～0.84
2#	49.99	100.06	2	50	1.5	2.48	2.21	0.59～1.97
3#	49.68	100.16	4	50	3.5	3.60	3.74	0.23～2.38
4#	50.02	99.98	1	100	0.5	1.59	0.86	0.20～0.69
5#	51.02	101.32	2	100	1.5	2.47	3.72	0.28～3.24
6#	49.63	100.48	4	100	3.5	2.79	2.64	0.55～3.51

图 2-18 为全应力应变过程中的渗透性测试，显然，煤样的变形过程经历了密实阶段、弹性变形阶段、屈服阶段、破坏阶段以及残余阶段等阶段。需要说明的是，本测试所有试样为

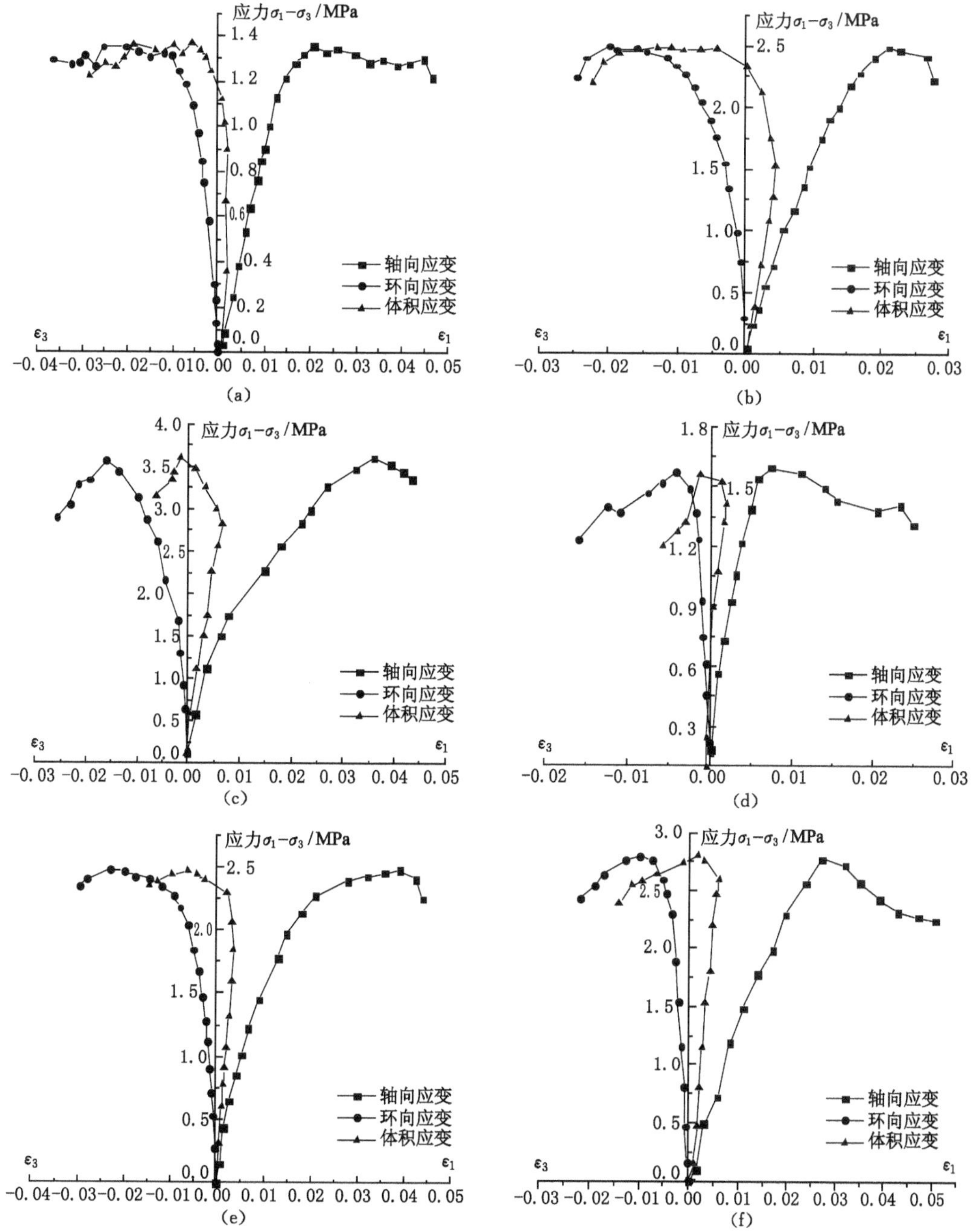

图 2-18　全应力应变过程中应力应变曲线

(a) 1# 煤样全应力应变曲线(50 ℃,1 MPa);(b) 2# 煤样全应力应变曲线(50 ℃,2 MPa);
(c) 3# 煤样全应力应变曲线(50 ℃,4 MPa);(d) 4# 煤样全应力应变曲线(100 ℃,1 MPa);
(e) 5# 煤样全应力应变曲线(100 ℃,2 MPa);(f) 6# 煤样全应力应变曲线(100 ℃,4 MPa)

饱和状态,与常规三轴测试的试样相比,抗压强度有明显降低。由图 2-18 可以看出,试样的全应力应变曲线基本符合一般规律。

由于水的软化作用以及渗透压对轴向方向静水压力的抵消作用，三轴抗压强度有不同程度降低。50 ℃下，在 1 MPa 围压、0.5 MPa 水压条件下，1# 煤样的应力应变曲线如图 2-18(a)所示，由于型煤的特殊性，加上水的软化作用，该实验条件下，试样变形破坏具有强度低、变形大的特征，峰值偏应力约 1.4 MPa，峰值过后，试样表现出一定的延性，即应变较大而强度几乎不下降。

由于围压的增大，2# 煤样的强度有所提升，峰值偏应力约 2.4 MPa，峰值过后，试样表现损伤破坏严重，强度下降明显。可以看出，同温度条件下，随着围压增大，抗压强度增加。相同围压和水压条件下，1# 煤样峰值应变为 4.62%，抗压强度为 1.36 MPa，4# 煤样峰值应变为 2.53%，抗压强度为 1.59 MPa。4# 煤样的强度更高但变形较小，一定程度上可能是试样的差异性导致的。与 4# 煤样相比，5# 煤样应变软化，变形有较强的延性，这说明更高围压下变形过程中延性更强。总体来看，随着围压增加，峰值应力不同程度有所增加，但增幅不大。随着温度增加，峰值应变增加，试样表现出更强的塑性。

图 2-19 为渗透过程中三轴加载全过程声发射参数图。从图中可以看出，试样在加载初期呈现出较高的振铃计数率，可能原因是煤样内部原有的微裂隙发生闭合以及产生新的少

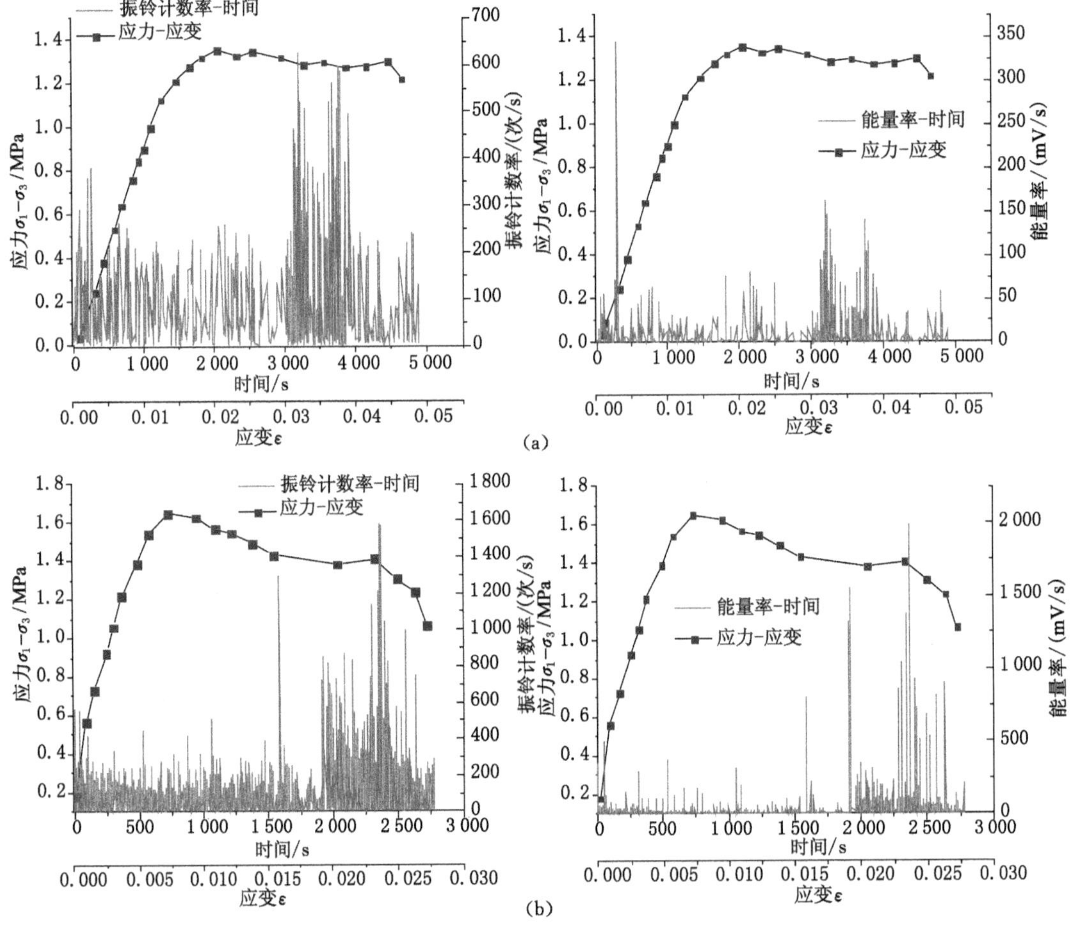

图 2-19 渗透过程中三轴加载全过程声发射参数图

(a) 1# 煤样声发射与时间及应力的关系(σ_3=1 MPa，T=50 ℃)；

(b) 4# 煤样声发射与时间及应力的关系(σ_3=1 MPa，T=100 ℃)

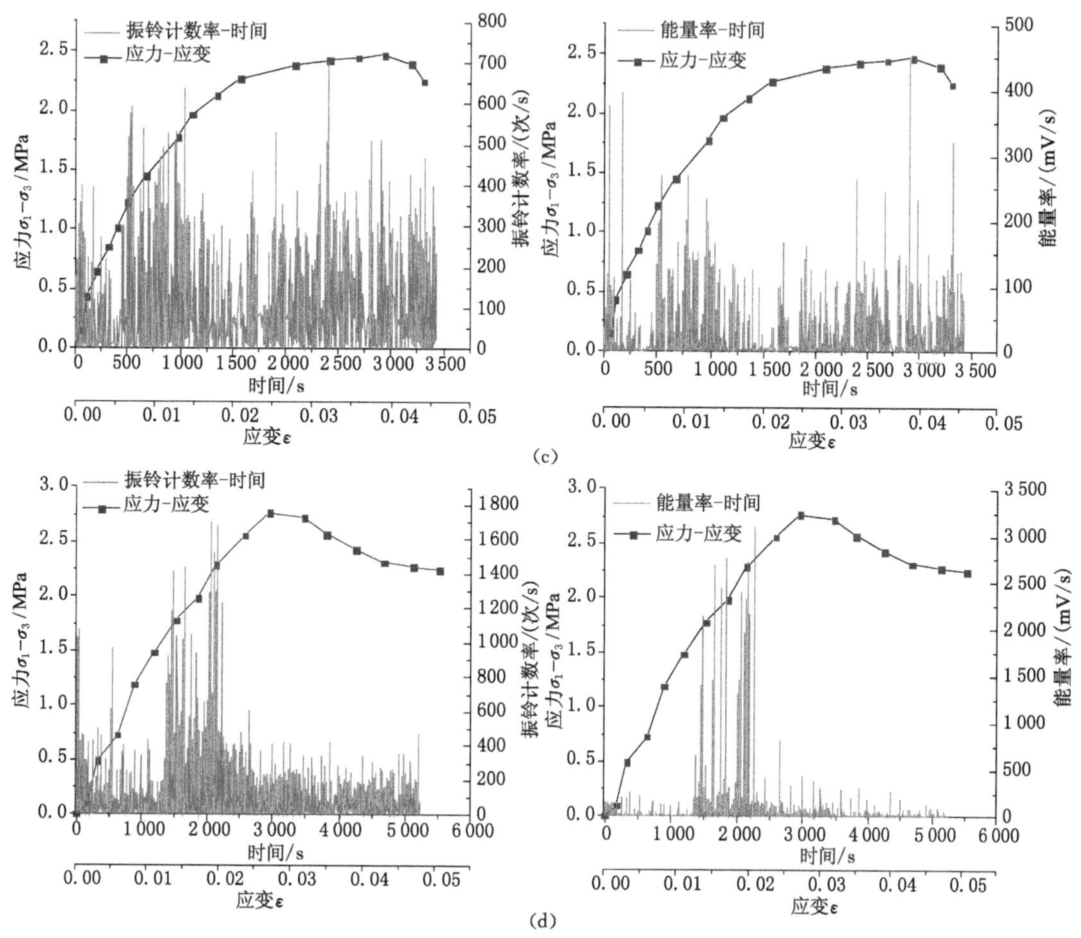

图 2-19(续)　渗透过程中三轴加载全过程声发射参数图

(c) 5# 煤样声发射与时间及应力的关系(σ_3=2 MPa, T=100 ℃);

(d) 6# 煤样声发射与时间及应力的关系(σ_3=4 MPa, T=100 ℃)

量微破裂造成的;但是随着应力的逐渐增加,煤样不断损伤,声发射计数率和能量率都会出现跳跃式的增长;塑性变形阶段,新裂纹不断形成和发展,但尚未连通,振铃计数率和能量率增大。在加载过程中,声发射主要出现在峰值及峰后残余应力阶段,表明损伤也主要集中在此。峰值应力后,裂纹贯通,振铃计数率和能量率大幅增大后逐渐降低。煤样发生宏观破坏时,能量率达到最大值,峰值之后,声发射信号锐减,且随着围压和温度的升高,振铃计数率增大,能量率增大。

通过对比图 2-19(a)和(b)可以看出,在相同应力条件下,100 ℃的温度下,声发射各特征参数相比于 50 ℃下均提升了几倍,这表明温度对试样损伤作用有促进作用。此外,加载过程中声发射最大振铃计数明显提高,最大振铃计数率从 630 次/s 增加到 1 540 次/s,表明温度对型煤损伤有加剧作用。通过对比图 2-19(b)和(c)发现,在加载过程中 5# 煤样的声发射特征参数相比于 4# 煤样有所降低,4# 煤样的最大能量率为 1 890 mV/s,而 5# 煤样的最大能量率只有 440 mV/s,可能与型煤试件自身差异性有关。通过对比应力应变曲线,发现煤样破裂过程中的声发射峰值振铃计数率和峰值能量率出现的时间基本上与峰值应力相吻合，出现在峰值附近。

2.6.4 煤体的渗透特性测试

煤岩体既受到热应力（温度）的作用，又受到围岩应力的作用，因此，研究煤岩体在温度和应力作用下的渗透特性，是一个热流固耦合作用的动力学过程。通过开展煤岩体在全应力应变过程下的渗透实验，能反映出围岩应力对煤岩体渗透性的影响关系，掌握煤岩体在加载初始阶段、弹性阶段和弹塑性阶段的渗透率变化规律，为煤岩体裂隙场渗流模拟提供参数和依据。结果如图 2-20 所示。

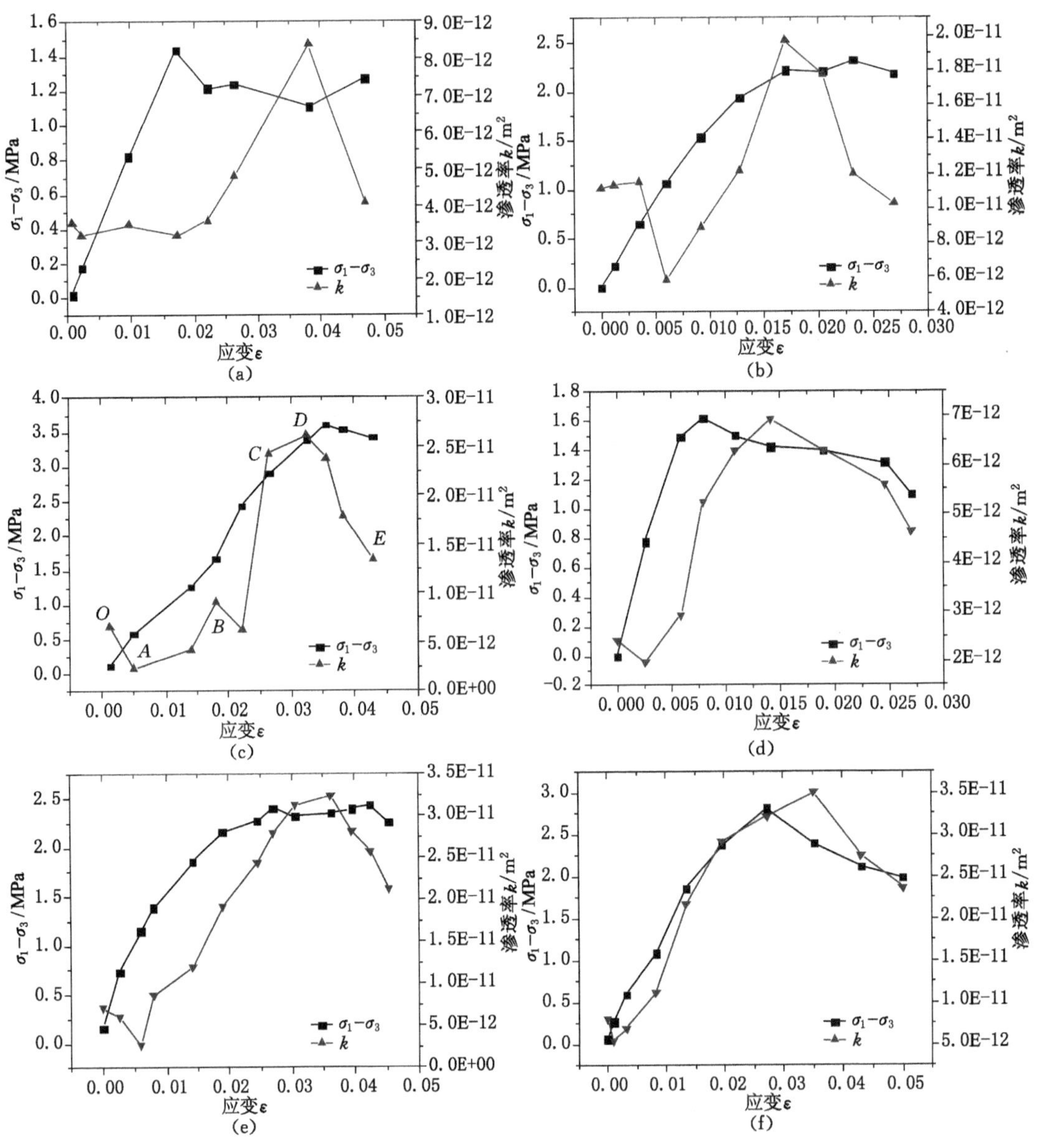

图 2-20　全应力应变过程中的渗透性

(a) 1# 煤样(50 ℃,1 MPa);(b) 2# 煤样(50 ℃,2 MPa);(c) 3# 煤样(50 ℃,4 MPa);
(d) 4# 煤样(100 ℃,1 MPa);(e) 5# 煤样(100 ℃,2 MPa);(f) 6# 煤样(100 ℃,4 MPa)

图 2-20 为煤样全应力应变过程中的渗透性。从图中可以看出，煤样的应力应变曲线与渗透率曲线趋势是一致的，渗透率随着加载的进行总体呈现先减小后上升最后又下降的趋势。由于煤样的离散性，使得其内部的应力和结构也充满着随机性，所以个别渗透率曲线存在差异。以图 2-20(c)为例，对全应力应变过程中的渗透率变化趋势进行分析，主要有以下几个特征阶段。

(1) 煤岩初始压密阶段（OA 段）：煤岩属孔隙裂隙介质，这些微损伤在初始受压阶段出现压密闭合，渗流通道变小变窄，试样的渗透率有明显的降低，煤样的渗透率从 6.59×10^{-12} m^2 下降为 2.29×10^{-12} m^2。

(2) 表观线弹性变形阶段（AB 段）：随着轴向压力的增加，煤样渗透率缓慢增加，说明煤样在轴向压力、围压及孔压共同作用下，内部开始出现原生裂隙扩展和新的微裂隙萌生。渗流通道逐渐增大，煤样的渗透率从 2.29×10^{-12} m^2 增加到 9.19×10^{-12} m^2。

(3) 非线性变形和峰值强度阶段（BC 段）：随着作用在煤岩试件上轴向力的增加，其内部的裂隙进一步扩展、贯通，开始出现宏观裂缝，煤岩渗透率急剧增大。渗透率从 9.19×10^{-12} m^2 降到 6.29×10^{-12} m^2，随后增加到 2.43×10^{-11} m^2。渗透率出现先降低后增加的原因可能是型煤为煤颗粒经一定固结作用形成，煤颗粒在渗透过程中会堵塞渗透通道所致。

(4) 煤样应变软化阶段（CD 段）：一般情况下峰值强度后，破裂煤块沿破裂面发生错动，裂隙的张开程度和连通程度随变形扩展而提高，裂隙间的连通比较充分，此时煤样的渗透率达到峰值。

(5) 残余强度阶段（DE 段）：随着变形的进一步发展，破裂煤块的凹凸部分被剪断或磨损，裂隙张开度减小，在围压作用下，破坏试件又出现一定程度的压密闭合，试件渗透率有所下降。煤样的渗透率从 2.61×10^{-11} m^2 下降到 1.35×10^{-11} m^2。

通过比较图 2-20(b)、(e)发现，同围压条件下，煤样在 100 ℃渗透率要高于 50 ℃的渗透率，温度作用会促进裂隙产生，加快渗透作用。不同温度条件下，5# 煤样的渗透率大于 2# 煤样，这是符合规律的，可以看出渗透率随着围压的增加而增大。从三轴加载全过程来看，渗透率随着围压和温度的增加而增加。整个应力应变过程，渗透率总体上呈现不断上升的趋势，这说明随着加载的进行试样不断损伤破坏，孔隙率增加，渗透率增大。

图 2-21 为全应力应变过程中不同温度条件下渗透率与应变关系图。从图中可以看出，渗透率随着加载的进行总体呈现先减小后上升随后又下降的趋势。在 4 MPa 围压下，煤样在 50 ℃下的渗透率范围为 $0.52\times10^{-11}\sim3.26\times10^{-11}$ m^2，煤样在 100 ℃下的渗透率范围为 $0.55\times10^{-11}\sim3.51\times10^{-11}$ m^2，100 ℃下煤样的渗透率高于 50 ℃时的渗透率，个别点存在异常。从图 2-21 可以看出，在初始压密阶段，煤样在 50 ℃时的渗透率略高于煤样在 100 ℃时的渗透率，由于煤岩属孔隙裂隙介质，这些微损伤在初始受压阶段出现压密闭合，在温度的作用下，型煤颗粒堵塞渗流通道，渗流通道变小变窄所致，随着加载的进行，煤体内部微裂隙在外部应力持续增加作用下，生成更多的微裂隙，新生裂隙进一步连接、扩展、贯通，煤样的渗透性从弹塑性段开始急剧增强，连通性较好的裂隙形成渗流通道，煤样达到渗透峰值，随后进入残余强度阶段，渗透率降低。总体看来，在升温作用下，型煤渗透率逐渐增大。

图 2-22 为全应力应变过程中同一温度不同围压条件下渗透率与应变关系图。从图 2-22(b)可以看出，100 ℃时煤样在 1 MPa 围压下的渗透率范围为 $0.20\times10^{-11}\sim0.69\times10^{-11}$ m^2，煤样在 2 MPa 围压下的渗透率范围为 $0.28\times10^{-11}\sim3.24\times10^{-11}$ m^2，煤样

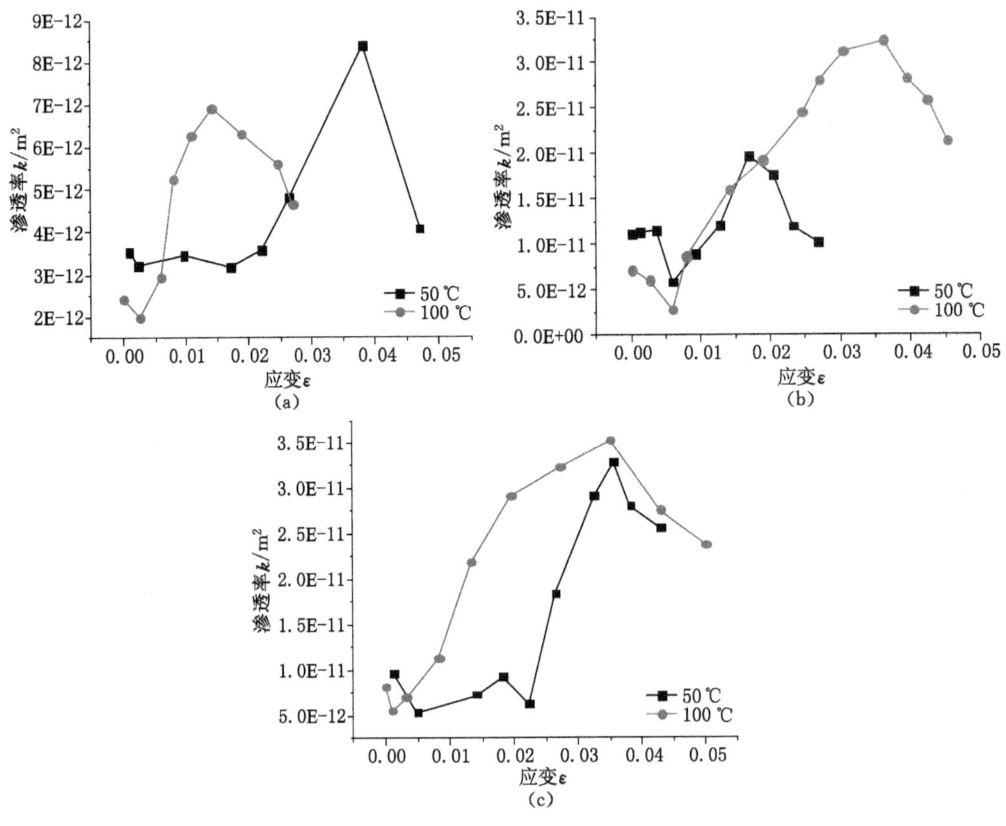

图 2-21 不同温度下全应力应变过程中的渗透率与应变关系

(a) 不同温度下轴向应变-渗透率曲线(1 MPa)；(b) 不同温度下轴向应变-渗透率曲线(2 MPa)；(c) 不同温度下轴向应变-渗透率曲线(4 MPa)

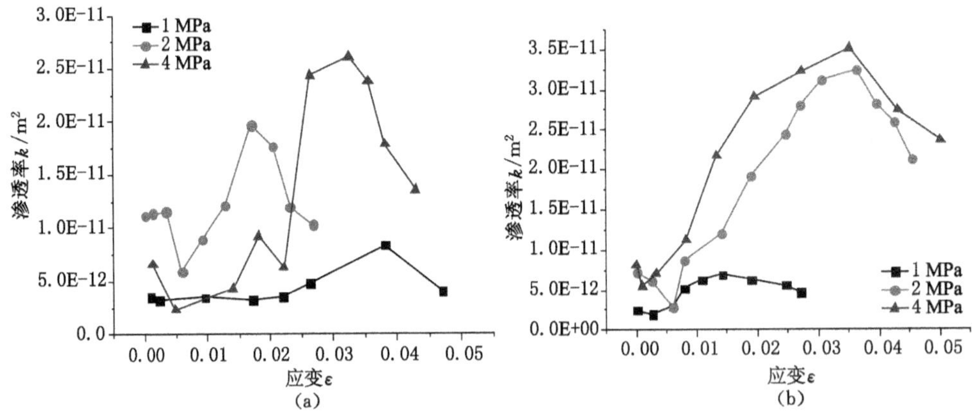

图 2-22 不同围压不同温度下全应力应变过程中的渗透率与应变关系

(a) 50 ℃时不同围压下轴向应变-渗透率曲线；(b) 100 ℃时不同围压下轴向应变-渗透率曲线

在4 MPa 围压下的渗透率范围为 $0.55\times10^{-11}\sim3.51\times10^{-11}$ m^2，表明随着围压增加渗透率明显增大。图 2-22(a)中，在初始压密阶段、线弹性变形阶段，煤样在 4 MPa 围压下的渗透率均小于煤样在 2 MPa 围压下的渗透率，可能原因是煤样之间存在个体差异，力热耦合作用导致渗透性变化的因素较为复杂，真实原因有待进一步探讨。从图中还可以看出，随着围压增加，煤样在残余阶段渗透率减小幅度较大，可能是由于在残余阶段，在围压作用下，破坏试件又出现一定程度的压密闭合，试件渗透率有所下降。

通过实验可以看出，煤体在温度应力耦合作用下，其渗透率总体是增加的。渗透率的增大说明在实验过程中煤体产生了较多裂隙，在温度和应力作用下，这些裂隙进一步扩展、贯通形成裂隙网络甚至形成较大裂缝。这些裂隙网络为空气流通提供了通道。一旦发生煤自燃，空气将通过裂隙网络流通，将会促进煤自燃进一步发展恶化。

参 考 文 献

[1] 中华人民共和国国家质量监督检测检疫总局，中国国家标准化管理委员会. 中国煤炭分类：GB/T 5751—2009[S]. 北京：中国标准出版社，2009.

[2] 张贵红. 5E-MAC 红外快速煤质分析仪在煤工业分析中的应用[J]. 河南冶金，2006，14(6)：33-35.

[3] 赵虹，沈利，杨建国，等. 利用煤的工业分析计算元素分析的 DE-SVM 模型[J]. 煤炭学报，2010，35(10)：1721-1724.

[4] 孟召平，朱绍军，贾立龙，等. 煤工业分析指标与测井参数的相关性及其模型[J]. 煤田地质与勘探，2011，39(2)：1-6.

[5] 张素萍. 影响煤工业分析测试准确性的因素分析[J]. 大众标准化，1995(2)：34-36.

[6] 郭永红，孙保民，刘海波. 煤的元素分析和工业分析对应关系的探讨[J]. 现代电力，2005，22(3)：55-57.

[7] 李霞，曾凡桂，王威，等. 低中煤级煤结构演化的 XRD 表征[J]. 燃料化学学报，2016，44(7)：777-783.

[8] 郭盛强，苏现波. 煤晶体结构受构造变形影响的研究[J]. 河南理工大学学报（自然科学版），2010，29(5)：607-611.

[9] 王凯. 陕北侏罗纪煤低温氧化反应性及动力学研究[D]. 西安：西安科技大学，2015.

[10] 赵再春，彭担任. 煤的比热测定与结果分析[J]. 煤矿安全，1994(6)：14-16.

[11] 徐胜平，彭涛，吴基文，等. 两淮煤田煤系岩石热导率特征及其对地温场的影响[J]. 煤田地质与勘探，2014，42(6)：76-81.

[12] SING K S W，EVERETT D H，HAUL R A W. Physisorption data for/solid systems with special reference to the determination of surface area and porosity[J]. Pure and applied chemistry，1982，54(11)：2201-2218.

[13] 陈向军，刘军，王林，等. 不同变质程度煤的孔径分布及其对吸附常数的影响[J]. 煤炭学报，2013，38(2)：294-300.

[14] 贾雪梅，蔺亚兵，马东民. 高、低煤阶煤中宏观煤岩组分孔隙特征研究[J]. 煤炭工程，2019(6)：24-27.

[15] SHINN J H. From coal to single-stage and two-stage products：a reactive model of coal structure[J]. Fuel，1984，63(9)：1187-1196.

[16] CANNON C G,SUTHERLAND G B B M. The infra-red absorption spectra of coals and coal extracts[J]. Transactions of the faraday society,1945,41(1):279-288.

[17] PAINTER P C,SNYDER R W,STARSINIC M,et al. Concerning the application of Ft-Ir to the study of coal:a critical assessment of band assignments and the application of spectral analysis programs[J]. Applied spectroscopy,1981,35(5):475-485.

[18] 刘保县,赵宝云,姜永东.单轴压缩煤岩变形损伤及声发射特性研究[J].地下空间与工程学报,2007,3(4):647-650.

[19] 苏承东,翟新献,李宝富,等.砂岩单三轴压缩过程中声发射特征的试验研究[J].采矿与安全工程学报,2011,28(2):225-229.

[20] ZHAO Yixin,JIANG Yaodong. Acoustic emission and thermal infrared precursors associated with bump-prone coal failure[J]. International journal of coal geology,2010,83(1):11-20.

[21] 高春玉,徐进,何鹏,等.大理岩加卸载力学特性的研究[J].岩石力学与工程学报,2005,24(3):456-460.

[22] 孟陆波,李天斌,徐进,等.高温作用下围压对页岩力学特性影响的试验研究[J].煤炭学报,2012,37(11):1829-1833.

第 3 章　中变质程度煤自然发火宏观特性分析

煤氧化自燃的宏观表现为气体产物的释放以及温度的升高，煤的生产过程中，气体产物被作为指标气体，用于预测和预报煤自燃的发生和发展。客观上来说，CO、CO_2以及烷烃类气体最容易被检测到，它们的浓度变化可以作为预测自燃性的指标，氧气会与脂肪烃反应释放 CO 和 CO_2气体，含氧官能团中羧酸分解会生成 CO_2，羰基化合物分解也会释放 CO 等，也就验证碳氧类气体的产生有两个途径，一个是氧气分子的反应生成，另一个是煤分子内含氧官能团的分解。本章利用程序升温实验系统、高温氧化实验系统和煤自然发火全过程模拟实验系统对煤自燃的气体产物进行分析，并测算煤自燃特征温度、自然发火期等。

3.1　模拟手段

3.1.1　程序升温实验

采用自主研发的煤自燃程序升温实验系统，研究煤自燃过程中的特征温度，掌握放热强度、耗氧速率、气体产生率等关键参数与煤温的关系函数，分析不同氧浓度和不同粒度条件下，煤样自燃特性参数的变化规律，分析煤自然发火的指标气体和临界温度。

煤自燃程序升温实验装置如图 3-1 所示，在一个直径 10 cm、长 22 cm 的煤样罐中，装入煤样。为使通气均匀，上下两端分别留有 2 cm 左右自由空间（采用 100 目铜丝网托住煤样），然后置于利用可控硅控制温度的程序升温箱内加热，并送入预热空气，采集不同煤温时产生的气体，供风量为 120 mL/min，升温速率调整为 0.33 ℃/min。当温度达到要求后，停止加热，打开炉门，对装置进行自然对流降温。最后，对不同煤温时采集的气体进行气体成分分析及含量测定。

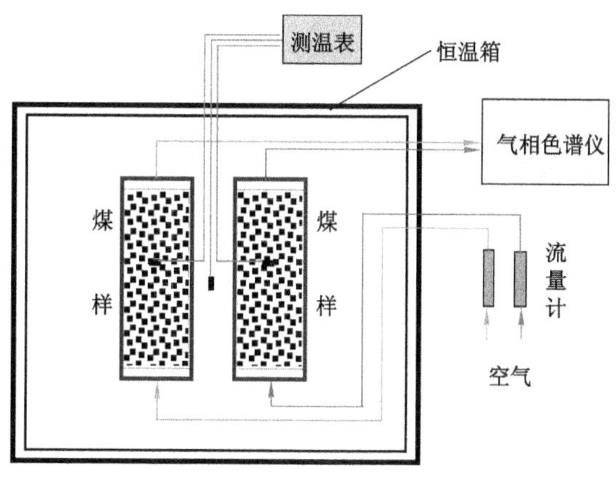

图 3-1　程序加热升温实验流程图

选取同第 2 章相同的 6 种中等变质程度烟煤煤样，对不同影响因素设定实验条件：

(1) 不同煤样对自燃特性的影响。选取 1#、2#、4# 新鲜煤样在空气中破碎，并筛分出粒度为小于0.9 mm、0.9～3 mm、3～5 mm、5～7 mm、7～10 mm 五种粒度煤样各 200 g 组成的混合煤样 1 kg。将 5 种粒径的混合煤样装入煤样罐中，然后将煤样罐装入箱体，测试常温至 170 ℃下的气体产物等自燃特性参数。

(2) 不同粒径对自燃特性的影响。选取 4# 煤样在空气中破碎，并筛分出粒度为小于0.9 mm、0.9～3 mm、3～5 mm、5～7 mm、7～10 mm 五种粒度煤样各 1 kg，以及由五种煤样按照 1∶1∶1∶1∶1 组成的混合煤样 1 kg。将该 6 种不同粒径的煤样装入煤样罐中，然后将煤样罐装入箱体，测试常温至 170 ℃下的气体产物等自燃特性参数。

(3) 不同氧浓度对自燃特性的影响。对 2#、3#、5# 煤样在不同氧气浓度条件下(3%、7%、12%、15%、21%)进行低温氧化程序升温实验，在指定温度下进行气体采集和成分分析。得到不同氧气浓度条件下，煤氧化升温过程中煤样温度与气体产生物的变化规律。

整个实验测定系统分为气路、控温箱和气样采集分析三部分。

(1) 气路部分

气体由 SPB-3 全自动空气泵提供，通过三通流量控制阀，浮子流量计进入控温箱内预热，然后流入试管通过煤样，从排气管经过干燥管，直接进入气相色谱仪进行气样分析。

(2) 试管及控温部分

为了能反映出煤样的动态连续耗氧过程和气体成分变化，按照与大煤样试验相似的条件，推算出试验管面积为 70.88 cm^2时，最小供风量为：

$$Q_{小}/S_{小} = Q_{大}/S_{大} = 41.8 \sim 83.6\ \text{mL/min} \tag{3-1}$$

式中 $Q_{小}$，$S_{小}$——试管的供风量(mL/min)和断面积(cm^2)；

$Q_{小}/S_{小}$——试管的供风强度，$cm^3/(min \cdot cm^2)$；

$Q_{大}$，$S_{大}$——试验台的供风量(0.1～0.2 m^3/h)和断面积(0.282 6 m^2)；

$Q_{大}/S_{大}$——实验台的供风强度，$cm^3/(min \cdot cm^2)$。

一般来讲，煤样常温时最大耗氧速度小于 2×10^{-10} mol/(s·cm^3)，确定试管装煤长度为 22 cm，气相色谱仪的分辨率为 0.5%(即最大氧浓度为 20.89%)，为使试管入口和出口之间的氧浓度之差能在矿用气相色谱仪分辨范围内，最大供风量为：

$$Q_{max} = \frac{V_0(T)\cdot S_{小}\cdot L\cdot f}{c_0\ln(\frac{c_0}{c})} = \frac{2\times10^{-10}\times70.88\times22\times5}{\frac{0.21}{22.4\times10^3}\times\ln(\frac{21}{20.89})}\times60 = 190.0\ \text{(mL/min)} \tag{3-2}$$

因此，实验供风量范围在 41.8～190.0 mL/min 之间。

当流量为 41.8～190.0 mL/min 时，气流与煤样的接触时间为：

$$t = L\cdot f\cdot S_{小}/Q = 4.1 \sim 18.65\ \text{min} \tag{3-3}$$

式中 L——煤样在试管内的高度，cm；

f——空隙率，%；

$S_{小}$——试管断面积，cm^2；

Q——供风量，cm^3/min。

为了使进气温度与煤样温度基本相同，在程序升温箱内盘旋 2 m 铜管，气流先通过盘旋管预热后再进入煤样。

程序升温箱采用可控硅控制调节器自动控制，其炉膛空间为 50 cm×40 cm×30 cm。在实验过程中发现试管内松散煤样的导热性很差，在实验前期(100 ℃以下)，炉膛升温速度快而试管内煤样升温速度很慢，实验测定时，探头显示的温度基本上是煤样最低温度，煤样升温滞后于程序升温箱内温度，在实验后期(100 ℃以上)，煤氧化放热速度加快，煤样内温度超过程序升温箱温度，探头显示的温度基本上是煤样的最高温度。

(3) 气体采集及分析部分

试管内煤样采用压入式供风，试管煤样中的气体排入空气中，采集气体由针管取气，用气相色谱仪进行气体成分分析，排气管路长 1 m，管径 2 mm。

3.1.2 高温氧化实验

XKGW-1 型煤自燃高温程序升温实验系统结构组成如图 3-2 所示，该实验系统主要包括：气源、高温反应炉及煤样罐、气相色谱仪等。

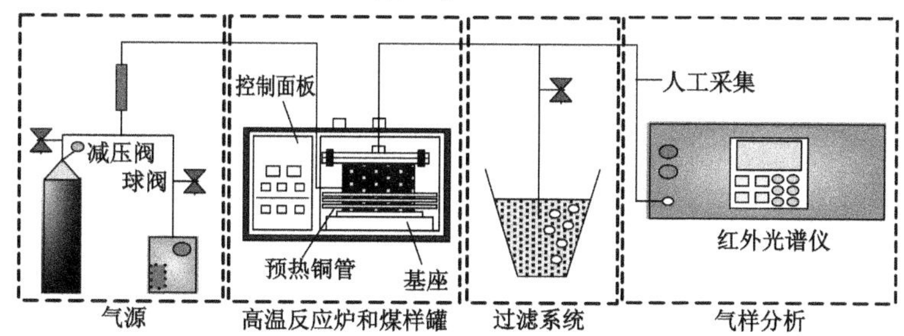

图 3-2　XKGW-1 型煤自燃高温程序升温实验系统装置图

(1) 气源部分

为了保证气流通畅、减小通风阻力，该实验装置气路采用 ϕ8 mm 铜管，气源选用 SPB-3 全自动空气泵和高压气瓶组合供气，并通过三通与转子流量计相连。在连接空气泵和高压气瓶的气路中，各安装有一球阀，以控制各支路的通断。在实验过程中，可通过球阀的开闭来选择空气泵或装有不同氧浓度的高压气瓶为实验罐体供气。实验罐体的供气量，即模拟的风量大小，可由转子流量计调节。

(2) 高温反应炉及煤样罐

高温反应炉的炉膛尺寸为 65 cm(长)×45 cm(宽)×40 cm(高)，形状为箱式，内层炉膛材料为陶瓷纤维，外层为碳钢材料。高温反应炉采用电阻加热方式加热，炉体除炉盖外其余四侧均设置加热丝，炉体底部安装耐火砖，并覆盖 SiC(碳化硅)底板，热量传递的方式为热对流和热辐射。利用 S 形单铂铑热电偶测量温度，热电偶数量为 6 个，分别布置在炉体前方、后方中部，由炉体外部插入，且其端头位于各罐体中心线中央位置。采用连续式温度控制方法对升温进行控制。高温反应炉可同时容纳 6 个最大直径 10 cm 或单个直径 30 cm 的煤样罐进行煤自燃高温实验，本实验采用的煤样罐为耐高温碳硅材料制作，尺寸为直径 10 cm×高 20 cm，罐体上部有罐盖，罐盖与罐体采用法兰连接方式固定，中间夹有石墨垫片，以提高实验煤样罐的气密性。煤样罐垂直安放在炉膛中间，在煤样罐下面安置一个高 10 cm 的支架托住罐体。

(3) 气样采集与检测

气体采集采用人工采样的方式，按照实验的具体要求，在煤样每升高 15 ℃时，使用一次性注射器连接出气管路上预留的抽气口，缓慢均匀地采集反应煤样罐内的气体，使用气相色谱仪进行气体组分分析。

进行煤自燃高温程序升温实验时，选取同第 2 章相同的 6 种中等变质程度烟煤煤样，实验在空气气氛下进行，升温范围 30～500 ℃。设定实验风量 120 mL/min，升温速率 1 ℃/min。对不同影响因素设定实验条件：

(1) 不同煤样对自燃特性的影响。选取 6 种新鲜煤样在空气中破碎，并筛分出粒度为小于0.9 mm、0.9～3 mm、3～5 mm、5～7 mm、7～10 mm 五种粒度煤样各 200 g 组成的混合煤样 1 kg。将 5 种粒径的混合煤样装入煤样罐中，然后将煤样罐装入箱体，进行测试。

(2) 不同粒径对自燃特性的影响。选取 4# 煤样在空气中破碎，并筛分出粒度为小于 0.9 mm、0.9～3 mm、3～5 mm、5～7 mm、7～10 mm 五种粒度煤样各 1 kg，以及由五种煤样按照 1∶1∶1∶1∶1 组成的混合煤样 1 kg。将该 6 种不同粒径的煤样装入煤样罐中，然后将煤样罐装入箱体，进行测试。区别于程序升温实验的是：高温氧化实验可测试在 200～500 ℃区间内煤样氧化自燃释放的气体产物变化情况。

3.1.3 自然发火模拟实验

为了模拟煤自燃的全过程，结合现场实际，自主研制建立了 XKⅥ型煤自然发火实验台。实验主要测试 6 种不同中变质程度烟煤煤样的自然发火期与煤自燃极限参数。该实验台由炉体、气路及控制检测三部分组成(图 3-3)。

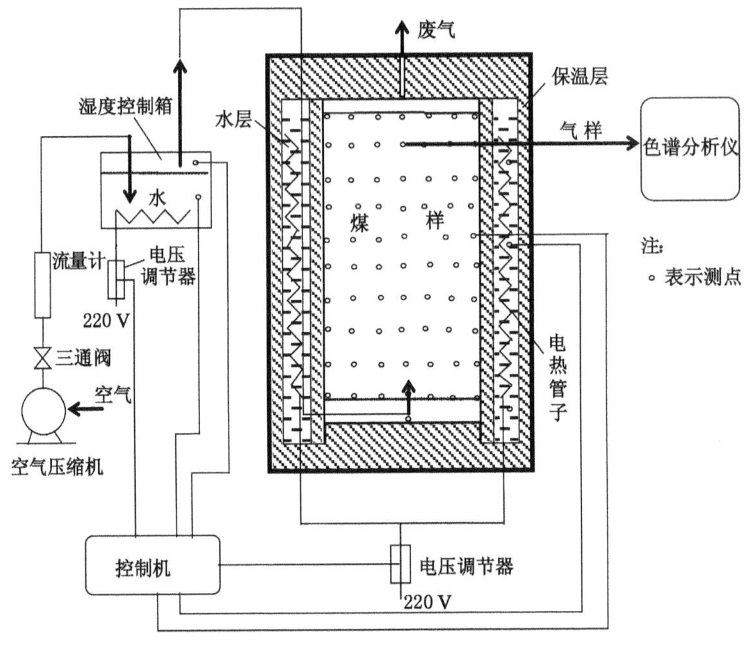

图 3-3 煤自然发火实验台结构示意图

(1) 炉体结构

炉体呈圆形，最大装煤高度 200 cm，内径 120 cm，总装煤量约 1 950 kg；顶、底部分别留有 10～20 cm 自由空间，以保证进、出气均匀，顶盖上留有排气口；保温层和跟踪外层煤温的控温水层使炉内煤体处于良好的蓄热环境中，该水层中装电热管及进气预热紫铜管，在炉内不同位置设有取样管；空气经控温水层预热，使之与所创造的煤自燃环境温度相同，然后从炉体底部送入；炉体顶、底部均有气流缓冲层，使气流由下向上均匀通过实验煤体；炉内布置了131个测温探头和40个气体采样点。测点分布如表3-1和表3-2所列。

表3-1 实验台南北方向测点分布

Y	X						
	60 cm	40 cm	20 cm	中心	20 cm	40 cm	60 cm
185 cm	南(185)	南(185)	南(185)	中(185)	北(185)	北(185)	北(185)
165 cm	南(165)	南(165)	南(165)	中(165)	北(165)	北(165)	北(165)
145 cm	南(145)	南(145)	南(145)	中(145)	北(145)	北(145)	北(145)
125 cm	南(125)	南(125)	南(125)	中(125)	北(125)	北(125)	北(125)
105 cm	南(105)	南(105)	南(105)	中(105)	北(105)	北(105)	北(105)
85 cm	南(85)	南(85)	南(85)	中(85)	北(85)	北(85)	北(85)
65 cm	南(65)	南(65)	南(65)	中(65)	北(65)	北(65)	北(65)
45 cm	南(45)	南(45)	南(45)	中(45)	北(45)	北(45)	北(45)
25 cm	南(25)	南(25)	南(25)	中(25)	北(25)	北(25)	北(25)
5 cm	南(5)	南(5)	南(5)	中(5)	北(5)	北(5)	北(5)

表3-2 实验台东西方向测点分布

Y	X						
	60 cm	40 cm	20 cm	中心	20 cm	40 cm	60 cm
185 cm	东(185)	东(185)	东(185)	中(185)	西(185)	西(185)	西(185)
165 cm	东(165)	东(165)	东(165)	中(165)	西(165)	西(165)	西(165)
145 cm	东(145)	东(145)	东(145)	中(145)	西(145)	西(145)	西(145)
125 cm	东(125)	东(125)	东(125)	中(125)	西(125)	西(125)	西(125)
105 cm	东(105)	东(105)	东(105)	中(105)	西(105)	西(105)	西(105)
85 cm	东(85)	东(85)	东(85)	中(85)	西(85)	西(85)	西(85)
65 cm	东(65)	东(65)	东(65)	中(65)	西(65)	西(65)	西(65)
45 cm	东(45)	东(45)	东(45)	中(45)	西(45)	西(45)	西(45)
25 cm	东(25)	东(25)	东(25)	中(25)	西(25)	西(25)	西(25)
5 cm	东(5)	东(5)	东(5)	中(5)	西(5)	西(5)	西(5)

(2) 供风系统

气体由WM-6型无油空气压缩机提供，通过三通流量控制阀、浮子流量计进入湿度控制箱，使风流湿度与箱内水层的湿度相同，同时气流中含有与湿度调节箱温度相同的水蒸气，湿度调节箱出口的风流流经水层中紫铜管预热，使风流温度与煤体环境温度相同，这样，进入煤体的风流湿度及温度均能得以控制。之后气流由炉体底部通过碎煤，从顶盖出口排出。在取样测点抽取气样，进行气相色谱分析。实验炉内温度巡检、环境温度控制和湿度控制均由工业控制机自动完成。供风系统流程如图3-4所示。

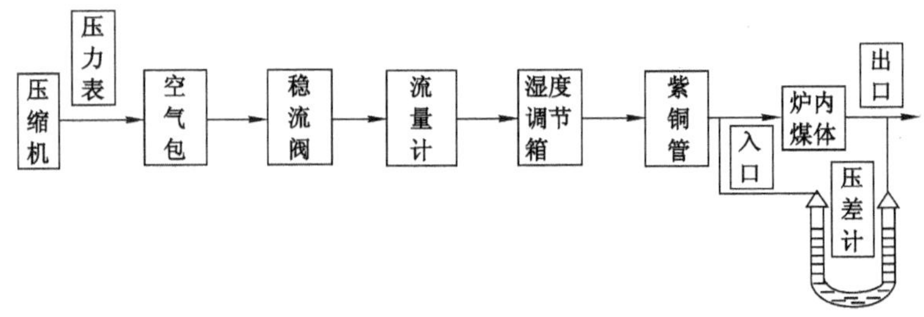

图 3-4　供风系统流程框图

(3) 气体采集与分析

气样数据采集采用人工采集法。在取样点处，炉体内部敷设 ϕ2 mm 不锈钢管，外接 ϕ3 mm×2 m 的耐高温聚四氟管。采集时，实验人员通过取气袋或者针管缓慢而平稳地抽取炉内的气样，送至 SP3430 气相色谱仪分析气体成分和浓度，并保存分析结果。

该自动气相色谱仪采用组合式整体结构，主要由双柱箱专用气相色谱仪、自动取样器、色谱数据处理工作站组成。气样的分析与检测由计算机控制完成，主要监测的气体参数有 O_2、CO、CO_2、CH_4、C_2H_6、C_2H_4、C_2H_2、N_2 等 8 种气体的浓度，并通过采用微量气体浓缩吸附装置，使气相色谱仪对乙烯等指标气体的最小检知浓度扩大 10～20 倍。

(4) 实验台的操作及维护

① 在井下采集煤样 2.5 t 左右，运至煤自然发火实验中心(严禁淋水和淋雨)，记录所采煤样的煤种、采样地点和方式，并尽快地安排实验，以免影响测试结果；

② 检测实验台测温、供气、控制和气体检测系统，确保其完好无故障；

③ 将炉体卸煤口封好；

④ 煤样破碎、称重、粒度分析和装煤在一天内完成，避免煤的预氧化影响实验结果；

⑤ 量出煤样上层距离实验炉顶的垂直高度，并将顶部封严；

⑥ 打开水阀向炉体的隔热层内注入水；

⑦ 启动实验炉旁的控制柜内的总电源以及加热和模块开关；

⑧ 启动实验控制程序，开始对水加热并向实验炉内的煤样通入空气；

⑨ 当煤样关键点温度超过 170 ℃时，停止供气、加热；

⑩ 把保温层的热水循环更换成冷水，煤样冷却；

⑪ 煤样温度下降到常温后，首先关闭实验监控程序，然后关闭控制柜中的总电源以及加热、模块电源开关；

⑫ 打开卸煤孔把煤样卸出，并做好实验室内的卫生工作；

⑬ 在不做实验时，维护好实验台与实验控制设备，不要受到人为的破坏以免影响下次实验。

3.2　煤自燃特性参数

3.2.1　氧气消耗规律分析

氧气的供给是煤氧化自燃的三要素之一，在煤自燃中起着决定性作用，氧气的消耗特征和气体的释放特征体现了氧化自燃的剧烈程度。氧气浓度变化规律是很重要的宏观特征规律，基于气体含量变化的动力学分析多以氧气含量为基础[1-4]，所以氧气消耗规律是非常重要的宏观参数之一。

低温氧化阶段（<200 ℃），由图 3-5 可以看出，温度小于 70 ℃时，即温度小于临界温度时，煤样的氧气浓度含量下降较缓，该阶段的氧气消耗比较少，这是由于在反应初始阶段，温度较低，氧化反应比较平缓，能与氧气发生氧化反应的活性官能团数量较低，大量活性官能团还未被激活，对氧气的消耗较少，并且煤样破碎的过程中，煤孔隙中吸附了一定量的氧气，也是氧气含量变化较小的原因。另外，煤中的水分与氧气在初始阶段会反应生成水氧络合物，延缓了煤氧复合作用的发生和发展。随着温度的继续升高，在 70～120 ℃之间，氧化反应逐渐加快，耗氧量急剧增大，氧气含量急剧减少。

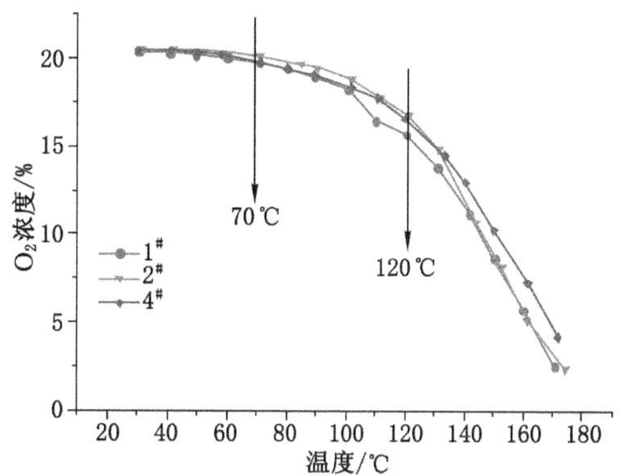

图 3-5　低温阶段煤样氧气浓度随温度变化曲线

此外，计算低温氧化阶段的耗氧速率[5]。混煤内各点氧气浓度的变化主要与对流（空气流动）、扩散（分子扩散和紊流扩散）和煤氧作用耗氧等因素有关，因此混煤堆内氧气浓度分布的对流-扩散方程为：

$$\frac{\partial c}{\partial \tau} = \mathrm{div}(D \cdot \mathrm{grad}(c)) - \mathrm{div}(uc) + V(T) \tag{3-4}$$

式中　D——氧气在碎煤中的扩散系数；

u——风流在空隙中平均流速，$u = \dfrac{Q}{S \cdot n}$；

$V(T)$——单位实体煤的耗氧速度，$\mathrm{mol/(cm^3 \cdot s)}$。

在本实验条件下，由于漏风强度较小，且主要沿中心轴方向流动。因此，可仅考虑煤体内轴线方向上氧浓度分布方程：

$$\frac{\partial c}{\partial \tau} = \frac{\partial}{\partial Z}\left[D \cdot \left(\frac{\partial c}{\partial Z}\right)\right] - \frac{\partial (uc)}{\partial Z} + V(T) \tag{3-5}$$

所以耗氧速度为：

$$V(T) = \frac{\partial c}{\partial \tau} + \frac{\partial (uc)}{\partial Z} - \frac{\partial}{\partial Z}\left(D \cdot \frac{\partial c}{\partial Z}\right) \tag{3-6}$$

根据实验炉内各测点的氧浓度和漏风强度，假设风流仅在垂直方向流动且流速恒定，忽略氧在混煤中的扩散和氧浓度随时间的变化率，在微小单元内煤温均匀，则耗氧速度为：

$$V(T) = u \cdot \frac{\mathrm{d}c}{\mathrm{d}z} \tag{3-7}$$

式中　dz——气体流经微元体的距离，cm。

由化学动力学和化学平衡知识可知：

$$V(T)=K\cdot c \tag{3-8}$$

式中　c——氧气浓度；

K——化学反应常数。

由于耗氧速度与氧气浓度成正比，因此在新鲜空气中耗氧速度为：

$$V_0(T)=\frac{c_0}{c}\cdot V(T) \tag{3-9}$$

则中心轴处任意两点（Z_1 和 Z_2）间的耗氧量：

$$dc=-V_0(T)\cdot\frac{c_{O_2}}{c_{O_2}^0}\cdot\frac{S\cdot n}{Q}dz \tag{3-10}$$

两边积分，当温度一定时，$V_{O_2}^0(T)$ 与 c_0 是常数，则：

$$\int_{x_1}^{x_2}\frac{dc_{O_2}}{c_{O_2}}=-V_{O_2}^0(T)\cdot\frac{n}{c_{O_2}^0 Q}\int_{x_1}^{x_2}dx$$

$$\ln c_{O_2}^2-\ln c_{O_2}^1=-V_{O_2}^0(T)\cdot\frac{n\cdot S}{c_{O_2}^0 Q}\cdot(x_2-x_1)$$

$$\ln\frac{c_{O_2}^2}{c_{O_2}^1}=-V_{O_2}^0(T)\cdot\frac{n\cdot S\cdot L}{c_{O_2}^0 Q}$$

$$V_{O_2}^0(T)=\frac{Q\cdot c_{O_2}^0}{n\cdot S\cdot L}\cdot\ln\frac{c_{O_2}^1}{c_{O_2}^2} \tag{3-11}$$

设 $L=z-z_1$，且 $c_{O_2}^1=c_{O_2}^0$，因此，上式可化简为：

$$V_{O_2}^0(T)=\frac{Q\cdot c_{O_2}^0}{n\cdot S\cdot(z-z_1)}\cdot\ln\frac{c_{O_2}^0}{c_{O_2}}$$

$$\ln\frac{c_{O_2}^0}{c_{O_2}}=\frac{V_{O_2}^0(T)\cdot n\cdot S\cdot(z-z_1)}{Q\cdot c_{O_2}^0}$$

$$\ln\frac{c_{O_2}}{c_{O_2}^0}=-\frac{V_{O_2}^0(T)\cdot n\cdot S\cdot(z-z_1)}{Q\cdot c_{O_2}^0}$$

$$e^{\ln\frac{c_{O_2}}{c_{O_2}^0}}=e^{-\frac{V_{O_2}^0(T)\cdot n\cdot S\cdot(z-z_1)}{Q\cdot c_{O_2}^0}}$$

$$\frac{c_{O_2}}{c_{O_2}^0}=e^{-\frac{V_{O_2}^0(T)\cdot n\cdot S\cdot(z-z_1)}{Q\cdot c_{O_2}^0}}$$

$$c_{O_2}=c_{O_2}^0\cdot e^{-\frac{V_{O_2}^0(T)\cdot n\cdot S}{Q\cdot c_{O_2}^0}\cdot(z-z_1)} \tag{3-12}$$

式中　Q——供风量；

S——炉体供风面积。

根据耗氧速率曲线图 3-6 可知，煤自然发火的低温阶段，耗氧速率随着温度的升高呈现出逐步增大的效果。在温度小于 70 ℃时，耗氧速率非常缓慢，较低的分子活性和水氧络合物的产生等因素是造成耗氧缓慢的主要原因。70～120 ℃之间，耗氧速率逐渐增大，120 ℃之后，伴随着煤分子中活性官能团的消耗，耗氧速率迅速增大，与氧气浓度变化规律恰好相反。

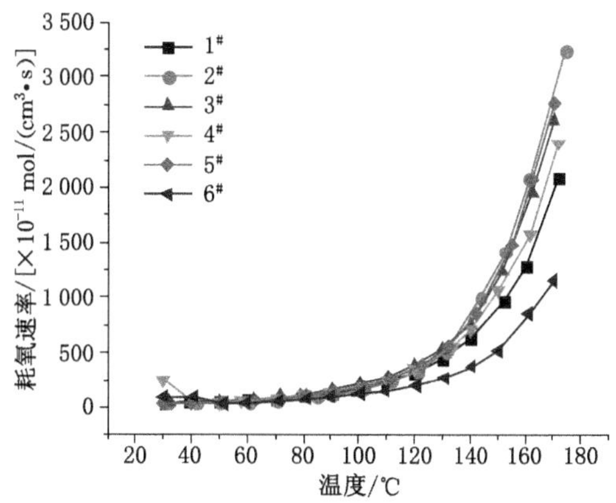

图 3-6　低温阶段耗氧速率与煤温变化曲线

超过 200 ℃之后（图 3-7），随着温度的升高，氧气浓度持续下降，耗氧速率增大，在 400 ℃ 左右基本保持稳定，均在 5%以下，此时煤中相对稳定的官能团，如 C ═C，也已经参与反应完毕，之后氧气浓度缓慢下降。1# 煤样在 200 ℃时，氧气含量从 21%下降到 3%，下降速度最快，5# 煤样在 200 ℃左右下降速率最大，曲线几乎呈直线下降，这时煤分子内活性官能团逐渐被活化，使得煤样发生化学反应，并且反应速率不断加快，活性官能团大量参与反应，大量消耗氧气。

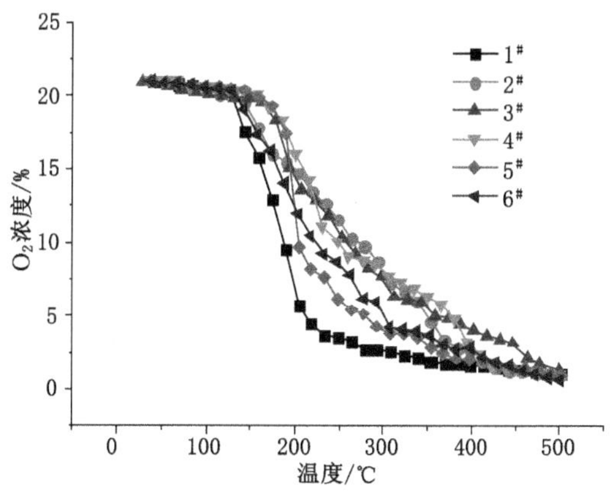

图 3-7　高温阶段煤样氧气含量随温度变化曲线

3.2.2　碳氧化合物释放特性

气体产物的释放是煤高温氧化的主要宏观特征，煤自燃产生气体是自发式反应，释放的气体主要有 CO、CO_2、烷烃和烯烃类气体。其中 CO 与烯烃类气体极少由煤体本身赋存，多由煤样氧化和裂解产生的，则其浓度可以作为预测煤自燃程度的指标气体。而烷烃类和 CO_2 气体除了可由煤样氧化和裂解产生外，还可由煤体内赋存的氧化物分解释放产生，气体量较大。

程序升温实验过程中出现了可观测到的煤氧化实验现象，选用的煤样大约在 150 ℃时出现水气，200 ℃时水气逐渐消失并伴有异味产生，300 ℃时水气彻底消失，并一直伴有异味，400 ℃时出现黄色油状液体，并伴有汽油味，480 ℃时黄色油状液体消失，转变为释放出黄色气体，可以看到黄色气体在空气中明显下沉，500 ℃时有白烟生成直至实验结束。从煤自然发火程序升温实验过程中的数据可以得出，气体产物主要有 CO、CO_2、CH_4、C_2H_4 和 C_2H_6 等。

（1）CO 气体

碳氧类气体主要包括 CO 和 CO_2 气体，煤氧化产生的气体种类随温度的变化对应关系因煤质不同而不同。煤在氧化过程中，与氧复合发生反应的过程包括物理吸附、化学吸附和氧化反应，每个阶段气体产生的种类及数量有所不同。实验发现，CO 气体是实验中最易观测到的气体种类之一，并且有规律地出现。不同煤样在氧化自燃过程中 CO 浓度与温度关系曲线如图 3-8 和图 3-9 所示。

从微观上来讲，CO 的产生是由于煤结构的侧链上丙基被氧气分子攻击，丙基进一步生成带醛的基团和水，带醛的基团继续进一步分解生成 CO。生成 CO 的反应是一个自发式反应。在实验开始时，煤样就能检测出含有 CO 气体（图 3-8），这就说明煤层中存在有一定浓度的 CO。在小于 70 ℃时，CO 浓度增加的趋势比较平缓；当温度大于 90 ℃时，CO 浓度随温度的升高增加的趋势变得陡峭；在温度超过 120 ℃后，趋势线陡峭程度增加得更加明显。在整个升温过程中 CO 浓度呈现出指数函数形式的增长。

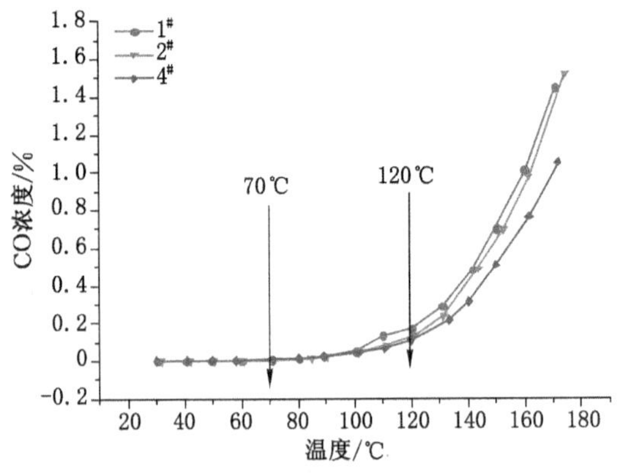

图 3-8　CO 浓度随温度变化曲线

由图 3-9 可知，所选用的 6 种煤样在 400 ℃左右时均出现峰值，在峰值出现之前，CO 浓度随着温度的升高不断增大，呈正相关性，在低温阶段，氧气供给充足，CO 浓度缓慢增长，煤与水和氧反应生成大量的水氧络合物，随着温度升高，部分水氧络合物又转化为 CO 和 CO_2；超过 100 ℃时，增长趋势变得明显，200 ℃之后，气体浓度迅速增长，到达峰值时，几乎比 200 ℃之前增长了 6 倍，这说明在该阶段煤与氧气反应剧烈，氧浓度迅速下降，而且前期产生的大量水氧络合物参与反应，生成大量的 CO，使 CO 的量迅速升高达到峰值，接近燃点；峰值之后，由于羰基、脂肪烃等官能团含量降低，导致气体浓度开始下降，继续升温约 50 ℃之后，气体浓度再次上升，这是由于随着煤的氧化反应逐渐加剧，导致耗氧速率增大，氧气浓度降低，煤样发生了热解反应，煤分子中的 C ═C 双键和部分含氧杂环发生了裂解[3]，生成 CO 气体，使 CO 的产生量再次增大。

不同煤样在高温氧化过程中释放的 CO 气体量由浓度曲线的积分计算得到，如表 3-3 所列，6# 煤样在氧化过程中产生的次生脂肪烃官能团较少，而 C ═C 双键在反应后期的反

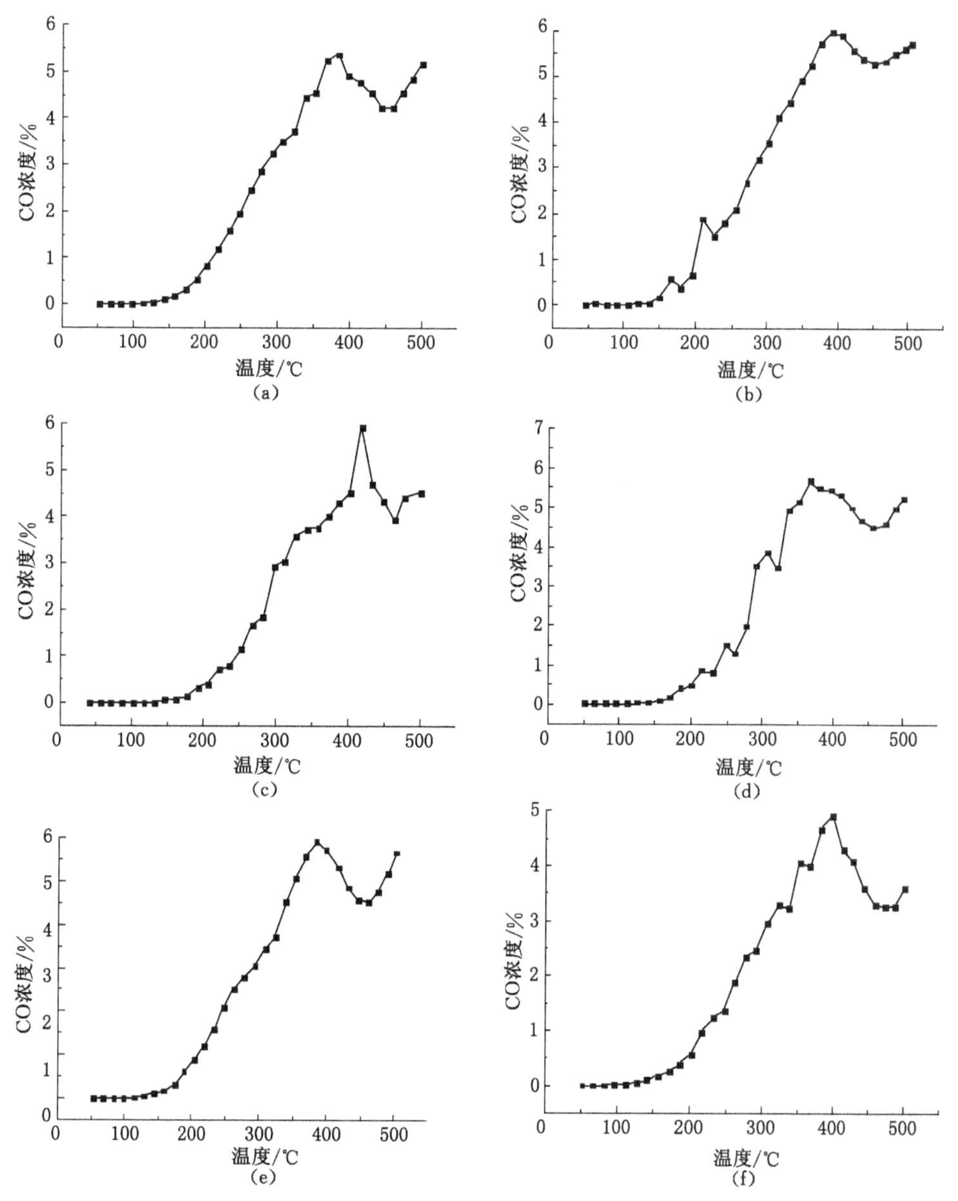

图 3-9 CO 浓度与温度关系曲线

(a) 1# 煤样；(b) 2# 煤样；(c) 3# 煤样；(d) 4# 煤样；(e) 5# 煤样；(f) 6# 煤样

应活性也较低，羟基含量也较少，导致产生 CO 的主要官能团 C ═O 羰基官能团的生成量较少，从而气体产量较低。

表 3-3 煤样高温氧化过程中 CO 释放量 单位：mg/kg

煤样	1#	2#	3#	4#	5#	6#
CO 释放量	1.14×10^5	1.31×10^5	9.76×10^4	1.14×10^5	1.22×10^5	9.33×10^4

(2) CO_2气体

由图 3-10 可以看出，煤样从实验一开始就测试到了 CO_2 气体，低温阶段，煤样氧化产生的 CO_2 浓度随煤温的增长而增长，基本都呈类指数形式增长，且浓度较大，至少为 CO 气体浓度的 2 倍。在约 70 ℃之前，CO_2 浓度增大的趋势都比较缓慢，之后 CO_2 产生量迅速增大，到 120 ℃以后，CO_2 浓度急剧增大，一直到实验结束。由于 CO_2 气体分子量较大，在准备煤样的过程中，不能使煤分子间因范德华力吸附的 CO_2 气体完全释放；随着煤温的升高，CO_2 气体才会逐渐脱附，所以在实验开始就出现 CO_2 气体。由于低温阶段煤样氧化反应的不剧烈，氧气量充足，故发生完全氧化反应，生成 CO_2 气体；还由于大量的水氧络合物转化为 CO_2 和 CO，使得 CO_2 产生量迅速升高；—COOH 羧基含量的不断增加也是 CO_2 气体浓度增加的主要原因。

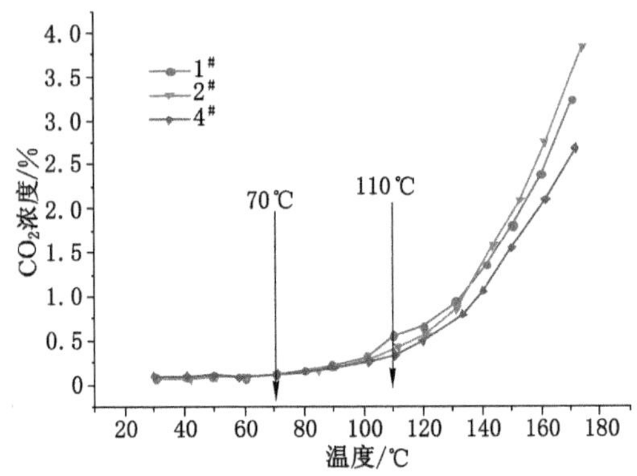

图 3-10　CO_2 浓度随温度变化曲线

高温阶段，CO_2 气体释放规律与 CO 气体一致，呈类抛物线形式。如图 3-11 所示，CO_2 气体在 350 ℃左右时达到峰值。随着反应的进行，煤分子与氧气发生完全氧化反应，释放出 CO_2 气体，气体量不断增大，直至达到峰值，CO_2 气体浓度达到峰值的温度低于 CO 气体，这是由于产生 CO_2 是煤与氧气发生完全反应，优先于煤与氧气发生不完全反应释放出 CO 气体，且 CO 与氧气反应会继续释放 CO_2 气体，导致 CO_2 气体释放量较大，且达到峰值温度较快，与 CO 峰值温度相比温度较低。

$$C+O_2 \longrightarrow CO_2 \tag{3-13}$$

$$C+O_2 \longrightarrow CO \tag{3-14}$$

$$CO+O_2 \longrightarrow CO_2 \tag{3-15}$$

峰值之后气体释放量逐渐下降，此时在红外光谱中表现为—COOH 羧基含量开始下降，由于高温反应的进行，羧基开始被大量消耗，表现为 CO_2 气体浓度在 370～450 ℃时有所下降，之后由于芳烃、断裂的脂肪烃等氧化，又产生部分 CO_2 气体，致使浓度又有小幅的上升现象。5# 煤样所分解及氧化释放的 CO_2 气体浓度最大，峰值浓度达到 22.65%。

3.2.3　碳氢化合物释放特性

(1) CH_4 气体

CH_4 气体是烷烃类气体中最容易检测到的气体种类，是煤氧化热解过程中的主要气态产物，其形成贯穿整个煤的氧化热解过程。低温阶段，其浓度随温度的变化曲线如图 3-12 所示。实验从开始就可以检测到 CH_4 气体，CH_4 气体在原煤中的存在形式主要是以游离态

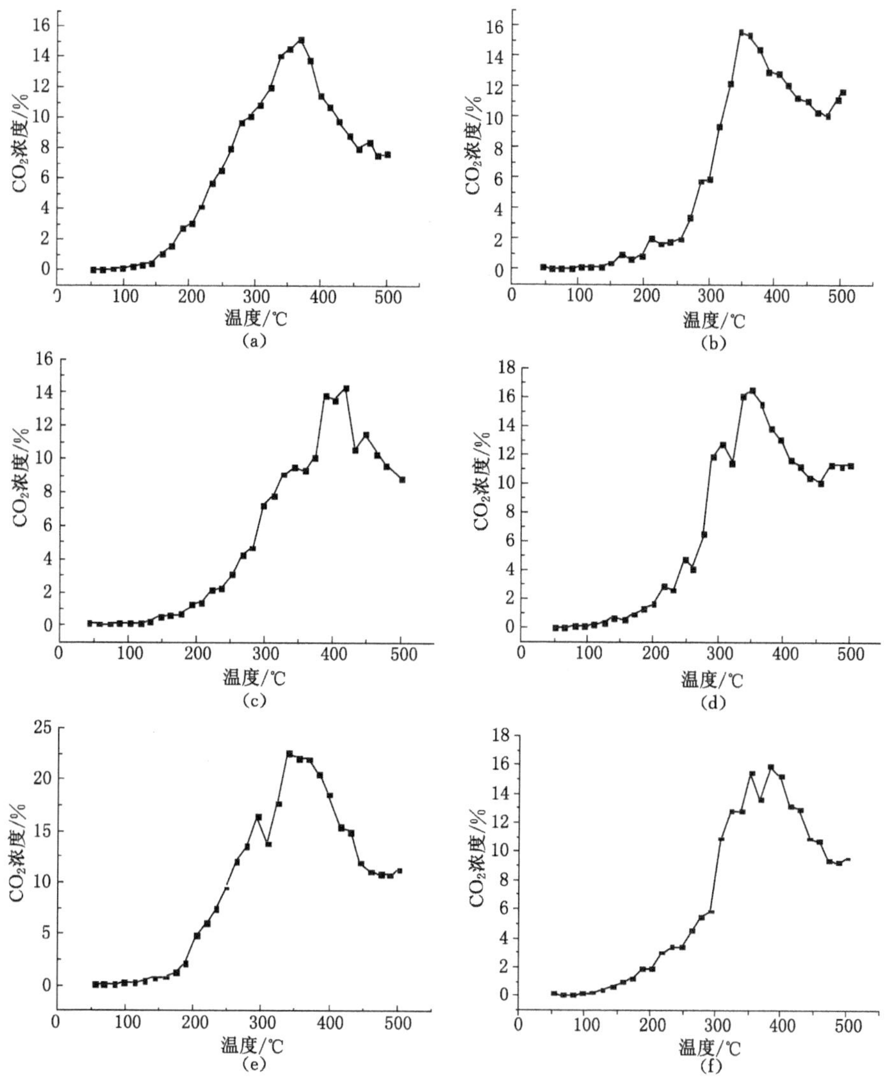

图 3-11　CO_2 浓度与温度关系曲线

(a) 1# 煤样；(b) 2# 煤样；(c) 3# 煤样；(d) 4# 煤样；(e) 5# 煤样；(d) 6# 煤样

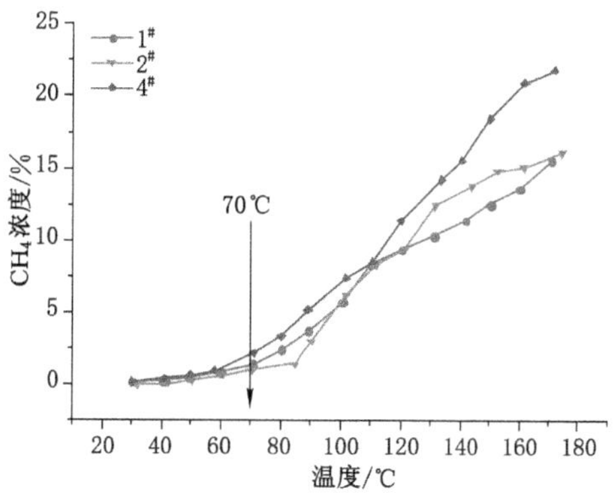

图 3-12　CH_4 浓度随温度变化曲线

与吸附态存在，游离态的CH_4气体存在于煤体孔隙之中，吸附态的CH_4气体在煤表面属于物理吸附，其吸附方式多种多样，主要有正三角锥和倒三角锥两种情况，这是因为CH_4分子的特殊正四面体结构以及分子间作用力主要存在于原子之间所决定的。此外，低温氧化阶段，煤对CO_2气体的吸附势大于CH_4气体[4]，在相同温度压力条件下，CO_2气体在煤表面的吸附性大于CH_4气体，CO_2气体的吸附量大于CH_4气体，吸附在煤表面和孔隙中的CO_2气体更容易释放，导致在低温氧化阶段，解吸释放的CO_2气体量大于CH_4气体量。在反应后期高温阶段，CH_4气体与氧气发生氧化反应，释放量急剧增大，并释放出CO_2气体，这也是CO_2气体浓度迅速增大的原因之一。

$$CH_4 + O_2 \longrightarrow CO_2 + H_2O\ (\text{点燃}) \tag{3-16}$$

低温氧化阶段，实验就有CH_4气体产生，煤随着氧化温度的增加，吸附在煤表面的CH_4气体发生解吸作用，释放出CH_4气体，CH_4含量不断增大。煤样在实验初始阶段都可以检测到CH_4气体，说明所选用的煤样的CH_4气体赋存状态相同。在温度逐渐升高的过程中，范德华力对甲烷的吸附力减弱，造成CH_4气体发生脱附作用，从而导致浓度有所增加。从微观上解释，是苯环侧链上丙基生成带酸的基团和CH_4气体。在温度较低时，由甲基支链参与生成CH_4气体。

随着温度的升高(图 3-13)，煤分子中的脂类化合物发生反应释放出CH_4气体，甲基支链断裂释放出CH_4气体，超过 300 ℃后，CH_4气体浓度急剧上升，此时的CH_4气体是由芳香环与环烷发生氧化和裂解反应生成，前人研究得知，煤自燃氧化生产CH_4气体是氧分子攻击苯环侧链上的丙基中间的碳原子，生成—CH_2—COOH 和CH_4[5]，此外煤裂解反应中，甲基苯上的甲基直接脱落，夺取甲基苯侧链上的和芳环上的氢原子从而生成CH_4气体。直至 500 ℃左右时，CH_4气体浓度达到峰值，之后有下降趋势，这是由于煤分子中的活性官能团氧化及裂解逐步完全，煤高温氧化到达燃烧期，导致气体浓度降低。烟煤煤样中，5# 煤样产生的CH_4气体量最大，且达到峰值的速度最快，峰值温度较低。

(2) C_2H_4气体

生成乙烯的反应是一个自发式反应。由图 3-14 可知，实验煤样在初始阶段都没有检测到C_2H_4气体，110 ℃之后检测出C_2H_4气体，说明C_2H_4气体是高温反应产物，而非煤体中赋存的，所以其可以作为表征煤自燃程度的指标气体。C_2H_4气体的产生是一个非常复杂的化学过程，理论上认为，C_2H_4气体产生经历以下历程：

$$R + O_2 \longrightarrow MI1 \longrightarrow TS \longrightarrow MI2 \longrightarrow P + C_2H_4 \tag{3-17}$$

其中 R 为反应物，MI 为中间体，TS 为过渡态，P 为产物。

当温度大于 110 ℃之后，煤样氧化释放出C_2H_4气体，主要是煤大分子上的支链发生裂解而产生的。此外，从微观上来解释，是由于煤大分子通过自由基内芳环上的脂肪侧链与游离相中的脂肪烃逐渐裂解生成C_2H_4气体和C_2H_6气体。横向比较发现，1# 煤样在低温阶段氧化释放的C_2H_4气体浓度最大。

由图 3-15 可知，高温阶段产生的C_2H_4气体曲线呈类抛物线形式，所选用的煤样具有相同的规律性，在 300 ℃之前增长缓慢，超过 300 ℃后气体浓度迅速增大，煤大分子内芳环上的脂肪侧链与游离相中的脂肪烃通过自由基逐渐裂解生成C_2H_4气体和C_2H_6气体[6]。在 450 ℃左右时达到峰值，燃烧期后期，随着煤分子内部活性官能团与氧反应的消耗及裂解反应的进行，产生的气体浓度降低。

图 3-13　CH_4 浓度与温度关系曲线

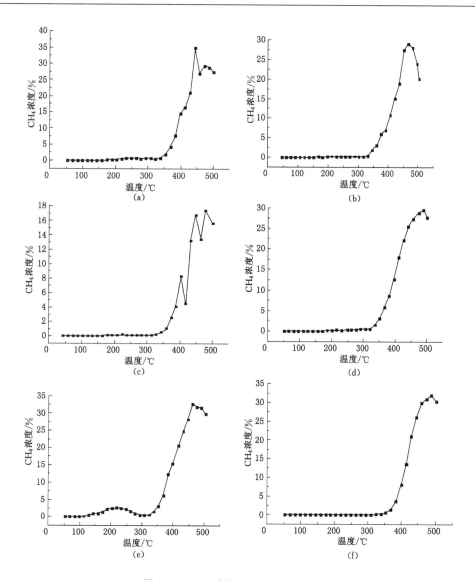

(a) 1# 煤样；(b) 2# 煤样；(c) 3# 煤样；(d) 4# 煤样；(e) 5# 煤样；(f) 6# 煤样

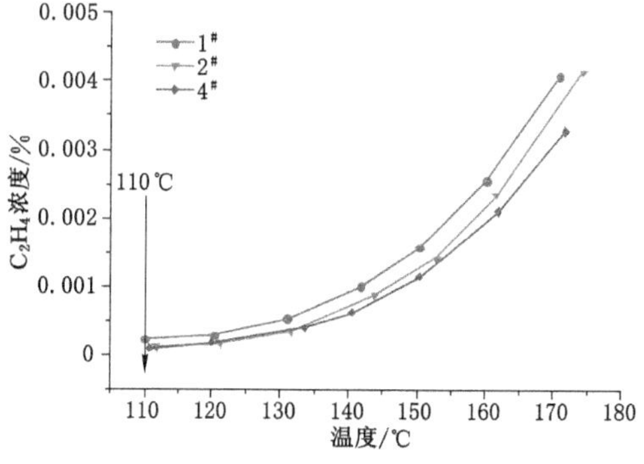

图 3-14　C_2H_4 浓度随温度变化曲线

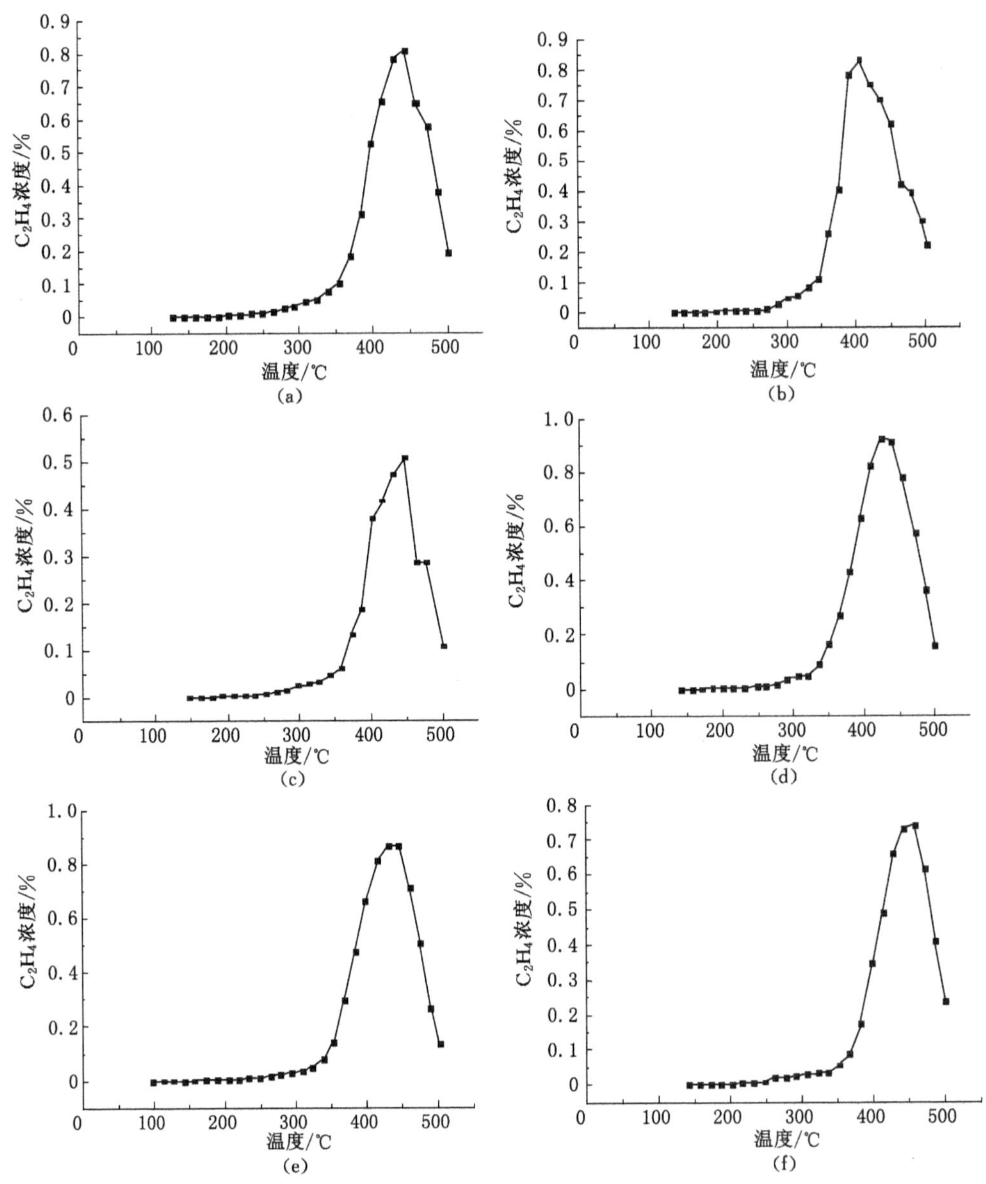

图 3-15　C_2H_4浓度与温度关系曲线

(a) 1# 煤样；(b) 2# 煤样；(c) 3# 煤样；(d) 4# 煤样；(e) 5# 煤样；(f) 6# 煤样

(3) C_2H_6气体

从图 3-16 和图 3-17 可以看出，煤低温阶段氧化产生的 C_2H_6气体浓度随温度的升高都在缓慢上升，总体浓度较小。个别煤样在实验一开始就检测到了 C_2H_6气体，1#、2# 和 4# 煤样分别在煤温达到 80 ℃、70 ℃、60 ℃时，出现了 C_2H_6气体，表明不同煤样的 C_2H_6气体赋存状态不同。这是由于煤体的复杂性引起的。随着煤温的升高，煤体赋存的气体发生脱附现象，吸附的 C_2H_6气体逐渐释放出来。从 C_2H_6气体浓度的变化规律上来看，C_2H_6气体不能作为煤自燃的预报性指标气体。煤样脱附产生了一定浓度的 C_2H_6气体，随后在煤温继续升高的过程中，煤释放的 C_2H_6气体主要是煤大分子发生裂解而产生的气体。其中，1# 煤产

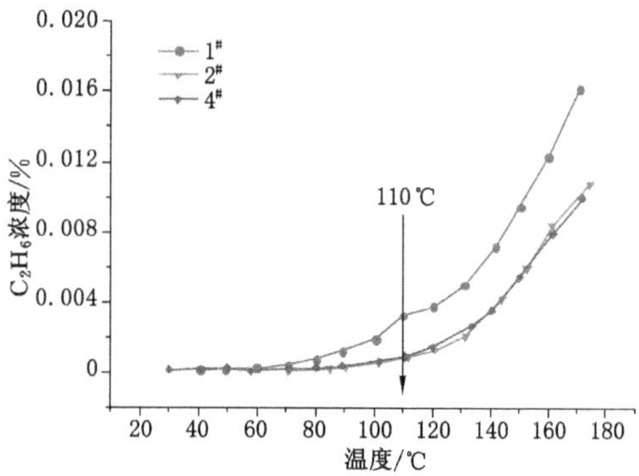

图 3-16　C_2H_6浓度随温度变化曲线

图 3-17　C_2H_6浓度与温度关系曲线

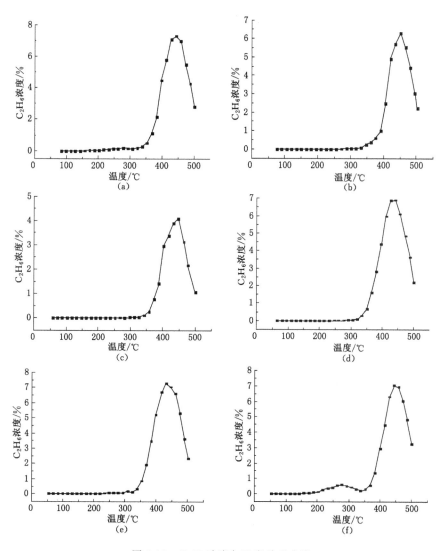

(a) 1# 煤样;(b) 2# 煤样;(c) 3# 煤样;(d) 4# 煤样;(e) 5# 煤样;(f) 6# 煤样

生的C_2H_6气体量最大，说明煤分子内部存在或产生一些甲基和亚甲基官能团，通过煤氧复合作用生成C_2H_6气体。相对于碳氧类气体而言，同层煤氧化释放的碳氢类气体的浓度差值相对较小。

由图3-17可以看出，高温阶段，C_2H_6气体变化规律与C_2H_4气体相似，随着煤温的不断升高，曲线呈类抛物线形式出现，约在350 ℃之前，C_2H_6气体含量较小，350～450 ℃之间C_2H_6气体的产生量迅速增大，煤分子中芳环上的脂肪侧链与游离相中的脂肪烃通过自由基逐渐裂解生成C_2H_4气体和C_2H_6气体，在约450 ℃时达到最大值，之后呈气体浓度迅速减小的趋势。5#煤样在氧化过程中释放的不同气体量均较大，这与热扩散系数较大、比热容较小有直接关系。

3.2.4 CO/O_2与CO/CO_2分析

CO/O_2和CO/CO_2这两种气体浓度比与煤温的变化有良好的对应关系和变化规律，间接地反映煤氧化的程度。在大量的煤矿工作面现场实践中，都使用CO/O_2和CO/CO_2这个比值来消除实际工作面的风流对指标气体浓度的影响，减少误差；在实验室中，由于风量相同，仍然可以使用CO/O_2和CO/CO_2对煤样的自燃程度进行分析。采用低温氧化阶段的CO/O_2和CO/CO_2比值对中变质程度煤的自燃性进行分析。

从图3-18可知，所选用的烟煤煤样CO/O_2比值在110 ℃之前比值较小，曲线较为平稳，说明氧化反应前期产生的CO气体较少，自燃危险性较小，温度超过130 ℃之后，CO/O_2比值迅速上升，呈指数函数形式增长，表明在反应后期煤样氧化产生了大量的CO气体，不完全氧化反应消耗了大量的氧气，氧气浓度快速下降，自燃危险性迅速增大。不难发现，在实验末期，1#煤样的CO/O_2比值明显大于其余两个煤样，说明煤样发生不完全氧化反应的难易程度有差异。

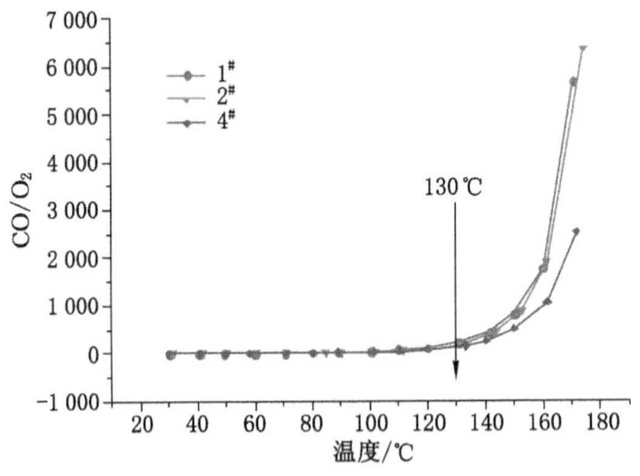

图3-18 CO/O_2与温度关系曲线

由图3-19可知，从实验开始，CO/CO_2值就存在，1#、2#和4#煤样中CO/CO_2值变化趋势一致，可以作为指标值判定煤的自燃性，并且随着温度升高CO/CO_2值明显增加，60 ℃之前增长较缓慢，之后呈线性增长。温度到达60 ℃后，气体比值急剧增大。煤氧复合作用越来越激烈，导致供氧量不足，煤大量发生不完全氧化反应，生成CO的量越来越大。1#煤样的比值增长最快，说明在同等供风量同样质量煤样的条件下，要达到完全氧化，1#煤样所需较多的氧气。横向比较，其比值在实验开始阶段相差较小，随着温度的升高，比值的差逐渐变大。

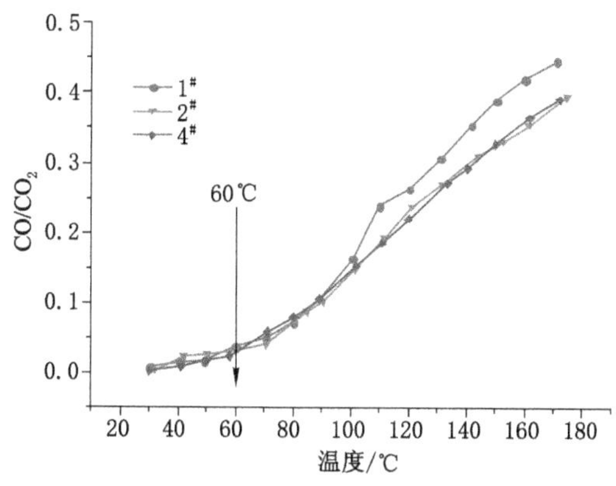

图 3-19　CO/CO_2 与温度关系曲线

3.3　变条件下煤自燃特性参数变化规律

煤的自燃特性的影响因素主要分为外在因素和内在因素，外在因素主要是环境、人为影响等。内在因素起到了主要作用，内在因素主要受煤体本身物理结构的影响。物理结构参数主要包括粒径、几何形状、密度、比表面积和孔隙结构等，其中粒径是最基本、最主要的参数之一，粒径不仅对其他参量有影响，而且能够影响并决定煤的自燃和着火性能。随着煤粒度的改变，其孔隙率也会发生改变，造成煤与空气接触的表面积不同，促使煤表面活性结构与氧气结合的数量发生变化，从而导致产生各种气体的浓度不同。外在因素主要受到风量、风流、氧气浓度等的影响，随着氧气浓度的变化，煤氧复合作用的强弱也会随之改变。故本节选取不同氧浓度与不同煤样粒径作为变化条件来研究其对煤样自燃特性参数的影响。

3.3.1　氧气浓度对自燃特性参数的影响

对 2#、3#、5# 煤样在不同氧气浓度条件下进行低温氧化程序升温实验，在指定温度下进行气体采集和成分分析。得到不同氧气浓度条件下，煤氧化升温过程中煤样温度与气体产生物的变化规律。

(1) 氧气浓度对产生 CO 气体浓度的影响

在不同氧气浓度条件下程序升温过程中，2#、3#、5# 煤样产生的 CO 气体浓度大小变化情况如图 3-20 所示。

从图 3-20 可以看出，不同氧气浓度条件下煤样升温过程中 CO 气体浓度与温度关系曲线增长规律一致，整体随煤温升高而变大。CO 气体在实验开始时就出现，说明煤样在实验开始前其内部就含有一定量的 CO 气体。在 60 ℃之前，不同氧气浓度下 CO 气体浓度曲线随温度变化不大，随着温度升高，在温度相同的情况下，氧气浓度越大，CO 气体浓度越大。温度为 60～80 ℃之间发生第一次突变。煤温在达到 60～80 ℃之前 CO 气体浓度随温度升高变化不大且数值较小，说明在低温阶段煤氧复合作用较弱；在 80～100 ℃之间煤氧复合作用加快，伴随着 CO 气体浓度随温度升高迅速增大。在 100～120 ℃附近 CO 气体浓度变化曲线发生第二次突变。CO 气体产生率随温度升高而不断变大，且在 100～120 ℃附近 CO 气体浓度显著增加，此时物理吸附极其微弱，主要是化学反应作用促使煤氧化进程加快。表

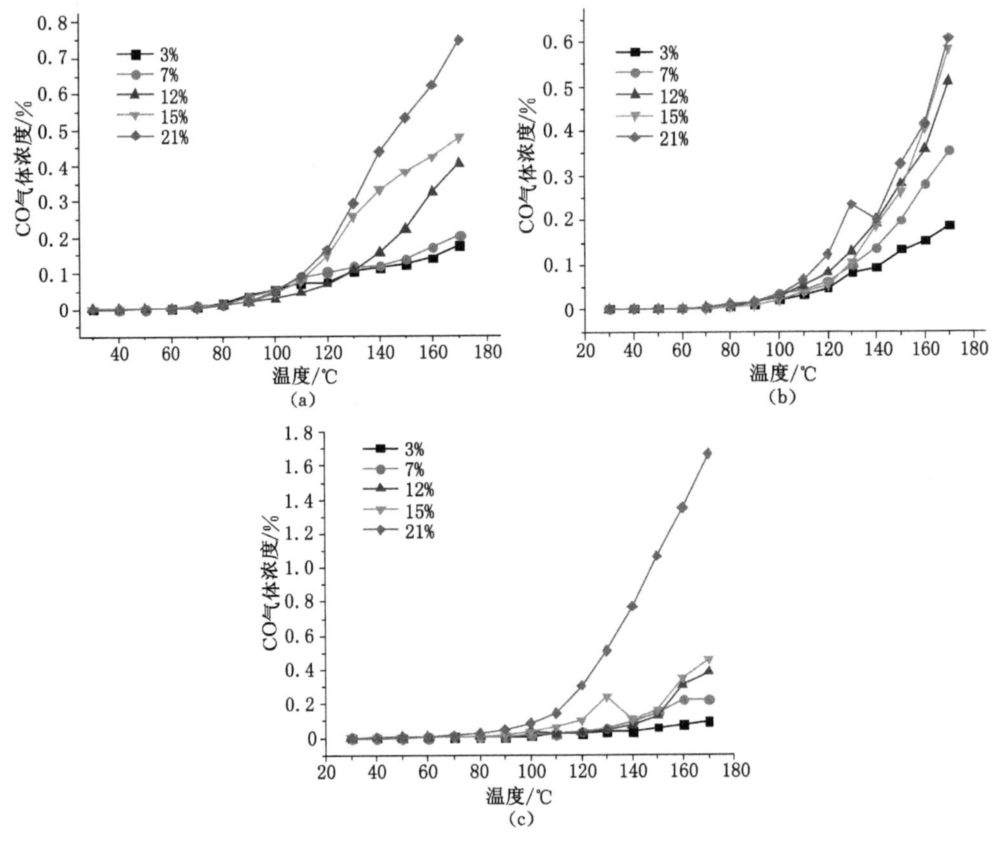

图 3-20　不同氧气浓度下煤样产生 CO 气体的浓度与温度关系曲线

(a) 2# 煤样 CO 气体浓度与温度关系曲线；(b) 3# 煤样 CO 气体浓度与温度关系曲线；

(c) 5# 煤样 CO 气体浓度与温度关系曲线

现为 CO 浓度随温度升高急剧上升，当煤温超过 120 ℃以后，CO 浓度呈指数增加，说明煤样此时容易发生较强的氧化反应。实验表明，氧浓度在 21%以内，高氧浓度对氧化发展具有促进作用，低氧浓度对煤氧化发展具有一定抑制作用。在不同氧气浓度以及不同温度下 CO 气体浓度的变化趋势皆较为明显，适合作为标志气体来预测预报煤自然发火。

(2) 氧气浓度对产生 CH_4 气体浓度的影响

在不同氧气浓度条件下程序升温过程中，2#、3#、5# 煤样产生的 CH_4 气体浓度变化情况如图 3-21 所示。

从图 3-21 可以看出，煤样 CH_4 气体浓度随温度的升高呈现上升趋势，整个实验过程中 CH_4 气体浓度与温度呈现类指数规律变化。在煤氧化升温过程中，温度相同的情况下，CH_4 气体浓度随着氧气浓度的升高而变大，CH_4 气体浓度从小到大的排列顺序为 3%、7%、12%、15%、21%。随着煤温的升高，21%氧浓度下煤氧化反应对应 CH_4 气体浓度大小与温度对应变化关系曲线从实验开始便迅速增大。15%及其以下氧浓度的 CH_4 气体浓度与温度关系曲线集中在 90～110 ℃时发生突变，煤样温度低于 90 ℃时，CH_4 气体浓度变化不大，而当煤温超过 110 ℃时，CH_4 气体浓度迅速增大。氧气浓度越高，关系曲线随温度变化较快，此时对煤氧化反应有一定促进作用，在 3%氧浓度下的关系曲线变化较为迟缓，此时对

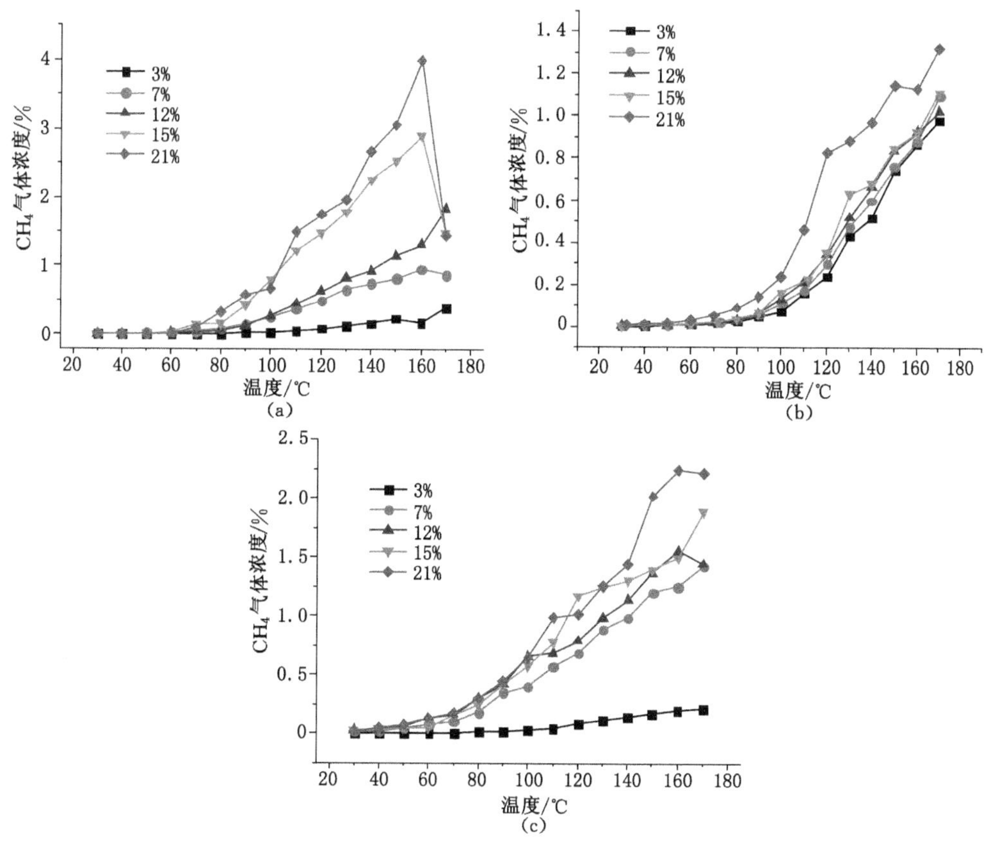

图 3-21　不同氧气浓度条件下煤样产生 CH_4 气体的浓度与温度关系曲线

(a) 2# 煤样 CH_4 气体浓度与温度关系曲线；(b) 3# 煤样 CH_4 气体浓度与温度关系曲线；
(c) 5# 煤样 CH_4 气体浓度与温度关系曲线

煤的氧化反应产生一定抑制作用。

(3) 氧气浓度对产生 C_2H_4 和 C_2H_6 气体浓度的影响

在不同氧气浓度条件下程序升温过程中，2#、3#、5# 煤样产生的 C_2H_4 和 C_2H_6 气体浓度变化情况如图 3-22 和图 3-23 所示。

从图 3-22 和图 3-23 可以看出，煤样随着温度升高 C_2H_4 和 C_2H_6 气体浓度与温度对应变化关系曲线的变化趋势总体呈现随温度升高而呈指数规律变大的相似趋势。C_2H_4 气体的出现温度在 110～120 ℃附近，C_2H_6 气体的出现温度在 60～80 ℃附近，随着煤氧氧化升温，相同温度下，随着氧气浓度的升高 C_2H_4 和 C_2H_6 气体的浓度总体呈现上升趋势。结果表明，供氧量高有助于氧化发展，供氧量低则对氧化发展有一定抑制作用。整体来看，C_2H_4 和 C_2H_6 气体的浓度突变温度点在 120～140 ℃附近，随着煤氧复合氧化升温，单位时间内产生的 C_2H_4 气体的浓度不断升高，且在 120～140 ℃时，12%、15%以及 21%氧浓度条件下 C_2H_4 和 C_2H_6 气体的浓度随温度升高迅速增大，说明此时化学反应已经基本替代了物理吸附，对煤氧化过程起主要作用使得煤氧化过程加快而导致 C_2H_4 气体急剧增加。

(4) 氧气浓度对耗氧速率的影响

根据不同氧气浓度、不同温度下得出的实验数据计算各煤样在不同条件下的耗氧速率，

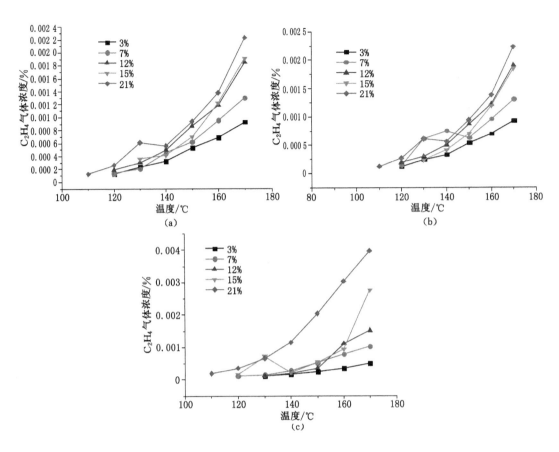

图 3-22 不同氧气浓度条件下煤样产生 C_2H_4 气体的浓度与温度关系曲线

(a) 2[#] 煤样 C_2H_4 气体浓度与温度关系曲线;(b) 3[#] 煤样 C_2H_4 气体浓度与温度关系曲线;

(c) 5[#] 煤样 C_2H_4 气体浓度与温度关系曲线

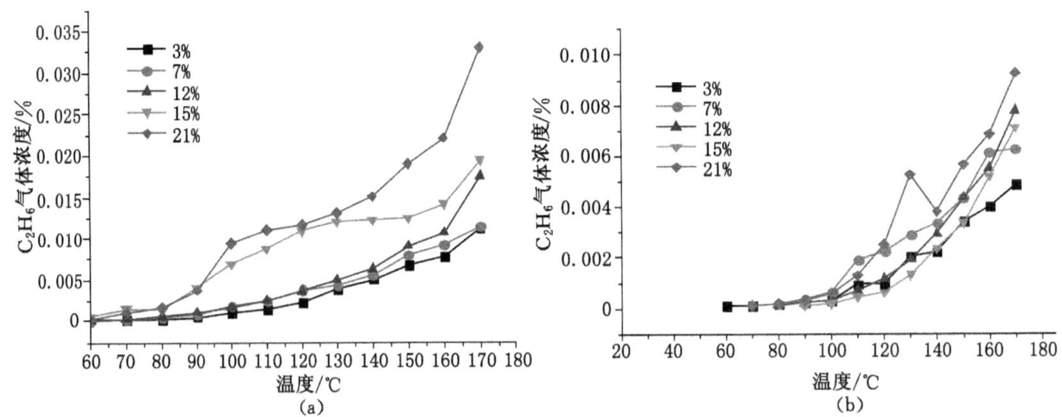

图 3-23 不同氧气浓度下煤样产生 C_2H_6 气体的浓度与温度关系曲线

(a) 2[#] 煤样 C_2H_6 气体浓度与温度关系曲线;(b) 3[#] 煤样 C_2H_6 气体浓度与温度关系曲线

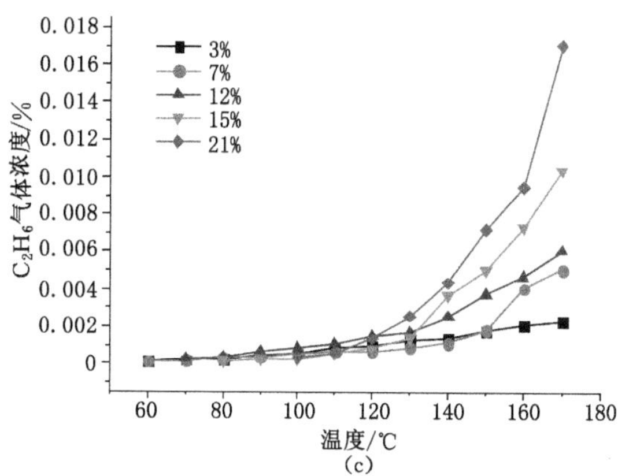

图 3-23(续)　不同氧气浓度下煤样产生 C_2H_6 气体的浓度与温度关系曲线

(c) 5# 煤样 C_2H_6 气体浓度与温度关系曲线

2#、3#、5# 煤样耗氧速率与煤温关系曲线如图 3-24 所示。

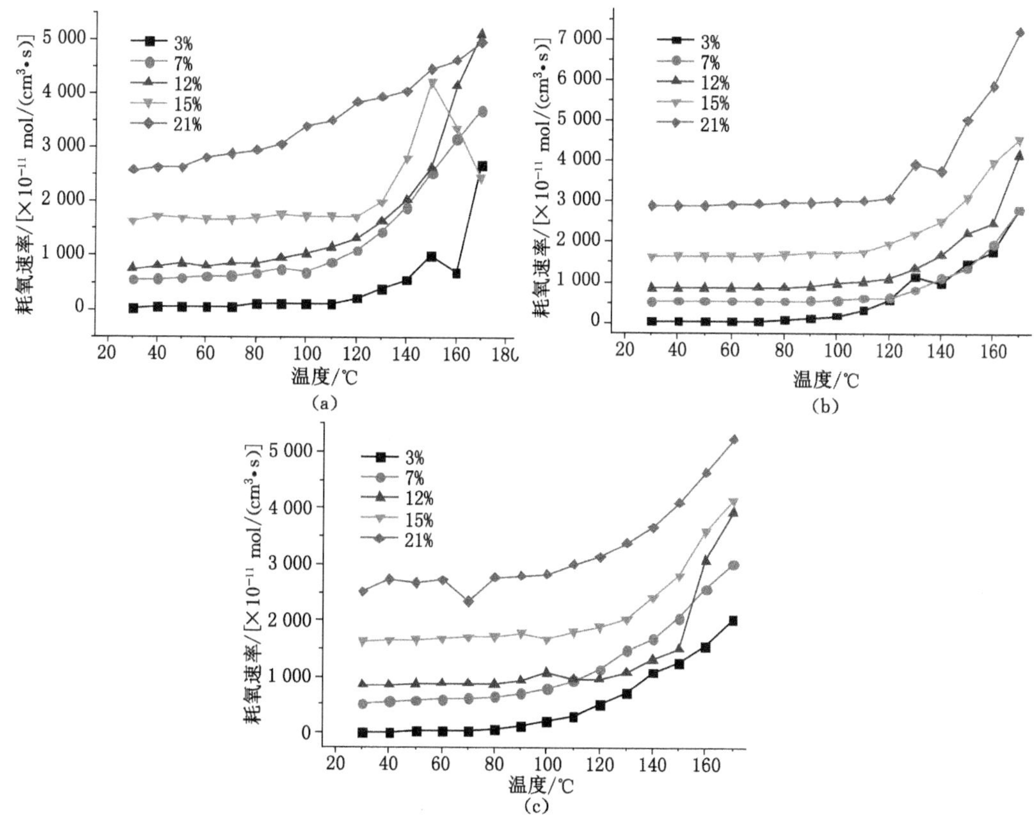

图 3-24　不同氧气浓度条件下煤样耗氧速率与温度关系曲线

(a) 2# 煤样耗氧速率与温度关系曲线；(b) 3# 煤样耗氧速率与温度关系曲线；

(c) 5# 煤样耗氧速率与温度关系曲线

从图 3-24 可以得出，各煤样耗氧速率随温度变化曲线趋势相似，在氧化升温过程中，同一氧气浓度下，煤样的耗氧速率随着煤温的升高而增加。煤样温度在 70 ℃之前，随着温度升高，各煤样耗氧速率变化不大且耗氧速率相对较小，此时耗氧速率主要由煤自身氧吸附的速度决定。煤体升温到 70 ℃以后，不同氧气浓度条件下的各煤样耗氧速率显著上升。

不同氧气浓度下的煤样耗氧速率均与煤温呈正相关关系，低温阶段随温度升高变化不明显。低温阶段之后，变化趋势显著增大。在不同氧气浓度条件下煤样随温度升高耗氧速率变化趋势整体相似，说明氧气浓度的大小对耗氧速率的大小具有一定影响，但对变化趋势没有明显的影响。在煤氧化升温过程中，在相同温度条件下，氧气浓度越大，则耗氧速率越大，这是由于氧气浓度越高对煤氧吸附越有利从而对煤氧化反应具有一定促进作用。

(5) 氧气浓度对气体产生率的影响

在煤氧化升温过程实验测试中，根据测试所得发现各煤样在室温下均含有少量的 CO、CH_4 以及 CO_2 气体。在实际实验过程中所得的氧化气体产物比较难分辨其是由于氧化反应产生还是在氧化反应之前煤体中原来就存在的气体成分，较难把两种来源不同的气体组分区分开来。在实验室中通过对实验煤样手工破碎为较小粒径后导致煤孔隙结构被破坏，由于粒径较小，煤粒的实际孔隙减小，导致可以赋存气体的孔隙变少，使得吸附气体量减小。对于残余的吸附气体量，由于数值较小，对实验测试结果影响不大，可近似选择忽略。因此，在对气体产生率进行分析时，近似认为煤升温氧化气体产物主要为 CO_2 气体，煤体内有机大分子裂解产生的主要气体为 CH_4 气体。

在煤氧化升温过程中，升温炉内任意一点的气体产生率与耗氧速率呈正比例关系[7]，即

$$\frac{V_{CO}(T)}{V_{CO}^0(T)} = \frac{V_0(T)}{V(T)} = \frac{c}{c_0} \tag{3-18}$$

式中 $V_{CO}(T)$——CO 产生速率，mol/(cm³ · s)；

$V_{CO}^0(T)$——标准氧浓度(21%)时的 CO 产生速率，mol/(cm³ · s)。

炉体内任意点的氧浓度为

$$c = c_i \cdot e^{-\frac{V_{O_2}^0(T)\cdot S\cdot n}{Q\cdot c_0}\cdot(z-z_i)} \tag{3-19}$$

其中，c_i 和 z_i 分别为某点氧浓度和该点距离入口的距离。

$$\begin{cases} dc_{CO} = V_{CO}(T)d\tau \\ d\tau = \dfrac{dz}{u} \\ u = \dfrac{Q}{S\cdot n} \end{cases} \tag{3-20}$$

设高温点处的氧气浓度为 c_1，该点距离入口的距离为 z_1；其后一点的氧浓度为 c，到入口的距离为 z_2。将式(3-20)代入式(3-19)积分，得

$$\begin{aligned} c_{CO}^2 = c_{CO}^1 &= \int_{z_1}^{z_2} \frac{V_{CO}(T)}{u}dz \\ &= \int_{z_1}^{z_2} \frac{S}{Q}\cdot\frac{c_{O_2}V_{CO}^0(T)}{c_{O_2}^0}dz \\ &= \frac{SV_{CO}^0(T)}{Q}\int_{z_1}^{z_2} e^{-\frac{V_{O_2}^0(T)\cdot S}{Q\cdot c_{O_2}^0}(z-z_1)}dz \end{aligned}$$

$$
\begin{aligned}
&= \frac{SV_{CO}^0(T)}{Q}\int_{z_1}^{z_2} \frac{1}{e^{-\frac{V_{O_2}^0(T)\cdot S}{Q\cdot c_{O_2}^0}z_1}} \cdot e^{-\frac{V_{O_2}^0(T)\cdot S}{Q\cdot c_{O_2}^0}z} dz \\
&= \frac{SV_{CO}^0(T)}{Q} \cdot \frac{1}{e^{-\frac{V_{O_2}^0(T)\cdot S}{Q\cdot c_{O_2}^0}z_1}} \cdot \left(-\frac{Q\cdot c_{O_2}^0}{V_{O_2}^0(T)\cdot S}\right) \cdot e^{-\frac{V_{O_2}^0(T)\cdot S}{Q\cdot c_{O_2}^0}z} \Bigg|_{z_1}^{z_2} \\
&= -\frac{V_{CO}^0(T)c_{O_2}^0}{V_{O_2}^0(T)} \cdot \frac{1}{e^{-\frac{V_{O_2}^0(T)\cdot S}{Q\cdot c_{O_2}^0}z_1}} \cdot \left(e^{-\frac{V_{O_2}^0(T)\cdot S}{Q\cdot c_{O_2}^0}z_2} - e^{-\frac{V_{O_2}^0(T)\cdot S}{Q\cdot c_{O_2}^0}z_1}\right) \\
&= -\frac{V_{CO}^0(T)c_{O_2}^0}{V_{O_2}^0(T)} \cdot \left(e^{-\frac{V_{O_2}^0(T)\cdot S\cdot(z_2-z_1)}{Q\cdot c_{O_2}^0}} - 1\right) \\
&= \frac{V_{CO}^0(T)c_{O_2}^0}{V_{O_2}^0(T)} \cdot \left(1 - e^{-\frac{V_{O_2}^0(T)\cdot S\cdot(z_2-z_1)}{Q\cdot c_{O_2}^0}}\right)
\end{aligned} \tag{3-21}
$$

由式(3-21)得标准氧浓度时的 CO 气体产生率为：

$$V_{CO}^0(T) = \frac{V_{O_2}^0(T)\cdot(c_{CO}^2 - c_{CO}^1)}{c_{O_2}^0\cdot[1 - e^{-V_{O_2}^0(T)\cdot S\cdot(z_2-z_1)/Q\cdot c_{O_2}^0}]} \tag{3-22}$$

同理 CO_2 和 CH_4 气体的产生率为：

$$V_{CO_2}^0(T) = \frac{V_{O_2}^0(T)\cdot(c_{CO_2}^2 - c_{CO_2}^1)}{c_{O_2}^0\cdot[1 - e^{-V_{O_2}^0(T)\cdot S\cdot(z_2-z_1)/Q\cdot c_{O_2}^0}]} \tag{3-23}$$

$$V_{CH_4}^0(T) = \frac{V_{O_2}^0(T)\cdot(c_{CH_4}^2 - c_{CH_4}^1)}{c_{O_2}^0\cdot[1 - e^{-V_{O_2}^0(T)\cdot S\cdot(z_2-z_1)/Q\cdot c_{O_2}^0}]} \tag{3-24}$$

把实验过程中所测的对应数据代入式(3-22)、式(3-23)和式(3-24)即可得出 CO、CO_2 和 CH_4 气体的产生率。

① CO 气体产生率

CO 气体产生率作为煤自燃指标气体参数可以明确煤样在氧化升温过程的进行程度。把实验数据代入式(3-22)可以得出在不同氧气浓度条件下 2[#]、3[#]、5[#] 煤样的 CO 气体产生率，如图 3-25 所示。

从图中可以看出，在氧化升温过程中，相同氧气浓度下，CO 气体产生率随着温度得升高呈现指数上升趋势。温度在 100 ℃之前，煤样 CO 气体产生率随着温度变大变化趋势不明显，仅缓慢增加，此时，煤样的耗氧速率大小对 CO 气体产生率起主要作用。相同温度下，氧气浓度越大，煤样 CO 气体产生率随之增大，且在 21%氧气浓度条件下达到最大值，说明了在 21%氧气浓度以内，氧浓度的增大对煤样 CO 气体产生率有促进作用。表明氧气浓度高有助于氧化发展，氧气浓度低则对氧化发展产生一定抑制作用。

② CH_4 气体产生率

把实验数据代入式(3-24)可以得出在不同氧气浓度条件下 2[#]、3[#]、5[#] 煤样的 CH_4 气体产生率如图 3-26 所示。

从图 3-26 可以看出，煤样在氧化开始阶段就含有大量的 CH_4 气体。在氧化升温过程中，煤温在 80 ℃之前，CH_4 气体产生率随温度升高变化趋势不明显，上升趋势不大，在 80 ℃以后，不同氧气浓度条件下的 CH_4 气体产生率与温度关系曲线均呈现显著升高趋势，温度

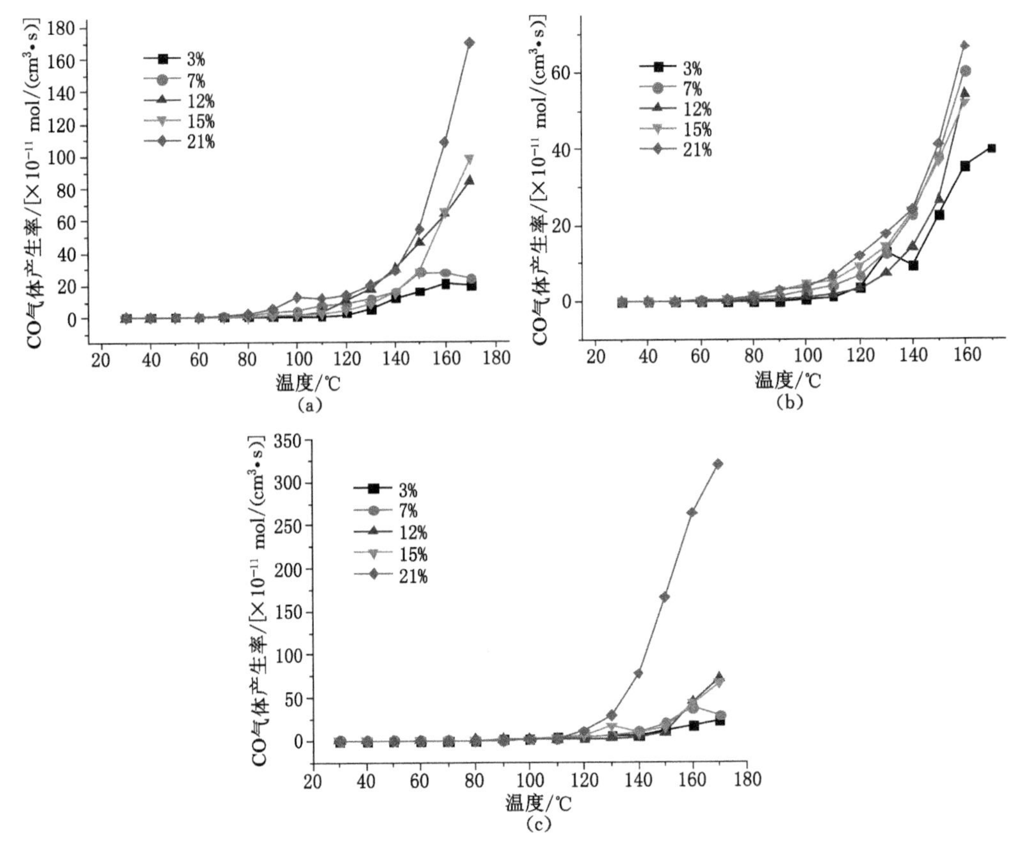

图 3-25 不同氧气浓度条件下煤样的 CO 气体产生率与温度关系曲线

(a) 2# 煤样 CO 气体产生率与温度关系曲线;(b) 3# 煤样 CO 气体产生率与温度关系曲线;

(c) 5# 煤样 CO 气体产生率与温度关系曲线

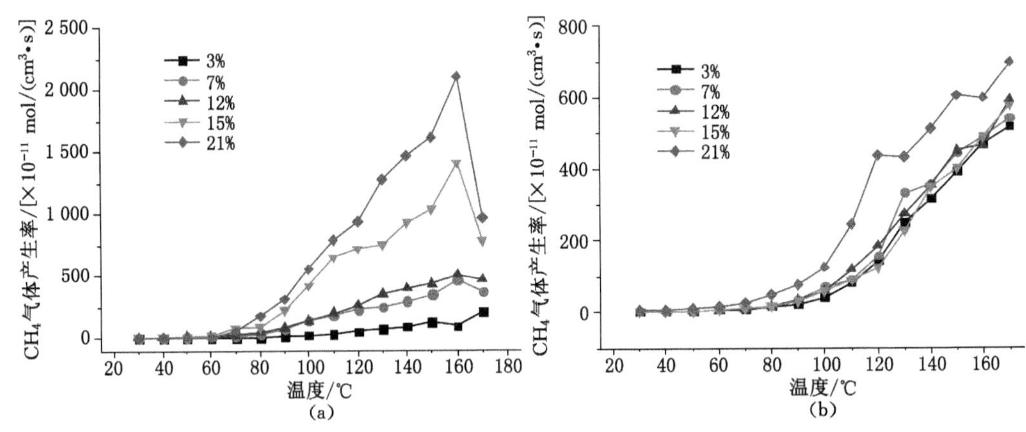

图 3-26 不同氧气浓度条件下煤样的 CH_4气体产生率与温度关系曲线

(a) 2# 煤样 CH_4气体产生率与温度关系曲线;(b) 3# 煤样 CH_4气体产生率与温度关系曲线

越大,CH_4 气体产生率越高。相同温度下,氧气浓度越高,CH_4 气体产生率越大,在 21%氧

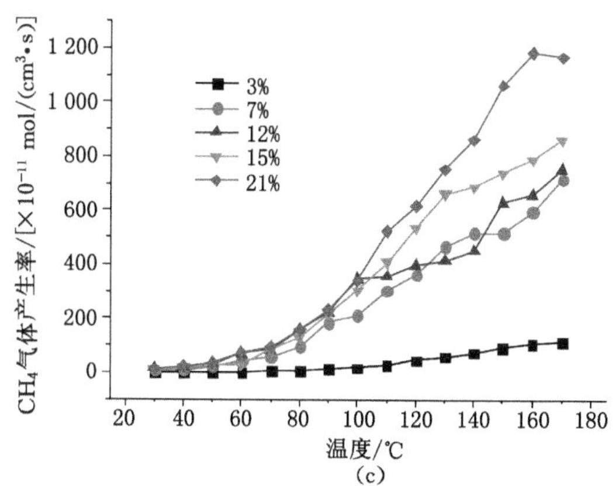

图 3-26(续)　不同氧气浓度条件下煤样的 CH_4 气体产生率与温度关系曲线

(c) 5# 煤样 CH_4 气体产生率与温度关系曲线

气浓度时，CH_4 气体产生率最大。计算结果表明，氧气浓度越高越有利于 CH_4 气体释放，氧气浓度越低，则对 CH_4 气体释放产生一定抑制作用。

(6) 氧气浓度对放热强度的影响

单位时间内单位质量的煤在氧化反应过程中的总放热量表示煤的放热强度。本书对煤的最大放热强度以及最小放热强度采用化学键能估算法进行计算。在实验过程中，通过对耗氧速率以及气体产生率的测算，根据动力学理论推断键能变化从而计算煤样在氧化升温过程中的放热强度。

在煤氧化升温过程中，近似认为消耗的氧气都被 CO 以及 CO_2 生成所消耗，则煤氧化放热强度为[7]：

$$q_{\max}(T)=\frac{V_{CO}^{0}(T)}{V_{CO}^{0}(T)+V_{CO_2}^{0}(T)}\cdot V_0(T)\cdot \Delta H^{CO}+\frac{V_{CO}^{0}(T)}{V_{CO}^{0}(T)+V_{CO_2}^{0}(T)}\cdot V_0(T)\cdot \Delta H^{CO_2} \tag{3-25}$$

式中　$q_{\max}(T)$——煤最大放热强度，J/(s·cm^3)；

ΔH^{CO}——CO 的化学反应热，kJ/mol；

ΔH^{CO_2}——CO_2 的化学反应热，kJ/mol。

认为除生成氧化气体产物之外，所消耗的氧气皆参与化学吸附与化学反应，则氧化放热强度为：

$$q_{\min}(T)=\Delta H^{\gamma}\cdot[V_0(T)-V_{CO}^{0}(T)-V_{CO_2}^{0}(T)]+\Delta H^{CO}\cdot V_{CO}^{0}(T)+\Delta H^{CO_2}\cdot V_{CO_2}^{0}(T) \tag{3-26}$$

式中　$q_{\min}(T)$——煤最小放热强度，J/(s·cm^3)；

H^{γ}——化学吸附热，kJ/mol。

煤放热强度的实际值取最大及最小放热强度之间，即：$q_{\min}(T)<q_0(T)<q_{\max}(T)$。

根据上面所述公式对最大放热强度和最小放热强度进行计算，得出最大及最小放热强度，如图 3-27 和图 3-28 所示。

不同氧气浓度条件下煤的放热强度随着温度升高而逐渐增大。随着氧气浓度的升高，氧气浓度越大，放热强度越大。21%氧浓度条件下煤的最大和最小放热强度总体上较大，煤

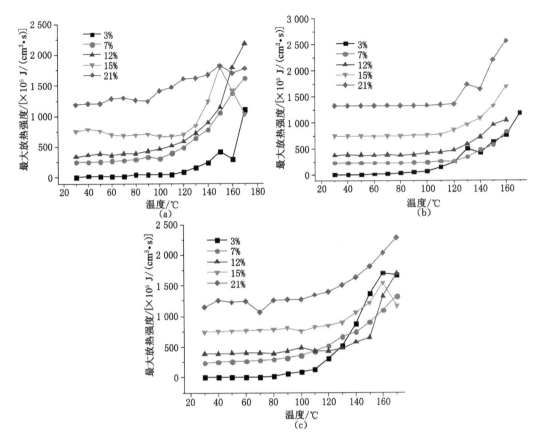

图 3-27　不同氧气浓度条件下煤样最大放热强度与温度关系曲线

(a) 2[#] 煤样最大放热强度与温度关系曲线；(b) 3[#] 煤样最大放热强度与温度关系曲线；

(c) 5[#] 煤样最大放热强度与温度关系曲线

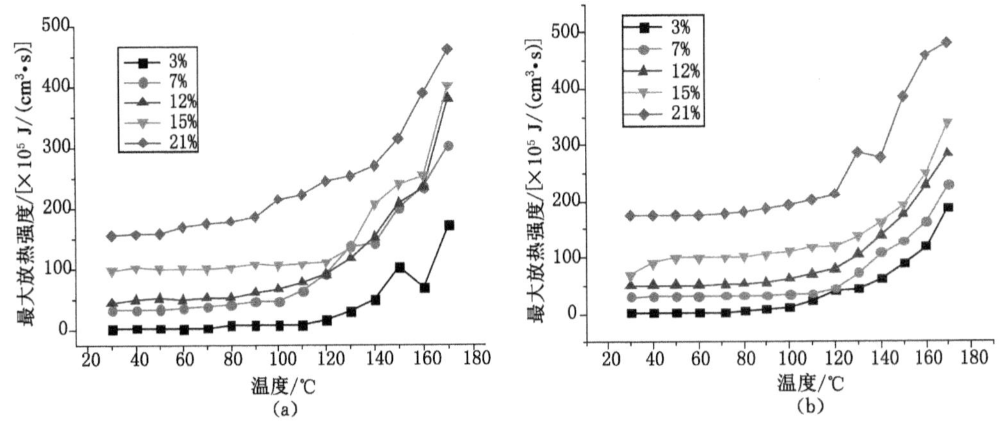

图 3-28　不同氧气浓度条件下煤样最小放热强度与温度关系曲线

(a) 2[#] 煤样最小放热强度与温度关系曲线；(b) 3[#] 煤样最小放热强度与温度关系曲线

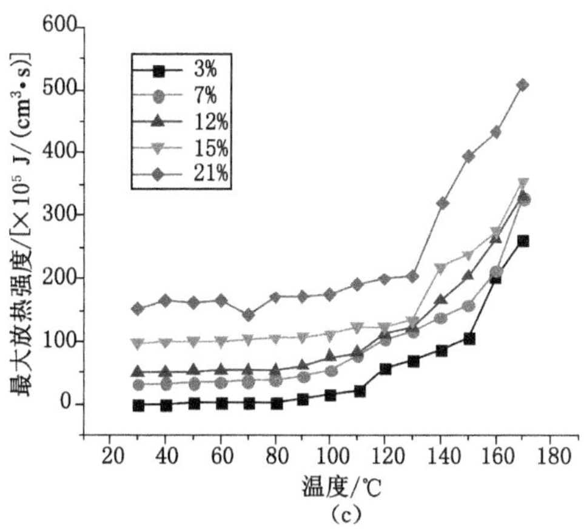

图 3-28(续)　不同氧气浓度条件下煤样最小放热强度与温度关系曲线

(c) 5# 煤样最小放热强度与温度关系曲线

自燃危险性较高；而 3%氧浓度条件下煤的最大最小放热强度均较小，煤自燃危险性较低。此外，其余氧气浓度条件下的最大和最小放热强度值均处于中间位置。相同温度下，氧气浓度与放热强度关系曲线变化规律比较明显，随着煤氧化升温过程的温度升高，放热强度增大且呈指数规律，当煤温大于 110～140 ℃时，放热强度显著加强。

3.3.2　粒径对煤自燃气体产物的影响

采用程序升温实验和高温程序升温实验测定制备的 6 种不同粒径煤样在高温氧化过程中消耗的氧气，以及产生 CO、CO_2、CH_4、C_2H_4、C_2H_6 气体的浓度及其变化规律。

(1) 粒径对氧气浓度的影响

低温氧化阶段(＜200 ℃)(图 3-29)，随着粒径增大，氧气浓度增大，粒径为＜0.9 mm 和 0.9～3 mm 的煤样的氧气浓度含量较低，这是由于粒径较小的煤样比表面积较大，容易与氧发生煤氧复合反应，消耗氧气。随着氧化反应的进行，煤样进入高温氧化和裂解阶段，氧气含量急剧下降，直至 300 ℃左右，氧气浓度基本稳定，为 3%左右，曲线趋于平缓，且粒径对其的影响趋势较弱。混合粒径的煤样结合了既具有较大的比表面积，又具有较大的空隙优势，其氧气浓度含量处于各个不同粒径的中间，属于中等水平。

(2) 粒径对 CO 气体浓度的影响

在不同粒径条件下，随着煤温的升高，4# 煤样氧化产生 CO 气体的浓度整体变化趋势一致，随着煤温的升高先急剧增大后减小、再小幅增大。由图 3-30 可知，在实验开始时就有 CO 气体的产生，这是由于反应初始阶段，氧分子与煤表面通过化学作用形成吸附，产生表面络合物，并随之形成酸性官能团，如—OH 和—COOH。随着温度的升高，氧分子与煤发生化学反应，并形成氧化产物，低温阶段主要是 CO 气体产生，如图 3-30(b)所示。低温阶段，随着粒径的增大，生成的 CO 气体浓度逐渐降低，这是由于粒径越小，比表面积越大，孔隙率越大，煤中活性分子越多，发生煤氧复合作用的可能性越大，导致产生的 CO 气体浓度变高。当煤温大于 200 ℃后，各粒径煤样的 CO 气体浓度都急剧增大。此时氧分子攻击煤分子苯环侧链丙基末端的碳原子，生成羰基，而羰基继续分解释放出 CO 气体。可以看出，其一，不同粒径煤样到达峰值所对应的温度不同，0～0.9 mm、0.9～3 mm、3～5 mm、7～

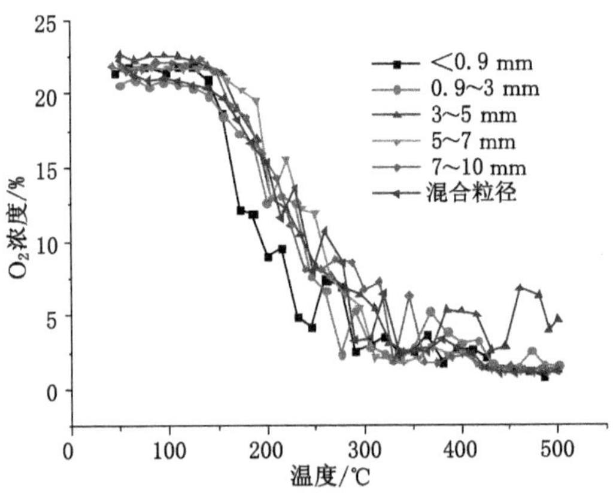

图 3-29　不同粒径煤样的氧气浓度与温度关系曲线

10 mm、混合粒径的煤样在 400 ℃左右达到峰值；5～7 mm 粒径的煤样在 410 ℃左右到达峰值；其二，不同粒径煤样产生的 CO 气体浓度不同，<0.9 mm 粒径煤样的 CO 气体浓度比其他粒径的都大。在煤温为 200～500 ℃区间，5～7 mm 粒径煤样的 CO 气体浓度最小；混合粒径煤样 CO 气体浓度始终位于各粒径的中间。当煤温在 400～450 ℃之间时，0.9～3 mm、3～5 mm、7～10 mm、混合粒径的煤样高温氧化产生的 CO 气体浓度都在下降，且下降的速率都相当。当煤温大于 450 ℃之后，6 种不同粒径的煤样高温氧化产生的 CO 气体浓度都是增长的趋势，直到实验结束。

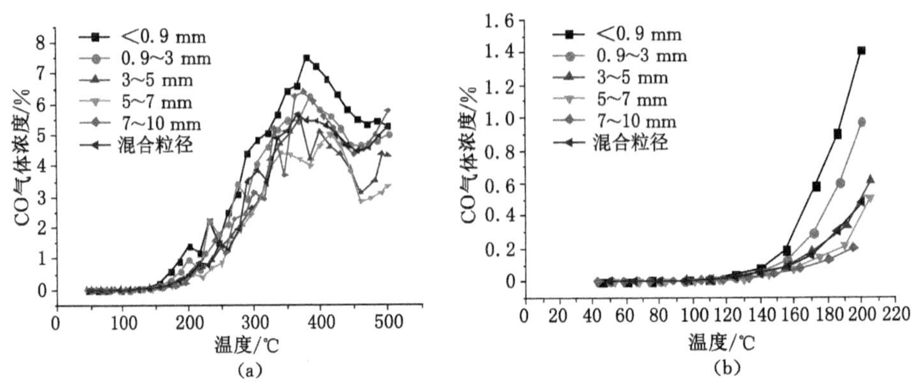

图 3-30　不同粒径煤样的 CO 气体浓度与温度关系曲线

(a) 氧化全过程气体释放图；(b) 低温氧化过程气体释放图

(3) 粒径对 CO_2 气体浓度的影响

在不同的粒径条件下(图 3-31)，随着煤温的升高，4# 煤样氧化产生 CO_2 气体的浓度整体变化趋势一致，都是随着煤温的升高，先缓慢上升，再急剧上升，然后急剧下降，最后缓慢增长的变化趋势。

由图 3-31(b)可知，在实验开始阶段就有少量 CO_2 气体产生，这是由于 4# 煤样体内吸附有一定量的 CO_2 气体，随着煤温的升高，发生脱附。可以看出，煤温在 200 ℃之前，各粒径煤样氧化产生的 CO_2 气体的浓度都比较小，且各粒径煤样间差距较小，随着粒径的增大释放的气体产物量降低，其中<0.9 mm 粒径煤样 CO_2 气体浓度增长最快，且 CO_2 气体浓度一直最

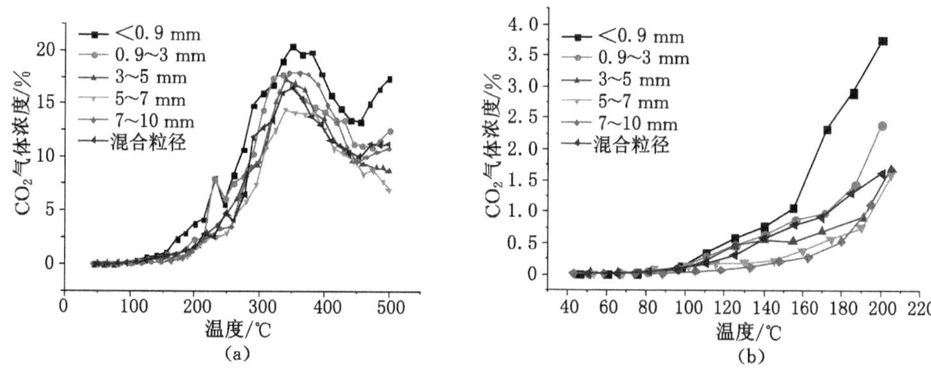

图 3-31　不同粒径煤样 CO_2 气体浓度与温度关系曲线

(a) 氧化全过程气体释放图；(b) 低温氧化过程气体释放图

大。当煤温到达 350 ℃左右时，各粒径煤样的 CO_2 气体浓度达到最大值，<0.9 mm 粒径煤样 CO_2 气体浓度最大值明显大于其他粒径煤样。350～450 ℃时，各粒径煤样的 CO_2 气体浓度呈下降的趋势。煤温在 450～500 ℃时，各粒径煤样的 CO_2 气体浓度呈小幅度上升的趋势，其中<0.9 mm 粒径煤样 CO_2 气体浓度上升最快，且其浓度值远远大于其他粒径煤样。煤温为 200 ℃到实验结束，5～7 mm 粒径的煤样 CO_2 气体浓度一直最小。

(4) 粒径对 CH_4 气体浓度的影响

在不同的粒径条件下，总体上，随着煤温的升高，4[#] 煤样氧化产生的 CH_4 气体的浓度整体变化趋势一致，都是随着煤温的升高呈增大趋势。由图 3-32 可以看出，在实验开始阶段就有少量的 CH_4 气体产生。表明 4[#] 煤样体内吸附有一定量的 CH_4 气体，随着煤温的升高逐渐发生解吸和脱附。煤温在 30～300 ℃时，各粒径的煤样氧化产生的 CH_4 气体浓度处于较低的阶段，增长缓慢，并且各粒径间煤样的 CH_4 气体的浓度值相差较小，最大值小于 0.2%，且随着粒径的增大，产生的 CH_4 气体浓度逐渐降低。由图 3-32(b)可知，低温阶段，7～10 mm 粒径的煤样产生的 CH_4 气体浓度明显比其他粒径的大。当煤温到达 300 ℃时，各粒径煤样氧化产生的 CH_4 气体浓度开始急剧增长；煤分子中的芳香环与环烷发生氧化和

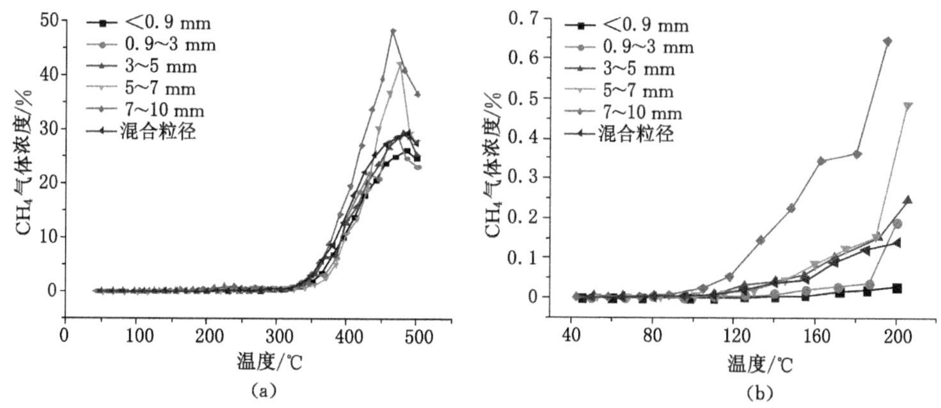

图 3-32　不同粒径煤样 CH_4 气体浓度与温度关系曲线

(a) 全过程气体释放图；(b) 低温氧化过程气体释放图

裂解，生成大量的 CH_4 气体，约 450 ℃时，CH_4 气体浓度都增长到最大值，反应基本进行完全，其中 5～7 mm 和 7～10 mm 粒径煤样的 CH_4 气体浓度远大于其他粒径煤样。煤温在 300～450 ℃时，7～10 mm 粒径煤样的 CH_4 气体浓度增长最快。当煤温在 300～450 ℃时，5～7 mm 粒径煤样的 CH_4 气体浓度增长最慢；5～7 mm 粒径煤样的 CH_4 气体浓度增长迅速超过除了 7～10 mm 粒径煤样外其他粒径的煤样。煤温从 450 ℃到实验结束，各粒径煤样的 CH_4 气体浓度都呈现下降趋势，其中 5～7 mm 粒径煤样的 CH_4 气体浓度下降最快。

(5) 粒径对 C_2H_4 气体浓度的影响

不同粒径煤样产生的 C_2H_4 气体具有相同的变化规律，总体上，随着煤温的升高，4# 煤样氧化产生的 C_2H_4 气体的浓度都是随着煤温的升高，先缓慢上升，再急剧上升，最后急剧下降的变化趋势。由图 3-33 不难看出，不同粒径煤样在氧化反应过程中，开始产生 C_2H_4 气体对应的温度不同。小于 0.9 mm 和 0.9～3 mm 粒径的煤样在 125 ℃时产生了 C_2H_4 气体，而 3～5 mm、5～7 mm、7～10 mm 和混合粒径的煤样在 140 ℃时才产生 C_2H_4 气体。

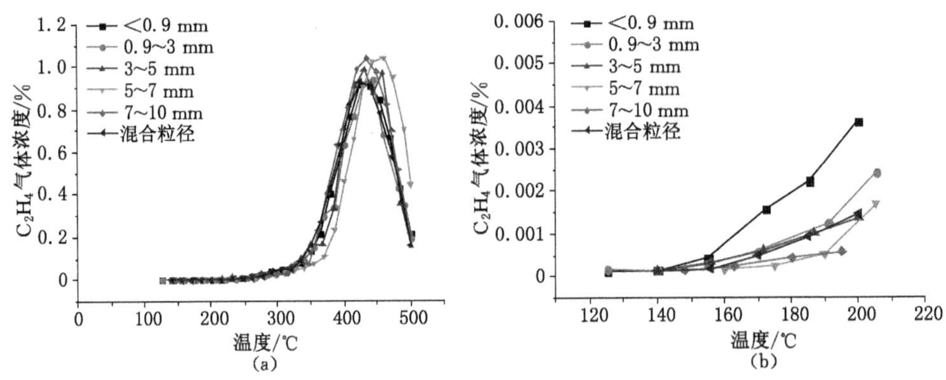

图 3-33 不同粒径煤样 C_2H_4 气体浓度与温度关系曲线

(a) 氧化全过程气体释放图；(b) 低温氧化过程气体释放图

如图 3-33(b)所示，低温阶段（<200 ℃），煤样释放的 C_2H_4 气体量很少，不超过0.004%，且随着粒径的增大，气体产生量减少，而混合粒径煤样产生的气体量处于中等水平，这是由于粒径越小，煤样的比表面积越大，孔隙率越大，煤分子内活性官能团与氧气的接触机会增大，脂肪烃等基团发生氧化，生成 C_2H_4 气体，而混合粒径煤样具有中等的粒径，与氧气接触的比表面积也处于中等水平，导致其产生的气体量处于其他粒径的中间位置。煤温升高至 300 ℃时，各个粒径煤样的 C_2H_4 气体浓度都增长缓慢，且各粒径间 C_2H_4 气体浓度较小，相差不大。当煤温在 300～450 ℃时，各粒径煤样的 C_2H_4 气体浓度都急剧增长，其中7～10 mm 粒径煤样的 C_2H_4 气体浓度增长最快。煤温在 300～450 ℃时，5～7 mm 粒径煤样的 C_2H_4 气体浓度值比其他粒径的都低。5～7 mm 粒径煤样在煤温到达 460 ℃时 C_2H_4 气体浓度增长到最大值，而其他粒径煤样都是在煤温为 450 ℃时 C_2H_4 气体浓度增长到最大值。7～10 mm 和 5～7 mm 粒径的煤样氧化产生 C_2H_4 气体的浓度最大值比其他粒径煤样的要大许多。当煤温大于 450 ℃之后，除粒径为 5～7 mm 的煤样，其他煤样的 C_2H_4 气体浓度都急剧下降，直到实验结束。5～7 mm 粒径煤样在 460 ℃之后，产生的 C_2H_4 气体浓度急剧下降。

(6) 粒径对 C_2H_6 气体浓度的影响

在不同的粒径条件下[图 3-34(a)]，总体上，随着煤温的升高，4# 煤样氧化产生的 C_2H_6 气体的浓度整体变化趋势一致，都是随着煤温的升高，先缓慢上升，再急剧上升，最后急剧下降的变化趋势。由图 3-34(b)可知，在试验初始阶段就有少量 C_2H_6 气体产生，且曲线呈正抛物线形式，这是由于 4# 煤样吸附有极少量的 C_2H_6 气体，随着煤温的升高，发生脱附，导致在 120 ℃之前气体产量有所下降，之后由于氧气的攻击和煤分子内脂肪族等官能团的裂解反应，含量持续上升。煤温 300 ℃之前，各粒径煤样氧化产生的 C_2H_6 气体的浓度都比较小，且各粒径煤样间差距较小，随着煤样粒径的增大，C_2H_6 气体浓度减小。当煤温达到 300 ℃左右时，各粒径煤样反应产生 C_2H_6 气体的浓度开始急剧增大，其中 7～10 mm 粒径煤样 C_2H_6 气体浓度增长最快，5～7 mm 粒径煤样的 C_2H_6 气体浓度在 340 ℃时开始急剧增长。煤温在 300～450 ℃之间 5～7 mm 粒径煤样的 C_2H_6 气体浓度最低。各粒径煤样在煤温增长到 450 ℃时，C_2H_6 气体的浓度增长到最大值，而 5～7 mm 粒径煤样在煤温为 470 ℃时 C_2H_6 气体浓度达到最大值。煤温大于 450 ℃之后，各粒径煤样的 C_2H_6 气体浓度急剧下降，直到实验结束。从图 3-34 可以看出，7～10 mm 和 5～7 mm 粒径煤样反应产生的 C_2H_6 气体的浓度最大值比其他粒径煤样的最大值要大近 1%。

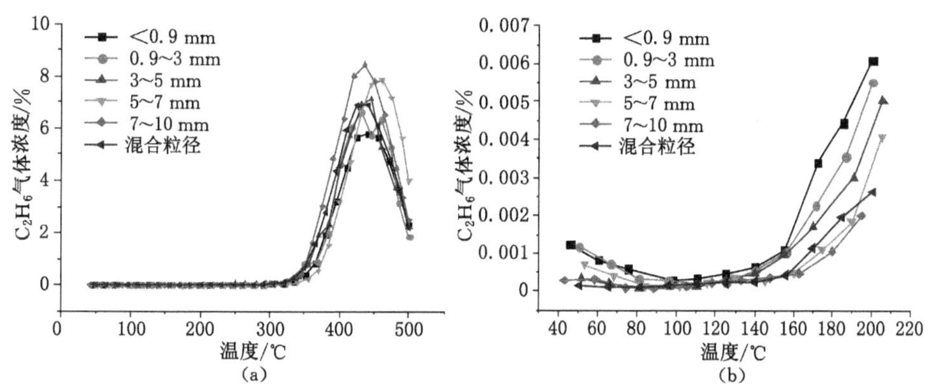

图 3-34　不同粒径煤样 C_2H_6 气体浓度与温度关系曲线

(a) 全过程气体释放图;(b) 低温氧化过程气体释放图

由以上分析可知，在升温氧化阶段，不同气体由于温度的影响，浓度发生变化的时间不同。在低温氧化阶段，粒径对煤氧化产生气体的影响具有规律性，产生的 CO、CO_2、CH_4、C_2H_4、C_2H_6 的气体浓度随着粒径的增大，气体量逐渐降低，这是由于在反应初始阶段，主要发生物理吸附和化学吸附，煤样比表面积越大，产生的气体量越多，而粒径越小的煤样比表面积越大，可以供氧气吸附，导致产生了更多的气体，随着反应的进行，发生化学反应，氧气攻击煤分子上的官能团，反应产生气体。

当达到高温环境时，煤样产生的气体量迅速上升，且呈抛物线形式出现，随着氧化和裂解反应进行完全后，气体量下降。由分析可知，碳氧类气体中，粒径小于 0.9 mm 的煤样产生的气体量最大，0.9～3 mm、3～7 mm、5～7 mm 的煤样随着粒径的增大，产生的气体量下降，而7～10 mm 粒径的煤样产生的气体量上升，大于 5～7 mm 粒径煤样产生的气体。碳氢类气体中，随着粒径增大，释放出的碳氢类气体越多，且 5～7 mm 粒径煤样在峰值附近的气体产生率最大，且峰值浓度最高。由此可以推断，高温阶段，5～7 mm 粒径的煤样属于临界粒径，该粒径大小的煤样产生的碳氧类气体浓度最小，碳氢类气体迅速增大的温度点较高，且浓度的峰值温度较高。混合粒径的煤样产生的气体浓度始终位于各个粒径的中间位置。

3.4 特征温度分析

温度是物质分子动能的宏观集中表现。物质分子动能会随着温度的升高而增大，且分子活性与反应的难易程度有直接关系，活性越大越易反应。由此可知，特征温度点的变化反映出了煤氧化难易的程度，对于控制煤氧化自燃性具有指导意义。

通过高温程序升温实验，已得到随着温度的升高，煤氧化产生的各种气体浓度的变化情况。为了测试不同变质程度煤样的特征温度，一般选用指标气体分析法和热重分析法。指标气体分析法[138]是指在实验产生的气体中选择可以作为指标气体的气体，然后做其与温度的关系曲线。但由于在程序升温实验过程中，需要人为控制升温箱升温，并且煤温的升高并不均匀，使用气体分析法所测的气体体积分数无法准确均匀到每个温度段，所测得的实际气体体积分数变化并不均匀，所得的特征温度点也是经验所得。并且，在现场生产环境下，受到风流大小、检查仪器的误差、取样地点的变化等因素的影响，很难找出指标气体体积分数所对应的温度。

因此，建立以下公式：

$$B = \frac{C_{i+1} - C_i}{T_{i+1} - T_i} \tag{3-27}$$

式中 C_i——某一时刻点气体体积分数，%；

C_{i+1}——与其相连续的下一时刻点气体体积分数，%；

T_i——某一时刻点温度，℃；

T_{i+1}——与其相连续的下一时刻点温度，℃；

B——温度每增长 1 ℃，气体体积分数的变化率。

令 $m = \frac{C_i}{T_0}$（式中 T_0 表示起始温度），计算出某点浓度相对于起始温度的增长情况。然后计算单位温度下，气体体积分数的增长率 Z，即：

$$Z = \frac{B}{m} \times 100\% \tag{3-28}$$

由式(3-27)和式(3-28)得：

$$Z = \frac{T_0(C_{i+1} - C_i)}{C_i(T_{i+1} - T_i)} \times 100\% \tag{3-29}$$

上式可研究温度每增长 1 ℃所对应的体积分数变化情况，同时分析随着温度的变化，煤样的氧化程度及特征温度点，该方法称为指标气体的增长率分析法[8]。本节采用指标气体的增长率分析法对煤样的特征温度进行分析，并且采用热重分析法验证增长率分析法的正确性。

在高温氧化升温过程中，特征温度主要包括：临界温度（T_1）、干裂温度（T_2）、活性温度（T_3）、增速温度（T_4）以及燃点温度（T_5）。

(1) 临界温度（T_1）

临界温度（T_1）是氧化自燃反应开始的第一个转折点，自升温实验开始，煤中含有的水分开始出现少量蒸发，同时煤中吸附的气体开始发生脱附，同时也伴随着煤与氧之间的吸附和反应过程，在达到临界温度时，指标气体含量显示出上升趋势，在浓度曲线上表现为第一个拐点，在增长率曲线上表现为第一个极值点。在热分析曲线中（图 4-15）表现为煤体中气体的脱附以及水分蒸发量与吸附氧气引起的质量差值达到最大，表现出失重速率的极大值。在临界温度之后，煤氧复合反应程度增加，吸氧速率相比较脱附及蒸发速率加快，实验煤样的失重速率降低。因此，煤自燃的临界温度越低，表明达到煤氧复合作用加速时的时间越短，在较低的温度下就可以达到氧化反应的关键点，煤的自燃倾向性就越高。

(2) 干裂温度（T_2）

干裂温度（T_2）是煤氧复合作用迅速发展的标志点，表明煤已经进入剧烈氧化阶段，在该阶段活性基团的种类和数量开始逐渐消耗和增加。在指标气体浓度曲线上表现为气体浓度迅速增大的点，在增长率曲线上表现为第二个极值点。在热分析曲线中，在经过临界温度之后，煤样进入失重速率减小的阶段，在这个过程中，煤样吸氧速率加快，直至 TG 曲线上出现失重速率为 0 的点，即实验煤样燃烧前质量最小点，该温度点，也是 TG 曲线上低温氧化过程失重阶段的结束点，同时也是吸氧增重阶段的起始点。干裂温度之后，煤分子结构中的部分活性结构会发生反应产生一定量的裂解气体，如 C_2H_4、C_2H_6 等，在原始煤体中如果没有赋存这些有机气体，那么这些有机气体就可以作为煤氧化自燃的指标气体。

(3) 活性温度（T_3）

干裂温度之后，实验煤样对氧的吸附和复合作用进一步增强，与脱附作用和反应消耗会有一段动态平衡阶段，此阶段体现出指标气体浓度急剧上升。增长率分析法曲线中的第三个极值点称为活性温度（T_3）。在热分析曲线中，煤样质量在该温度范围内总体上表现为较低程度的增重，随后进入明显的增重阶段，虽然干裂温度为吸氧增重阶段的初始温度，但从活性温度开始增重就很明显。在氧气分子的参与下，煤分子结构中部分活性结构开始断键与氧复合，产生大量活性基团并参与反应，通过宏观质量变化，可以得到此阶段反应的气体产生量总体上低于煤对氧的吸附和反应量。

(4) 增速温度（T_4）

随着煤与氧气复合反应的进行，指标气体的增长率曲线上出现第四个极值点，即增速温度点（T_4）。此时，气体浓度增长非常迅速，几乎呈直线上升。在热分析曲线中表现为实验煤样在增重过程中的 TG 曲线上增重速率最大的点，在增速温度点煤样的增重量与反应失重量差值出现极大值，增速温度点后活性基团开始大量参与反应，煤样的增重速率开始降低。从活性温度到增速温度煤氧复合增重速率总体上高于氧化反应消耗的失重速率，宏观表现为速率增加。随着温度的升高，煤氧化反应进程加快，煤分子结构中活性基团积累到一定程度，反应消耗量也开始剧烈增加。

(5) 燃点温度（T_5）

燃点温度（T_5）是煤样经过升温氧化，在没有外部点燃的情况下，开始持续自燃的温度。在该温度点，指标气体浓度达到峰值，增长率曲线达到第五个极值点。在该温度，煤分子结构中活性基团的反应进程进入快速反应消耗阶段，活性官能团大量消耗，芳环被打开参与反应。在热分析中，增速温度后活性基团同时存在产生和消耗，当煤样的吸氧增重量与反应消耗量达到平衡时，该温度点即为煤氧化自燃的燃点温度。在燃点温度之后煤样开始进入分解及燃烧阶段，宏观上表现为煤样开始进入明显的失重阶段。

首先利用指标气体的增长率分析法，根据指标气体选择原则(高灵敏度、可检测性、良好规律性)，选择 CO 为指标气体，采用混合粒径的煤样对特征温度进行测试，指标气体的增长率分析法和温度关系曲线见图 3-35 和表 3-4。由分析可知，煤样的临界温度在 96 ℃左右(±6 ℃)，干裂温度在 143 ℃左右(±14 ℃)，活性温度在 201 ℃左右(±17 ℃)，增速温度在 259 ℃左右(±11 ℃)，燃点温度跨度较大，平均为 391 ℃(±27 ℃)。变质程度相近的煤样，临界温度相差较小，随着氧化温度的升高，差距逐渐显示，当达到燃点温度时，不同煤样煤分子的独特性最大限度地体现出煤样之间的差异，即表现为燃点温度的不同。5# 煤样的活性温度、增速温度和燃点温度点均为所选煤样中最低的，说明在反应后期，5# 煤样煤分子中活

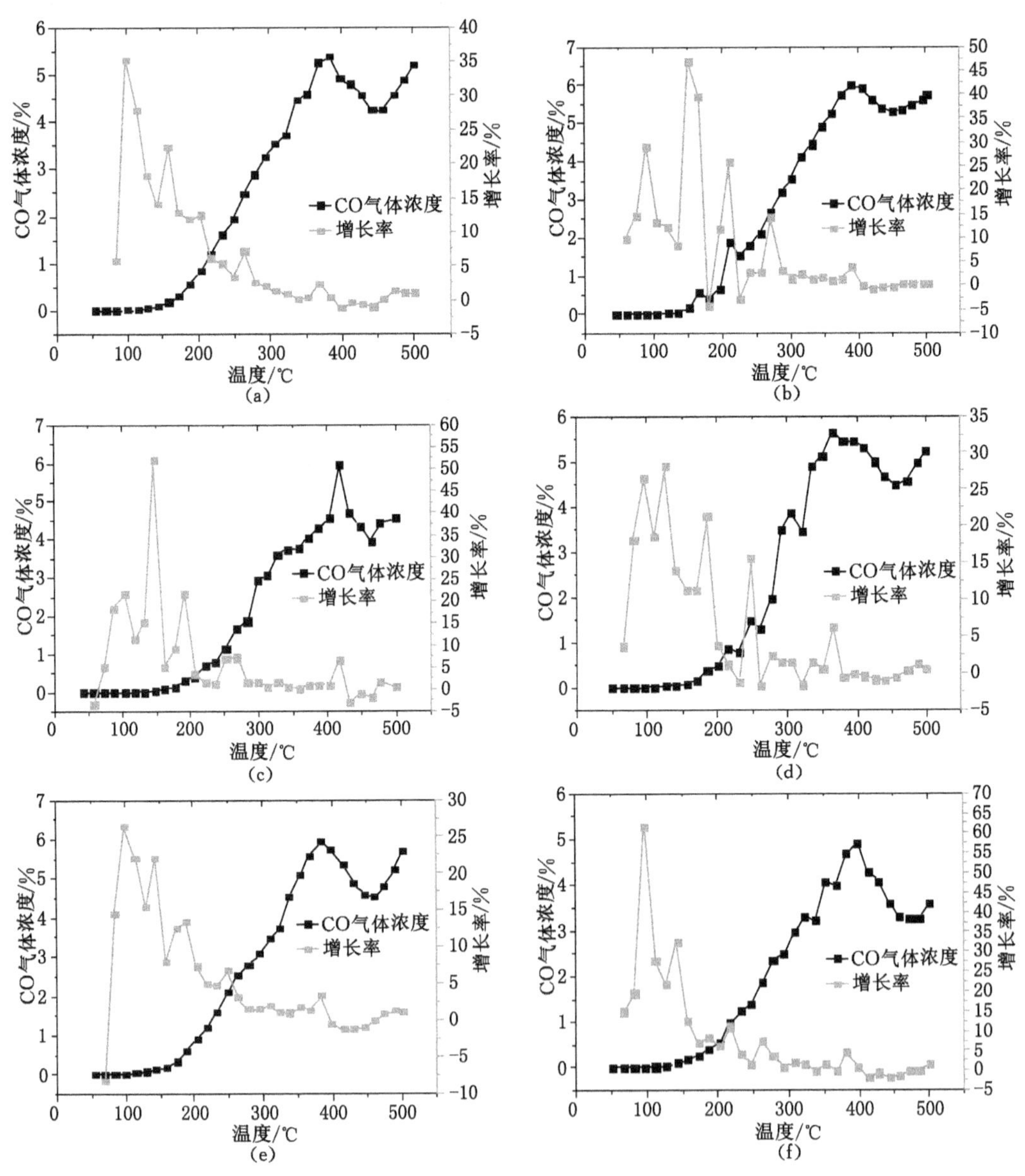

图 3-35　增长率分析法测试特征温度点分析图

(a) 1# 煤样；(b) 2# 煤样；(c) 3# 煤样；(d) 4# 煤样；(e) 5# 煤样；(f) 6# 煤样

性官能团极大程度地参与到氧化反应中，且活性官能团数量较多。这与第2章各煤样中所含活性官能团数量相对应，5#煤样含有较多的活性官能团，且由气体产物分析可知，5#煤样释放的CO_2和CH_4气体浓度最大，这与特征温度点较低也有直接的关系，说明在较低的温度下5#煤样就可以被氧化，释放大量的气体产物。

表3-4　中变质程度烟煤实验煤样特征温度点　　单位：℃

煤样	临界温度	干裂温度	活性温度	增速温度	燃点温度
1#	99.3	157.6	205.4	262.3	368.5
2#	90.3	150.2	211.5	269.8	392.4
3#	102.3	147.1	191.9	260.8	417.9
4#	101.5	143.1	190.2	251.4	385.7
5#	96.3	131.9	184.5	248.9	363.9
6#	97.9	142.2	219.0	260.9	384.6

3.5　煤自然发火期及极限参数

煤自然发火期是从宏观角度综合表征煤层自燃性大小的直接参数，因此得到矿井普遍使用。由于煤自然发火过程较长，影响因素众多，很多学者通过建立煤自然发火实验系统，研究煤的发火过程。通过对煤发火传热、传质实验过程的研究，建立煤发火过程的计算模型，评价煤自然发火过程中各主要因素的影响作用，确定煤最短自然发火期的计算模型。自20世纪80年代末，国内许多学者也进行了煤自然发火大型实验研究。其中，以徐精彩等人建立的煤自然发火实验最具影响力。实验模拟破碎煤体的放热性和散热性影响，实现自然升温过程，检测实验炉体内的温度场、O_2浓度场和气体产物CO、CO_2等的变化，研究了煤自然发火过程及高温点的变化规律。利用自建的煤自然发火全过程实验台，邓军、文虎等人对实验煤自燃性相关参数进行了测定，通过建立煤自然发火计算模型，分析了煤最短自然发火期受供风量、煤的粒度、实验散热条件等的影响关系，确定煤层实际最短自然发火期。

3.5.1　自然发火期

对1#、2#、3#、4#、5#、6#煤样进行煤自然发火全过程模拟测试，得出实验最短自然发火期，除去实验过程中由于人为操作失误等原因引起的煤体升温速度减慢而耽误的时间，根据矿井实际环境温度为起始温度测算各煤样的自然发火期如表3-5所列。自然发火期对应的煤自燃特征参数如表3-6所列。

表3-5　煤样自然发火实验与实际最短自然发火期

实验煤样		实验条件	矿井实际环境
1#	起始温度/℃	26.1	25
	最短自然发火期/d	53	55
2#	起始温度/℃	30.2	25
	最短自然发火期/d	50	55

表 3-5(续)

实验煤样		实验条件	矿井实际环境
3#	起始温度/℃	27	25
	最短自然发火期/d	56	60
4#	起始温度/℃	32.8	25
	最短自然发火期/d	62	77
5#	起始温度/℃	33.4	25
	最短自然发火期/d	38	48
6#	起始温度/℃	36	25
	最短自然发火期/d	40	46

表 3-6 煤样最短自然发火期对应特征参数

实验煤样	自然发火期/d	临界温度/℃	到达临界温度时间/d	CO 出现温度/℃
1#	55	70.2	43	26.1
2#	55	70.5	41	30.2
3#	60	75.9	52	27.0
4#	77	70.5	46	32.8
5#	48	74.0	40	33.4
6#	46	67.5	33	36.0

3.5.2 极限参数

极限参数可用来指导矿井防治煤自燃。引起煤自燃的必要条件之一是有连续充分的供氧条件，而风流在破碎的煤体中流动时，风流中氧气浓度会因与煤反应等降低，低到某个下限时，煤氧化产生的热量可通过顶板岩层全部散发出去，这个下限值即下限氧气浓度。对一特定工作面，散热量的大小主要取决于漏风量的大小。为便于现场应用，漏风量大到能带走全部氧化放热量的上限值，常用极限漏风强度表述。

当煤温恒定时，漏风强度增大，最小浮煤厚度增加；浮煤厚度增加，下限氧气浓度减小，上限漏风强度增大；根据实验数据，所选用的煤样在 50～60 ℃时自燃的下限氧气浓度达到最大值，只要氧气浓度低于该下限氧气浓度，浮煤就不会自燃。上限漏风强度最小值在 50～60 ℃时出现，只要漏风强度高于此温度区间的上限漏风强度，浮煤就不会自燃。煤氧化自燃的最小浮煤厚度为 0.58～0.93 m，即煤体堆积厚度小于对应最小浮煤厚度值时，煤体温度不会超过其临界温度而发生自燃。不同煤矿工作面浮煤厚度对应的下限氧气浓度值和上限漏风强度见表 3-7。

表 3-7 中等变质程度煤层不同浮煤厚度时的下限氧气浓度和上限漏风强度

1#	浮煤厚度/m	0.5	0.6	0.7	0.8	0.9
	下限氧气浓度/%	63.96	33.31	25.76	20.56	11.91
	上限漏风强度/[$cm^3/(cm^2 \cdot s)$]	−0.030	−0.010	−0.003	0.003	0.019

表 3-7(续)

2#	浮煤厚度/m	0.5	0.6	0.7	0.8	0.9
	下限氧气浓度/%	27.58	20.82	19.53	14.63	11.41
	上限漏风强度/[cm³/(cm²·s)]	−0.01	0.01	0.01	0.02	0.03
3#	浮煤厚度/m	0.5	0.6	0.7	0.8	0.9
	下限氧气浓度/%	36.25	25.67	19.22	14.99	12.07
	上限漏风强度/[cm³/(cm²·s)]	−0.016	−0.03	0.008	0.018	0.027
4#	浮煤厚度/cm	0.5	0.6	0.7	0.8	0.9
	下限氧气浓度/%	58.98	41.33	30.63	23.66	20.95
	上限漏风强度/[cm³/(cm²·s)]	−0.03	−0.02	−0.01	0.00	0.00
5#	浮煤厚度/m	0.5	0.6	0.7	0.8	0.9
	下限氧气浓度/%	38.81	27.42	20.88	15.95	12.81
	上限漏风强度/[cm³/(cm²·s)]	−0.02	−0.01	0.005	0.02	0.03
6#	浮煤厚度/m	0.5	0.6	0.7	0.8	0.9
	下限氧气浓度/%	58.42	41.11	30.60	23.73	18.98
	上限漏风强度/[cm³/(cm²·s)]	−0.032	−0.019	−0.009	−0.001	0.007

极限浮煤厚度最大值在 50～60 ℃，只要浮煤厚度小于此温度的极限浮煤厚度，浮煤就不会自燃。漏风强度越大，风流带走的热量越多，就要求浮煤量越多(即浮煤厚度越大)，极限浮煤厚度越大。不同漏风强度时的极限浮煤厚度见表 3-8。

表 3-8　中等变质程度煤层不同漏风强度时的极限浮煤厚度

1#	漏风强度/[cm³/(cm²·s)]	0.000 4	0.01	0.02	0.03	0.04	0.05	0.06
	极限浮煤厚/cm	85.62	102.50	122.87	145.70	170.53	196.91	224.46
2#	漏风强度/[cm³/(cm²·s)]	0.000 4	0.01	0.02	0.03	0.04	0.05	0.06
	极限浮煤厚/cm	54.68	61.38	69.12	77.58	86.71	96.41	106.61
3#	漏风强度/[cm³/(cm²·s)]	0.000 4	0.01	0.02	0.03	0.04	0.05	0.06
	极限浮煤厚/cm	62.72	71.61	81.99	93.44	105.84	119.03	132.89
4#	漏风强度/[cm³/(cm²·s)]	0.000 4	0.01	0.02	0.03	0.04	0.05	0.06
	极限浮煤厚/cm	82.40	95.77	111.59	129.16	148.24	168.54	189.82
5#	漏风强度/[cm³/(cm²·s)]	0.000 4	0.01	0.02	0.03	0.04	0.05	0.06
	极限浮煤厚/cm	65.29	73.61	83.26	93.84	105.26	117.41	130.18
6#	漏风强度/[cm³/(cm²·s)]	0.0004	0.01	0.02	0.03	0.04	0.05	0.08
	极限浮煤厚/cm	81.10	94.03	109.31	126.27	144.68	164.27	184.81

参考文献

[1] 仲晓星，王德明，陆伟，等. 交叉点温度法对煤氧化动力学参数的研究[J]. 湖南科技大学

学报(自然科学版),2007,22(1):13-16.

[2] 王宝俊,凌丽霞,章日光,等.煤热化学性质的量子化学研究[J].煤炭学报,2009,34(9):1239-1243.

[3] 王继仁,邓汉忠,邓存宝,等.煤自燃生成一氧化碳和水的反应机理研究[J].计算机与应用化学,2008,25(8):935-940.

[4] 王继仁,邓存宝,邓汉忠,等.煤自燃生成甲烷的反应机理研究[C]//第三届国际理论化学、分子模拟和生命科学研讨会暨第三届北京宏剑公司用户大会.烟台:[出版者不详],2007.

[5] 王继仁,孙艳秋,邓存宝,等.煤自燃生成水的反应机理研究[J].煤炭转化,2008,31(1):51-56.

[6] GENG Yunguang, TANG Dazhen, XU Hao, et al. Experimental study on permeability stress sensitivity of reconstituted granular coal with different lithotypes[J]. Fuel, 2017,202(1):12-22.

[7] 徐精彩.煤自燃危险区域判定理论[M].北京:煤炭工业出版社,2001.

[8] 邓军,赵婧昱,张嬿妮.基于指标气体增长率分析法测定煤自燃特征温度[J].煤炭科学技术,2014,42(7):49-52,56.

第 4 章　中变质程度煤氧化自燃热动力学

煤是一种复杂的非均相体，包含了有机物和无机物，根据煤氧复合学说，煤自燃就是煤中活性基团与氧分子之间相互作用的结果，其氧化自燃过程是一个复杂的氧化动力学过程[1-3]。了解和掌握煤炭自然发火过程，有必要对煤的氧化动力学规律进行研究。动力学研究的目的是得到反应过程的动力学参数，如活化能 E、指前因子 A[4]。动力学参数的数据处理方法有积分法、微分法以及近似法。

通常进行动力学研究采用的技术手段为热分析技术，按照反应温度控制角度又可以把热分析技术分为等温法和非等温法，用热分析技术测试煤样的动力学过程，不仅可以得到煤样在整个升温氧化过程中的变化规律，而且还具有简洁、快速等特点，适合用来研究煤与氧的氧化反应过程[5-8]。但是热分析实验容易受其他因素的影响，如振动、气候条件、实验室条件和人为因素等。所以，本章采用多种手段来测试烟煤氧化过程中的动力学特征，包括 C80 微量热实验、高温程序升温实验和热分析实验。其中，高温程序升温实验是最接近煤自燃实际情况的模拟型实验，具有实验样品量大、自燃环境与实际相似和人为影响因素较少的优点。

4.1　动力学理论

运用动力学的基本概念研究非均相反应（heterogeneous reaction）或固态反应（solid state reaction）始于 20 世纪初。目前，煤氧化过程的动力学研究主要包括等温法和非等温法，描述等温条件下均相反应的动力学方程的表达式为：

$$\frac{\mathrm{d}C}{\mathrm{d}t} = k(T)f(c) \tag{4-1}$$

式中　C——产物体积分数，%；

t——时间，s；

$k(T)$——速率常数；

$f(c)$——反应机理函数。

20 世纪 30 年代完成了均相到非均相，等温到非等温的转换，描述非等温条件下非均相的动力学方程为：

$$\frac{\mathrm{d}\alpha}{\mathrm{d}T} = (\frac{1}{\beta})k(T)f(\alpha) \tag{4-2}$$

式中　T——热力学温度，K；

β——升温速率（一般为常数），K/s；

α——转化百分率，%；

$f(\alpha)$——动力学反应机理函数。

在动力学方程中的速率常数 k 与温度的关系十分密切，学者们对它们的关系进行了各种猜想，其中，得到广泛认可的关系为阿伦尼乌斯(Arrhenius)通过模拟平衡-温度关系式的形式提出了速率常数-温度关系式：

$$k = A\,e^{-\frac{E}{RT}} \tag{4-3}$$

式中 A——表观指前因子，s^{-1}；

E——表观活化能，kJ/mol；

R——通用气体常数，8.314 J/(mol·K)。

将式(4-3)代入式(4-2)中，便得到了非均相体系在等温和非等温条件下的两个常用动力学方程式：

$$\frac{d\alpha}{dt} = A\,e^{-\frac{E}{RT}} f(\alpha) \quad (等温) \tag{4-4}$$

$$\frac{d\alpha}{dT} = (\frac{A}{\beta})\,e^{-\frac{E}{RT}} f(\alpha) \quad (非等温) \tag{4-5}$$

动力学的研究主要是基于时间、浓度、温度对反应速率的研究，直接目的在于求解出能描述煤氧反应的上述方程中的“动力学三因子”，即 E、A 和 $f(\alpha)$。本章的目的就在于求解出描述煤氧化反应的活化能和指前因子。动力学模式函数 $f(\alpha)$表示了物质反应速率与转化率 α 之间所遵循的某种函数关系，代表了反应的机理。

在实验条件下煤样处于连续不断的供氧环境中，气体产物随气流带走，来不及发生可逆反应，因此在实验过程中可假设低温氧化过程为不可逆反应。在煤的热分析实验过程中，煤的质量、热量等物理参数与反应速率的关系可以表达为以下两种形式：

积分形式：

$$G(\alpha) = kt \tag{4-6}$$

微分形式：

$$d\alpha/dt = kf(\alpha) \tag{4-7}$$

其中，$G(\alpha)$是反应机理函数的积分形式，$f(\alpha)$是反应机理函数的微分形式。$f(\alpha)$和$G(\alpha)$之间的关系可表示为：

$$f(\alpha) = \frac{1}{G'(\alpha)} = \frac{1}{d[G(\alpha)]d\alpha} \tag{4-8}$$

即

$$G(\alpha) = \int_0^\alpha \frac{d(\alpha)}{f(\alpha)} \tag{4-9}$$

由于实验煤样在一定升温速率的程序升温实验条件下，因此实验煤样的热力学温度与时间的关系为：

$$T = T_0 + \beta t \tag{4-10}$$

式中 T_0——起始点温度，K。

式(4-10)结合式(4-1)～式(4-9)中得出非均相体系在非等温条件下的常用动力学方程式：

微分方程：

$$\frac{\mathrm{d}\alpha}{\mathrm{d}T}=\frac{A}{\beta}f(\alpha)\mathrm{e}^{-\frac{E}{RT}} \tag{4-11}$$

积分方程：

$$G(\alpha)=\int_{T_0}^{T}\frac{A}{\beta}\,\mathrm{e}^{-\frac{E}{RT}}\mathrm{d}T\approx\int_{0}^{T}\frac{A}{\beta}\,\mathrm{e}^{-\frac{E}{RT}}\mathrm{d}T=\left(\frac{AE}{\beta R}\right)P(u) \tag{4-12}$$

其中 $P(u)$ 为温度积分，其公式为：

$$P(u)=\int_{\infty}^{u}-\frac{\mathrm{e}^{-u}}{u^2}\mathrm{d}u \tag{4-13}$$

在上述非等温动力学方程计算过程中，由于 $P(u)$ 计算并不收敛，因此并没有精确的解析式，目前世界上已经有数百种 E、A 和 $f(\alpha)$ 的动力学计算方法。

煤的氧化过程一般可以表示为下面的反应过程：

煤 S(固体)＋空气 A(气体)⟶氧化煤 P(固体)＋反应气体 B(气体)

煤在受热条件下分解并与氧气发生反应生成氧化煤 P 和气相产物 B。假设该反应为不可逆反应，且在本书实验过程中采用空气将反应的气体产物带走，使逆反应来不及发生，使得反应过程为不可逆反应。煤与氧气发生的氧化反应符合非均相体系在非等温条件下的动力学方程的基本假设。

4.2　热动力学研究方法

4.2.1　C80 微量热仪实验

C80 微量热仪是法国 SETARAM 公司研制开发，CALVET 式量热仪，其传感器由热电偶组成检测器阵列，一共 9 环，每环 38 个热电偶。样品置于检测器的中央，这样可以检测实验样品向 360°方向的热流，传统 DSC 的量热效率为 20%～40%，而他的量热效率为 94%，具有非常高的准确性和灵敏度。C80 微量热仪的主要特点：工作温度从室温至 300 ℃，有两种工作模式，即一种为恒温量热，另一种为扫描量热。量热仪的恒温特性非常好，也具有很高的检测灵敏度，测量精度好，探测极限瞬时为 1 mJ。具有稳定性和良好的复现性；始终具有好的信号稳定性；基线不存在飘移；整个实验过程的数据采集和处理都采用微机进行。如图 4-1 所示，利用气体压力控制仪来控制调节气体出口的压力，由转子流量计控制气体的流速。采用差示扫描量热法实现对中等变质程度烟煤低温氧化过程中的放热特性的研究。

当样品池与参比池之间存在温度差时，实验系统便会产生电磁信号。对于在热电偶的内外界面产生的热电磁信号，则可以计算出实验系统中每一个热电偶的热功率为：

$$\omega_i=K(T_i-T_0) \tag{4-14}$$

式中　ω_i——系统中任意一个热电偶的瞬时功率；

K——热电偶的导热常数；

T_i——内部热电接点的温度；

T_0——外部热电接点的温度。

还可以得到任意一个热电偶的热电势：

$$\theta_i=\varepsilon(T_i-T_0) \tag{4-15}$$

式中　ε——热电常数。

将式(4-14)和式(4-15)联合得：

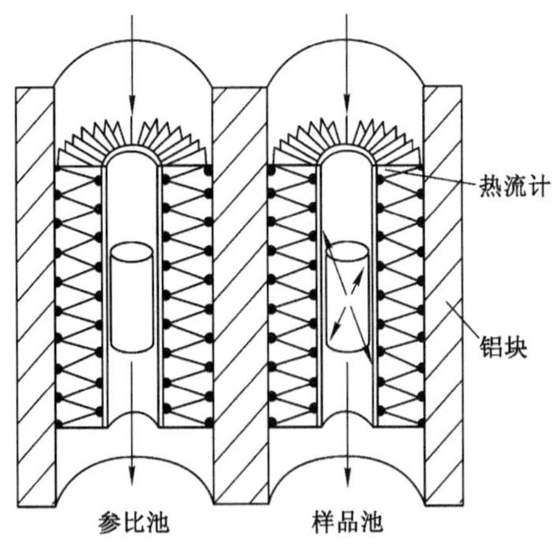

图 4-1　C80 微量热仪结构

$$\theta_i = \frac{\varepsilon}{K}\omega_i \tag{4-16}$$

由于所有热电偶是串联的，所以总热电势：

$$E_{总} = \sum_{i=1}^{n}\theta_i = n\varepsilon(T_i - T_0) = n\frac{\varepsilon}{K}\omega_i \tag{4-17}$$

由式(4-17)可以得出结论：内、外部的热功率正比于热流计测得的热电势。

再利用 Tian 方程：

$$\omega = A\left(E + \tau\frac{\mathrm{d}E}{\mathrm{d}t}\right) \tag{4-18}$$

式中　ω——总的瞬时热功率；

$\frac{\mathrm{d}E}{\mathrm{d}t}$——热电势的变化率；

τ——时间常数；

A——热功率常数；

E——瞬时热电势。

为验证其测量的准确性，特测试一次不放样品的实验，结果如图 4-2 所示。由图 4-2 可以看到，样品池和参比池的热流差几乎为零，曲线近似直线，表明仪器的可靠性，以及研究数据结果的准确性。

实验选取与前述章节相同的 6 种中变质程度烟煤煤样作为研究对象，分别标号 1#、2#、3#、4#、5#、6#。本次实验采用 0.1 ℃/min 的升温速率，测试煤样从 30～200 ℃的氧化升温过程。用砂纸去除煤表面氧化层，再使用颚式破碎机分别将新鲜煤样破碎粒径为 80～120 目，称取 1 600 mg 煤样。

实验时，将称取好的 1# 煤样放到 C80 微量热仪的样品池内，打开气体压力控制仪，调节转子流量计，同时给参比池与反应池通入流量为 100 mL/min 的空气。打开 Data Acquisition 设定软件，输入实验煤样的名称、质量以及温控程序设置等参数。等到热流的数值稳定后，开始实验。当实验结束后，打开炉体的风扇，等到炉温降到小于 30 ℃后，关闭 C80 微量热仪，同时，清理反应池，为 2# 煤样实验做好准备。

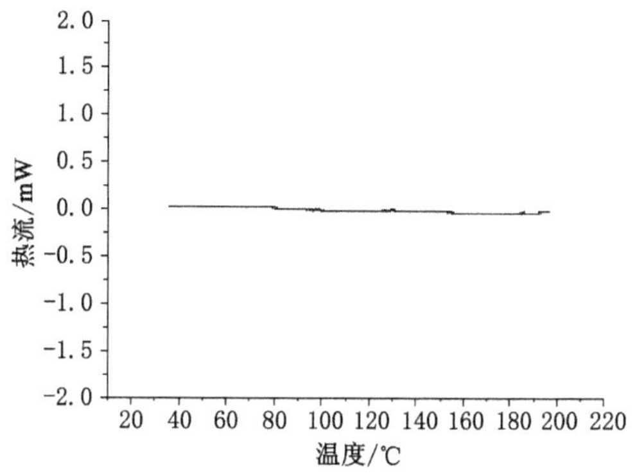

图 4-2　空跑实验曲线

4.2.2　高温氧化实验动力学计算方法

动力学方法在数学上可分为微分法和积分法两大类;从操作形式上分为单个扫描速率法和多重扫描速率法[9]。通过高温程序升温实验,选取氧气浓度,采用单升温速率的非等温法对中等变质程度煤样的动力学特性进行研究,测试动力学参数。单个扫描速率法是通过在同一扫描速率下,对反应测得的一条曲线进行动力学分析的方法。

通过推导,得出程序升温实验的动力学特性测试方法,分别采用两种动力学方法进行计算,处理实验数据得到线性方程,这两种方法所测得相关性系数均在 0.94 以上。由于高温程序升温实验属于宏观实验,其实验条件与实验环境更加切合实际,能够完整模拟煤自然发火的实际过程,所以采取其实验数据进行动力学分析更加符合实际情况,而热分析实验属于实验室实验,用煤量小、受外界环境干扰因素多,所以高温程序升温实验测试动力学参数更加符合实际情况,且具有较大的可信度。

但由于高温程序升温实验测试范围为 15 ℃一组,数据间隔大于热分析实验,导致其相关性系数较小,但研究发现这并不代表其相关性不高,而是由于数据点较少造成的,所以本书选取相关系数为 0.94 以上的动力学方法进行分析研究。利用不同阶段拟合所得的二次元方程的斜率和截距便计算出活化能 E 以及指前因子 A。在后期研究中,作者会缩短实验数据测试范围,继续进行相关测算和研究。

煤燃烧过程的反应能级是个不定值,但国内外学者均采用反应能级为 1 的情形来模拟煤自然发火过程,所以本书延续前人经验与结论,为顺利模拟煤自燃过程,并且与生产过程相吻合,仍然采用反应能级为 1 的反应公式计算活化能。根据高温氧化升温过程中,氧气浓度的变化情况计算煤样自然发火过程中的活化能。

(1) 方法一

由前人研究可知,煤氧反应速率即为氧气的消耗速度,则氧气浓度与反应速率的关系表达为:

$$v(\mathrm{O_2})=\frac{\mathrm{d}C}{\mathrm{d}t}=A\cdot C_{\mathrm{O_2}}\cdot \mathrm{e}^{-\frac{E}{RT}} \tag{4-19}$$

式中　$v(\mathrm{O_2})$——氧气的消耗率,mol/(cm^3 · s);

C——气体体积分数,mol/cm^3;

C_{O_2}——氧气体积分数,mol/cm^3;

t——时间,s。

由式(4-10)可知 $t=(T-T_0)/\beta$,即 $dt=dT/\beta$(从起始温度开始),带入上式得:

$$\frac{dC}{C_{O_2}dT}=\frac{A}{\beta}\cdot e^{-\frac{E}{RT}} \tag{4-20}$$

等式两边取自然对数,得计算公式:

$$\ln\frac{dC}{C_{O_2}dT}=\ln\frac{A}{\beta}-\frac{E}{RT} \tag{4-21}$$

选取氧气浓度为研究目标,变化率即为氧气浓度随温度的变化,由方程(4-21)可知,将 $\ln\frac{dC}{C_{O_2}dT}$ 对 $1/T$ 作图,用最小二乘法拟合数据,从斜率 $-E/R$ 可以求 E;从截距 $\ln\frac{A}{\beta}\ln(A/\beta)$ 可以求 A;$f(\alpha)=\frac{1}{C_{O_2}}$,该计算方法为微分式。

(2) 方法二

再次,沿罐体轴向长度 dx 的耗氧速率方程如下:

$$dt=\frac{dx}{v_g}=\frac{Sdx}{Q} \tag{4-22}$$

式中 v_g——风流速度,cm/s;

S——罐体底面积,cm^2;

Q——气体流量,cm^3/s。

将式(4-19)代入式(4-22)中,得:

$$\frac{dC}{C_{O_2}}=\frac{A\cdot S\cdot e^{-\frac{E}{RT}}dx}{Q} \tag{4-23}$$

对等式两边同时积分得:

$$\int_0^i\frac{dC}{C_{O_2}}=\int_0^L\frac{A\cdot S\cdot L\cdot e^{-\frac{E}{RT}}}{Q}dx$$

化简得:

$$\ln\left(\frac{C_{O_2}^0}{C_{O_2}^i}\right)=\frac{A\cdot S\cdot L\cdot e^{-\frac{E}{RT}}}{Q} \tag{4-24}$$

式中 $C_{O_2}^0$——入口氧含量,21%;

$C_{O_2}^i$——出口氧气含量,mol/cm^3。

对等式两边再次取自然对数得:

$$\ln\left(\ln\left(\frac{C_{O_2}^0}{C_{O_2}^i}\right)\right)=\ln\frac{A\cdot S\cdot L}{Q}-\frac{E}{RT} \tag{4-25}$$

由式(4-25)可知,$G(\alpha)=\ln\left(\frac{C_{O_2}^0}{C_{O_2}^i}\right)$,$L$ 为煤体高度(cm),该计算方法为积分式。由 $\ln\left(\ln\left(\frac{C_{O_2}^0}{C_{O_2}^i}\right)\right)$ 对 $1/T$ 作图,用最小二乘法拟合数据,从斜率可以求 E,从截距可以求 A。

4.2.3 热重分析法

热分析动力学方法的目标就是利用热分析实验所获得的数据求解热分析动力学参数,从数学上分为微分法和积分法两大类;从操作上形式上分为单个扫描速率法和多重扫描速率法。在运用热分析动力学方法对实验数据进行处理时，常采用的方法是将微分法和积分法结合起来。

本章采用的是单个扫描速率法即对动力学方程分别采用积分法 Coats-Redfern 法和微分法 Achar-Brindley-Sharp-Wendworth 法处理得到线性方程，然后再将各种动力学模式函数的微分式或积分式代入，所得直线的斜率和截距即为动力学参数（活化能 E 和指前因子 A），而在代入方程计算时，选择能使方程获得最佳线性者为最概然机理函数，从而获得了动力学三因子。

(1) 微分法：Achar-Brindley-Sharp-Wendworth 法

分离变量，等式两边取对数，得：

$$\ln \frac{d\alpha}{f(\alpha)dT} = \ln \frac{A}{\beta} - \frac{E}{RT} \tag{4-26}$$

由方程(4-26)可知，由 $\ln \frac{d\alpha}{f(\alpha)dT}$ 对 $\frac{1}{T}$ 作图，用最小二乘法拟合数据，从斜率可以求 E，从截距可以求 A。

(2) 积分法：Coats-Redfern 法

为了求解方程(4-26)的近似解，令 $u=\frac{E}{RT}$

当 $T=0$ 时，$u=\infty$；当 $T=T$ 时，$u=\frac{E}{RT}$。

由 $T=\frac{E}{Ru}$ 求导得：$dT=-\frac{E}{Ru^2}du$

则方程(4-26)转化为：

$$G(\alpha)=\frac{A}{\beta}\int_0^T\left(\frac{A}{\beta}\right)\exp\left(-\frac{E}{RT}\right)dT=\frac{A}{\beta}\frac{E}{R}\int_\infty^u -\frac{e^{-u}}{u^2}du \tag{4-27}$$

令 $P(u)=\int_\infty^u -\frac{e^{-u}}{u^2}du$，用分部积分法求解得：

$$\begin{aligned}
P(u) &= \int_\infty^u -\frac{e^{-u}}{u^2}du = \int_\infty^u \frac{1}{u^2}d\,e^{-u} \\
&= \frac{e^{-u}}{u^2} - \int_\infty^u 2\,u^{-3}d\,e^{-u} \\
&= \frac{e^{-u}}{u^2} - \frac{2\,e^{-u}}{u^3} + \int_\infty^u 6\,u^{-4}d\,e^{-u} \\
&= \frac{e^{-u}}{u^2} - \frac{2\,e^{-u}}{u^3} + \frac{6\,e^{-u}}{u^4} - \int_\infty^u 24\,u^{-5}d\,e^{-u} \\
&= \frac{e^{-u}}{u^2} - \frac{2\,e^{-u}}{u^3} + \frac{6\,e^{-u}}{u^4} - \frac{24\,e^{-u}}{u^5}\Bigg|_\infty^u + \int_\infty^u 100\,u^{-6}d\,e^{-u} \\
&= \frac{e^{-u}}{u^2}\left(1-\frac{2!}{u}+\frac{3!}{u^2}-\frac{4!}{u^3}+\cdots\right)
\end{aligned} \tag{4-28}$$

联立方程(4-27)和方程(4-28)，得：

$$\int_0^T\left(\frac{A}{\beta}\right)\exp\left(-\frac{E}{RT}\right)dT=\frac{E}{R}\frac{e^{-u}}{u^2}\left(1-\frac{2!}{u}+\frac{3!}{u^2}-\frac{4!}{u^3}+\cdots\right) \tag{4-29}$$

取方程(4-29)右端括号内第一项,得

$$\int_0^T \left(\frac{A}{\beta}\right)\exp\left(-\frac{E}{RT}\right)\mathrm{d}T = \frac{E}{R} \cdot P_{\mathrm{FK}}(u) = \frac{E}{R}\frac{\mathrm{e}^{-u}}{u^2} = \frac{RT^2}{E}\exp\left(-\frac{E}{RT}\right) \tag{4-30}$$

其中

$$P_{\mathrm{FK}}(u) = \frac{\mathrm{e}^{-u}}{u^2} = \frac{\mathrm{e}^{-u}}{u^2} h_{\mathrm{FK}}(u) \tag{4-31}$$

$$h_{\mathrm{FK}}(u) = Q_{\mathrm{FK}}(u) = 1$$

将式(4-27)和式(4-31)联立得:

$$G(\alpha) = \frac{A}{\beta}\int_0^T \left(\frac{A}{\beta}\right)\exp\left(-\frac{E}{RT}\right)\mathrm{d}T = \frac{A}{\beta}\frac{RT^2}{E}\exp\left(-\frac{E}{RT}\right) \tag{4-32}$$

则

$$\frac{G(\alpha)}{T^2} = \frac{A}{\beta}\frac{R}{E}\exp\left(-\frac{E}{RT}\right) \tag{4-33}$$

将式(4-33)两边取对数,则得到了 Coats-Redfern 积分式:

$$\ln\left[\frac{G(\alpha)}{T^2}\right] = \ln\left(\frac{AR}{\beta E}\right) - \frac{E}{R}\frac{1}{T} \tag{4-34}$$

由方程(4-34)可知,将 $\ln\left[\frac{G(\alpha)}{T^2}\right]$ 对 $\frac{1}{T}$ 作图,用最小二乘法拟合数据,从斜率 $-\frac{E}{R}$ 可以求 E,从截距 $\ln\left(\frac{AR}{\beta E}\right)$ 可以求 A。

从前面的热分析动力学积分以及微分方程可知,在热分析动力学研究中采用的是变化率进行动力学分析。因此,在热重法动力学分析中通常将变化率 α(也可称为失重率或增重率)定义为:

$$A = \frac{\Delta W}{\Delta W_\infty} \text{ 或 } \alpha = \frac{W_0 - W}{W_0 - W_\infty} \tag{4-35}$$

式中 ΔW_∞—— 最大失重率;

ΔW——$T(t)$ 时的失重率;

W_0—— 初始重量;

W——$T(t)$ 时的重量;

W_∞—— 最终重量,$W_\infty = 0$ 时说明完全分解。

(3) 活化能

动力学方程中的速率常数 k 与温度有非常密切的关系,阿伦尼乌斯在 19 世纪末提出了经验公式即阿伦尼乌斯公式并沿用至今,阿伦尼乌斯在此经验公式中首先提出了活化能和活化分子的概念。阿伦尼乌斯公式中的 E 代表反应的活化能,它是一个实验值,称为实验活化能,是一个宏观物理量。

关于活化能的定义以及物理意义众说纷纭,阿伦尼乌斯认为把普通的反应物分子变成活化分子所需要的能量为活化能,刘易斯(Lewis)认为反应的活化能即是活化分子所具有的最低能量与反应物分子的平均能量之差,托尔曼(Tolman)认为反应的活化能为活化分子的平均能量与反应物分子的平均能量之差,还有人认为活化分子所具有的最低能量为活化能。阿伦尼乌斯在定义活化能时站在微观角度,描述的是普通反应物分子变成活化分子这个活化过程中,每个普通反应物分子变成活化分子所吸收的能量,不同的普通分子吸收不同的能量转化成不同的活化分子，它反映的是反应物分子的活化能。阿伦尼乌斯公式中的活化能指的是反应的活化能，它反映的是整个反应过程的活化能，是大量的反应物分子活化能的统计结果，是一个统计量。因为当反应物分子获取能量成为活化分子时，每个反应物分子以及活化分子的能量不尽相同，其中活化分子指的是具有较大活性和较高能量且到达了某一能域，能引起反应的大量的分子，所以只有采用统计原理取反应物分子的平均能量而不是某个反应物分子的能量，才能使得结果更准确、客观。托尔曼说法满足上述说法，所以其说法是目前公认合理的、正确的说法。托尔曼并用统计热力学的方法证明了反应的活化能 E 等于活化分子的平均能量与反应物分子的平均能量之差，单位为 kJ/mol。

（4）动力学机理函数

动力学机理函数表示了物质反应速率与 α 之间所遵循的某种函数关系，代表了反应的机理，直接决定了反应物的热重曲线的形状。目前常用的机理函数包括了传统的机理函数、经验机理函数和调节机理函数。传统的机理函数在推导过程中首先假设反应物颗粒具有规整的几何形状和各向同性的反应活性，然后再设想在固相反应中，在反应物和产物的界面是存在有一个局部的反应活性区域，而反应进程则由这一界面的推进来进行表征，再按照控制反应速率的各种关键步骤推导出来。推导出来的常用固态反应动力学机理函数即为传统的动力学机理函数。

传统的动力学机理函数能对许多固态物质的反应过程做出基本描述，但是由于实际样品颗粒几何形状的非规整性和堆积的非规划性、非均相反应本身的复杂性以及反应物质化学性质的多变性，有时会出现实际的热重曲线与理想机理不相符合的情况。鉴于这种情况，人们开始寻求与实际情况更为相符的动力学机理函数，以便能满足更复杂的反应过程并改善所获结果的可靠性，调节模式函数应运而生。调节模式函数即在传统机理函数 $f(\alpha)$ 上引入一个“调节函数”$a(\alpha)$ 来代表真实的动力学机理函数 $h(\alpha)$，即 $h(\alpha)=f(\alpha)a(\alpha)$ 使之能尽可能地接近真实的反应动力学行为。最简单的 $h(\alpha)$ 形式是在传统模式 $f(\alpha)$ 的表达式中引入分数指数 N 代替原来的整数指数 n。大量的实验证明，调节模式机理函数的调节结果与显微技术直接观察的结果相似且被等温动力学处理结果所检验。为了满足更复杂的系统，在调节机理函数的基础上提出了经验模式函数，$h(\alpha)=\alpha^m(1-\alpha)^n$，也被称为 $SB(m,n)$ 动力学模式函数，作为一个经验模式函数，其中 m,n 参数的物理意义不很明确，但却不影响其描绘一些反应过程，同时，它也尤其适合那些由于样品颗粒性质（如非球形样品颗粒）引起的有拖尾延长现象的反应过程。

为了可以更加深入地理解煤的氧化机理和过程，为预防煤氧化自燃提供理论依据，有必要研究煤的氧化机理函数。本章对反应机理函数的推断采用 Bagchi 法，该方法的计算过程是：将热分析实验所得的数据以及常用机理函数的微分形式 $f(\alpha)$ 和积分 $G(\alpha)$ 分别代入 Achar 微分法得出微分方程[式(4-26)]和 Coats-Redfern 积分法得出积分方程[式(4-34)]，然后求解出一系列活化能 E 值和指前因子 A 值。当选择的 $f(\alpha)$ 和 $G(\alpha)$ 合理时，则这两个方程求得的 E 和 $A(\ln A)$ 值差距不会太大，并且所得出的直线的相关性系数 R^2 都在 0.98 以上。从而推断出合理的 $f(\alpha)$ 和 $G(\alpha)$ 所对应的机理函数为该反应的最概然机理函数。通过分析式(4-26)与式(4-34)可知，当加热速率恒定时，$\ln\dfrac{d\alpha}{f(\alpha)dT}$ 与 $\dfrac{1}{T}$ 成直线关系，

$\ln\left[\frac{G(\alpha)}{T^2}\right]$ 与 $\frac{1}{T}$ 成直线关系，由其斜率可计算出相应的活化能 E，由其截距可计算出相应的指前因子 A。在众多的机理函数 $f(\alpha)$ 和 $G(\alpha)$ 公式中，能体现反映真实行为的 $f(\alpha)$ 和 $G(\alpha)$ 公式，必然会得到线性关系极佳的直线（以相关系数 R^2 来表征）。

4.3 煤低温阶段氧化放热特性

煤氧复合放出的热量是煤样释放热量的主体，也是最普遍的规律。由于煤氧化反应过程的复杂性和多样性，导致煤的热效应非常复杂，其中包含不同热反应过程，宏观上表现为煤氧复合反应的热效应，为了深入揭示煤低温氧化的反应过程，需对其宏观的煤氧复合反应的放热特性进行研究。目前，测试煤自燃放热特性的主要方法有大型实验台测试法、键能估算法、绝热及微热量热计法和差示扫描法等。本节通过差示扫描量热法，采用 C80 微量热仪对煤样低温氧化过程中的基本放热特性进行研究。

4.3.1 煤氧化过程的热流曲线分析

通过这种实验测试方法，如图 4-3 所示，分别得到实验煤样在 0.1 ℃/min 的升温条件下，实验煤样从初始 30 ℃升温到 200 ℃时的热流曲线。

在实验测试煤样氧化放热特性过程时，随着时间的推移，热流信号呈现状态为直线时，样品池与参比池的热流信号处于一个动态平衡的状态。当反应为吸热反应时热流信号小于走平时的热流信号；相反则为放热反应。总体来看，中等变质程度烟煤煤样的热流曲线变化规律是一致的，都随着煤温的升高，热流值呈类指数形增长，与温度呈正相关性。从图 4-4(a)可以看出，各煤样在实验前期均存在一个吸热阶段，这是由于煤样中水分在蒸发过程中吸热所导致的，各个煤样水分吸热状态不同，但由工业分析数据可知，实验煤样的水分含量较小，所以从图 4-4(a)可对应看出，实验煤样的吸热量相对均匀。5# 煤样和 6# 煤样水分蒸发吸热相对较多。随着煤样氧化反应温度的升高，热效应的逐渐增加，实验煤样的热流曲线都表现为吸热速率先快后慢的特点。

从图 4-4(a)可以看出，在吸热阶段的曲线是呈阶梯形式的，不是平滑曲线，这说明在反应的初期，氧化反应的能量弱于由于水分蒸发带来的影响。虽然开始弱，但随着反应的进行，这种自发反应逐步在加强，氧化反应的能量在煤氧反应过程中逐步积聚，宏观表现为这种阶梯式的热流曲线。从图 4-4(b)可以发现，中等变质程度烟煤实验煤样热流曲线具有微小的差异。在氧化反应初期，1# 煤样的热流值相对较大，但当煤温达到 80 ℃时，其热流值最小。这是由于 1# 煤样比表面积相对较大，内部蓄热较慢导致的，与程序升温过程中 1# 煤样气体释放量少相对应。反而开始热流值最小的 5# 煤样，当温度到达 82 ℃时其热流值开始达到最大。说明 5# 煤样对外释放热量相对比较容易，而且其系统内部蓄热比较快，这与 5# 煤样的总孔体积较大、孔径表面较光滑相对应。

通过分析发现实验煤样的曲线都能非常好地服从于指数回归方程，将 X 轴记为煤体温度，Y 轴为热流值，则可以得到中等变质程度烟煤各煤样热流和煤温的定量关系，即：$y = y_0 + A_1 \cdot \exp((x - x_0)/t_1)$。各参数取值如表 4-1 所列。

(a)　(b)

(c)　(d)

(e)　(f)

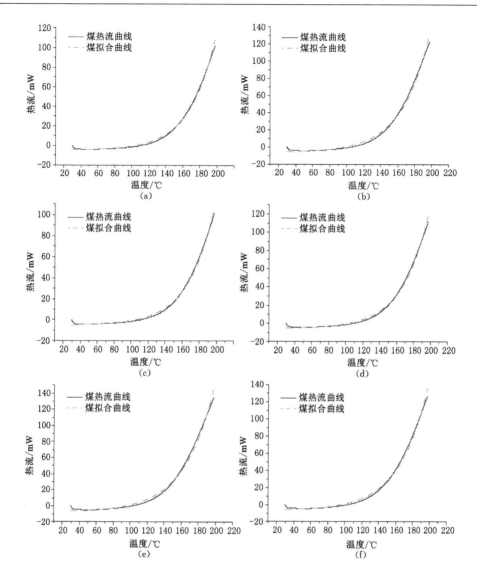

图 4-3　实验煤样在氧化过程中的热流曲线

(a) 1$^{\#}$煤样;(b) 2$^{\#}$煤样;(c) 3$^{\#}$煤样;(d) 4$^{\#}$煤样;(e) 5$^{\#}$煤样;(f) 6$^{\#}$煤样

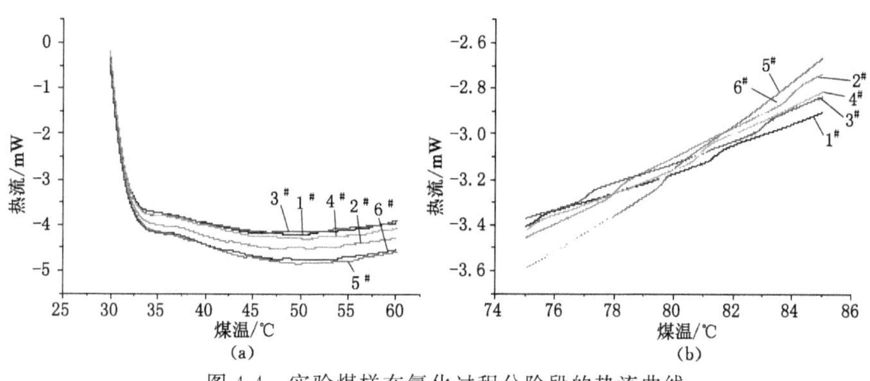

图 4-4　实验煤样在氧化过程分阶段的热流曲线

表 4-1　中等变质程度烟煤氧化过程热流值和煤温关系拟合曲线系数表

煤样	y_0	x_0	A_1	t_1	R^2
1#	−5.097 15	21.650 96	0.296 28	29.5	0.996 54
2#	−6.562 01	18.945 57	0.572 24	32.471 47	0.995 26
3#	−5.059 77	22.556 31	0.307 43	29.599 63	0.996 69
4#	−5.589 70	21.404 74	0.403 51	30.670 50	0.996 17
5#	−7.530 62	19.407 64	0.826 21	34.091 90	0.994 89
6#	−7.002 41	20.769 55	0.729 62	33.441 43	0.995 59

4.3.2　初始放热温度

在 80 ℃时，煤体与氧气之间的作用就存在了，从热流曲线可以看出在反应初始，各煤样都存在有小幅吸热的阶段，宏观表现为水分的蒸发。一般认为，煤样系统内开始逐渐积聚热量时，外在水分已经蒸发完全；随着温度不断上升，吸热状态弱于放热状态时，整个煤样反应体系才全面呈现出放热状态。故根据对实验煤样的低温氧化反应过程热流曲线的分析。在特定环境条件下，煤样体系开始发生放热时煤样的温度为初始放热温度。复杂的热效应是煤温升高，导致其自燃发生的主要因素。所以，要确定中等变质程度烟煤煤样在氧化自燃过程中的放热特性，首先应找到各实验煤样的初始放热温度。根据上述内容，观察热流曲线，分别得到实验煤样的初始放热温度，如图 4-5 所示。为比较煤体含有水分所带来的影响，列

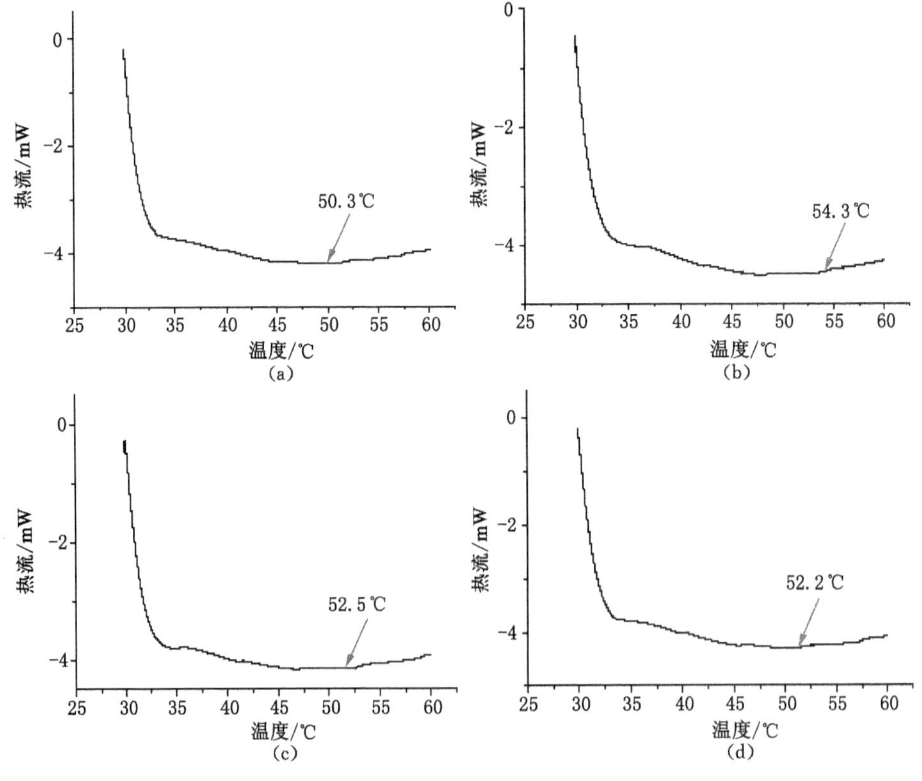

图 4-5　煤样的初始放热温度

(a) 1# 煤样；(b) 2# 煤样；(c) 3# 煤样；(d) 4# 煤样

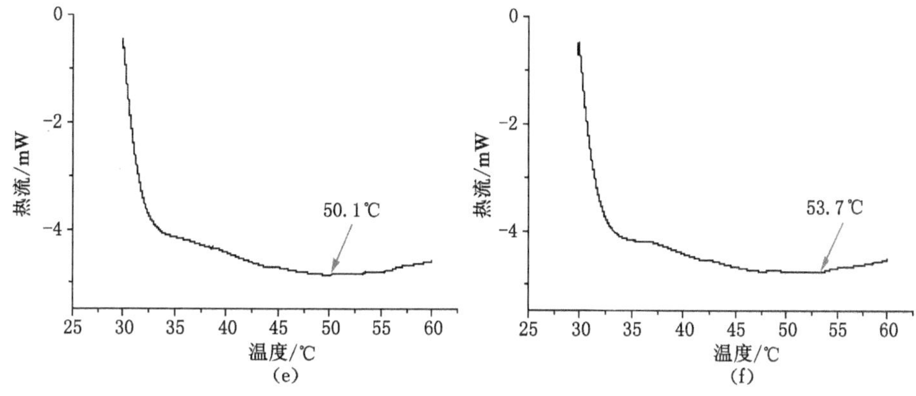

图 4-5(续)　煤样的初始放热温度

(e) 5# 煤样;(f) 6# 煤样

出实验煤样的含水量及其对应的初始放热温度值,见表 4-2。

表 4-2　煤样初始放热温度与水分含量对照表

煤样	1#	2#	3#	4#	5#	6#
初始温度/℃	50.3	54.3	52.5	52.2	50.1	53.7
水分/%	1.42	1.64	1.66	1.44	1.50	1.52

实际上,是由于煤样系统内产生多种复杂能量的作用,以及消耗能量的作用的共同影响下,造成了煤自燃的发生。煤样体系的热量是在体系内释放的热量大于被其消耗的热量时开始积聚的,这时是煤自燃发生的最初状态,即热量最开始积累,故这里对中等变质程度烟煤基本放热特性的研究是分析煤样体系内综合热效应。由于水分对煤自燃初期影响的复杂性,可以看出,当煤中水分含量较少时,初始放热温度并不是随着水分含量的增加而升高。由于煤样的水分含量比较均匀,故可以看出各煤样的初始放热温度也比较接近。最大的值与最小的值相差不超过 4 ℃,故相近变质程度的煤,初始放热温度接近。

4.3.3　总放热量

根据煤样体系低温氧化过程的热流曲线,通过对其进行积分得到各实验煤样从体系初始放热温度至 200 ℃时的总放热量。总放热量都是从实验煤样所在的样品池形成的体系完全进入到放热状态以后开始计算的。如图 4-6 所示,总放热量从大到小,依次为 5#、6#、2#、4#、3#、1# 煤样。5# 煤样的总放热量最大,达到了 1 633.8 J/g,表明 5# 煤样煤体内的活性官能团相对较多,容易参与氧化反应,这与程序升温实验气体释放量较大相对应,且与其比热容和导热系数相对较大、总孔体积较大、孔径粗糙度较小有关,其自燃性的危害比较大。

4.3.4　放热量随温度的变化规律

通过积分计算得到相同温度间隔下实验煤样放热量随温度的变化规律,可以更具体细致地分析中等变质程度烟煤氧化自燃过程放热量随温度变化的基本特点。通过对比实验煤样在相同温度间隔下,各个放热量随温度的变化曲线,更直观清晰地看出煤样氧化过程放热特性变化的阶段性规律,同时也反映出中等变质程度烟煤煤样氧化过程放热特性的差异性,如图 4-7 所示。根据煤样在低温氧化过程中的放热特性的热流曲线结果,得到煤样在间隔

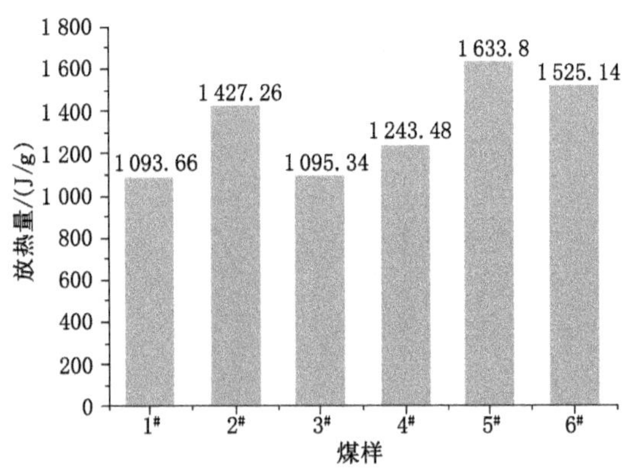

图 4-6　实验煤样总放热量图

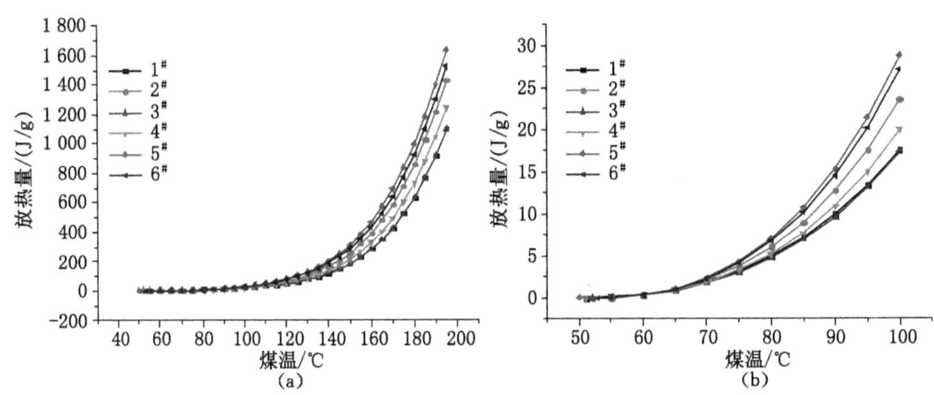

图 4-7　中变质程度烟煤实验煤样氧化过程的放热量随温度的变化图

(a) 氧化全过程放热量随温度变化图；(b) 低温氧化过程放热量随温度变化图

5 ℃ 时的放热量随温度的变化曲线。

从图 4-7 可以看出，中等变质程度烟煤的放热量随温度增长具有相同的变化规律。煤样的放热量在初始氧化阶段都非常小；随煤温的升高，放热量逐渐增加，且增长的速率加快，都呈指数型增长。从图 4-7 可以看出，在 70 ℃之前，中等变质程度烟煤煤样都处于惰性状态。当温度大于 70 ℃之后，煤样的放热量都随温度的增长逐渐变快，开始呈线性增长；在 110 ℃之后，放热量都随着温度呈指数型增长。随着煤温的增加，放热量增大的速度呈现越来越快的特点。横向比较，5# 煤样的放热量始终最大，一直持续到实验结束。表明 5# 煤样的自燃性越高。从第 3 章的高温氧化实验可知，5# 煤样的气体释放最大，且 5# 煤样的中孔含量最大。说明放热量与煤样系统的聚热性和孔隙结构有关。由图 4-7(b)可知，1# 煤样的放热量在反应初期大于 3# 煤样，在 110 ℃附近两个煤样的放热量重合，从图 4-7(a)可以看出，直到实验结束两个煤样的放热量还保持相同。表明，变质程度相近的煤样放热量变化有相同的区域。另一方面，在 110 ℃之后，不同煤样的放热特性也是存在很大区别的，主要表现在：在较高温度下所有的煤样都已经反应加剧，自燃性强的煤样的放热量也都普遍高于自燃性较低的煤样。

4.3.5　不同氧化阶段的放热量对比

在第 3 章的研究中计算出中等变质程度烟煤的实验煤样在高温氧化过程中的特征温

度,为了进一步研究中等变质程度烟煤在氧化自燃不同阶段的放热特性,通过对热流曲线积分,得到各煤样从初始放热温度氧化升温到临界温度、临界温度到干裂温度、干裂温度到200 ℃时的放热量,得到各个煤样在不同阶段放热量所占的百分比,如表4-3所列。

表4-3 中等变质程度烟煤实验煤样低温氧化不同阶段的放热量

煤样	初始放热温度-临界温度		临界温度-干裂温度		干裂温度-200 ℃	
	放热量/(J/g)	占总放热量百分比/%	放热量/(J/g)	占总放热量百分比/%	放热量/(J/g)	占总放热量百分比/%
1#	1.949	0.19	7.959	0.70	1 083.755	99.10
2#	6.067	0.43	17.527	1.23	1 403.666	98.34
3#	1.768	0.16	15.668	1.43	1 077.907	98.41
4#	3.306	0.27	16.646	1.34	1 223.529	98.39
5#	4.370	0.27	24.429	1.49	1 604.991	98.24
6#	4.152	0.27	23.019	1.51	1 497.971	98.21

从表4-3可以发现,实验煤样在各个阶段放热量所占总放热量的百分比十分接近,初始放热温度至临界温度放热量占总放热量的百分比在0.19%~0.43%;临界温度-干裂温度阶段,放热量占总放热量的百分比在0.7%~1.51%,干裂温度至195 ℃阶段,放热量占总放热量百分比在98.21%~99.1%。说明实验煤样在不同氧化阶段放出热量的比例是相近的,差值小于1个百分点。

4.4 热动力学参数分析

4.4.1 活化能的微量热过程求解

煤低温氧化过程中活化能是一个极其重要的动力学参数,活化能变化规律能够体现煤中反应发生的难易程度的变化规律。在本次实验的研究中,动力学参数的解决基于煤在低温氧化时热量的产生以及温控速率为0.1 ℃/min(从30 ℃升到200 ℃)。在非等温反应条件下的动力学方程:

$$\frac{d\alpha}{dT} = \left(\frac{1}{\beta}\right)k(T)(1-\alpha)^n \tag{4-36}$$

其中,α是浓度比重,可以描述为$\alpha=(m_0-m)/m_0$;m_0是开始实验时煤样的质量;m是实验过程中任意时刻煤样的质量;β是热速率;T是煤样的温度;n是反应级数;k是反应速率常数。

根据阿伦尼乌斯公式,反应速率常数为:

$$k(T) = A\exp(-E/RT) \tag{4-37}$$

将α和k带入式(4-37),可以得到方程:

$$-\frac{dm}{m_0 dt} = A\exp\left(-\frac{E}{RT}\right)\left(\frac{m}{m_0}\right)^n \tag{4-38}$$

在低温氧化阶段，煤样质量的变化非常小，可以忽略不计。因此可以近似认为 m_0 与 m 相等。在等式两边同时除以反应热，可得到：

$$\frac{\mathrm{d}H/\mathrm{d}t}{\Delta H m_0}=A\exp\left(-\frac{E}{RT}\right) \tag{4-39}$$

然后在等式两边同时取对数，得方程：

$$\ln\left(\frac{\mathrm{d}H/\mathrm{d}t}{\Delta H m_0}\right)=-\frac{E}{R}\ \frac{1}{T}+\ln A \tag{4-40}$$

根据式(4-40)，按照特征温度分阶段来计算出各点的数值，经过拟合，得到同层煤样在低温氧化过程中三个阶段的拟合曲线。如图 4-8～图 4-13 所示。

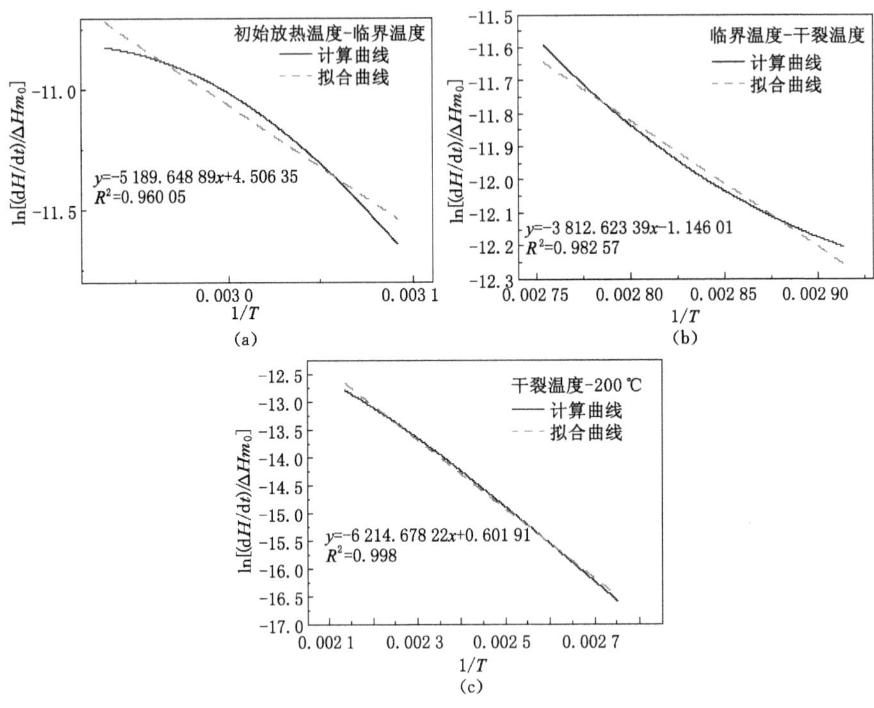

图 4-8　1# 煤样 $\ln[(\mathrm{d}H/\mathrm{d}t)/\Delta H m_0]$ 与 $1/T$ 关系曲线

(a) 初始放热温度-临界温度阶段；(b) 临界温度-干裂温度阶段；(c) 干裂温度-200 ℃阶段

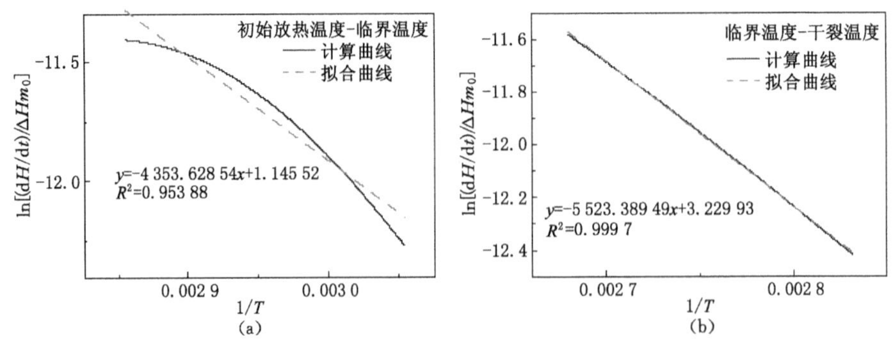

图 4-9　2# 煤样 $\ln[(\mathrm{d}H/\mathrm{d}t)/\Delta H m_0]$ 与 $1/T$ 关系曲线

(a) 初始放热温度-临界温度阶段；(b) 临界温度-干裂温度阶段

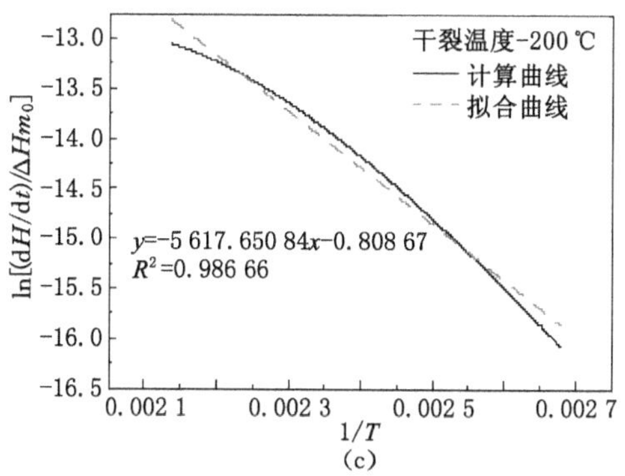

图 4-9(续)　2# 煤样 $\ln[(\mathrm{d}H/\mathrm{d}t)/\Delta Hm_0]$ 与 $1/T$ 关系曲线

(c) 干裂温度-200 ℃阶段

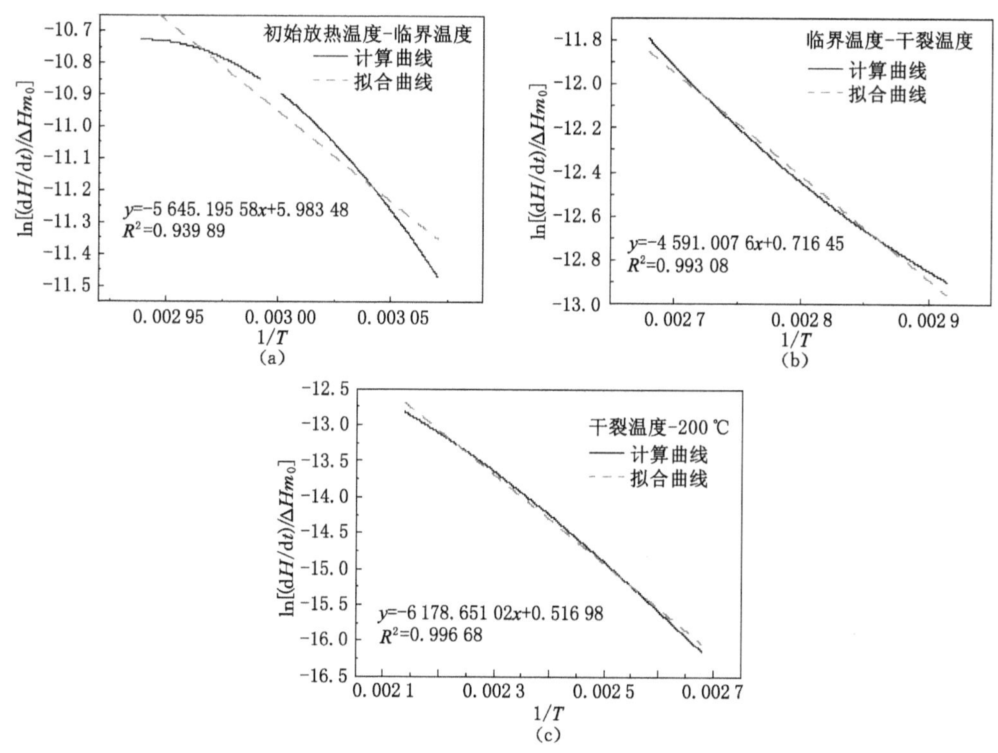

图 4-10　3# 煤样 $\ln[(\mathrm{d}H/\mathrm{d}t)/\Delta Hm_0]$ 与 $1/T$ 关系曲线

(a) 初始放热温度-临界温度阶段；(b) 临界温度-干裂温度阶段；(c) 干裂温度-200 ℃阶段

从图 4-14 和表 4-4 可以清晰看出，中等变质程度烟煤的活化能变化规律相似，但在不同的低温反应阶段所计算得到的活化能有一定的差异。整体上在临界温度-干裂温度阶段的活化能所求得的值相比其他温度阶段的要低。临界温度阶段所需的活化能都较大，这是由于煤氧复合作用不剧烈，煤大分子中只有少量活性基团参与反应，结构还未破坏。另外，还要受到水分蒸发的影响，故要有更多的能量才能加剧反应的进行，从而导致活化能较大。

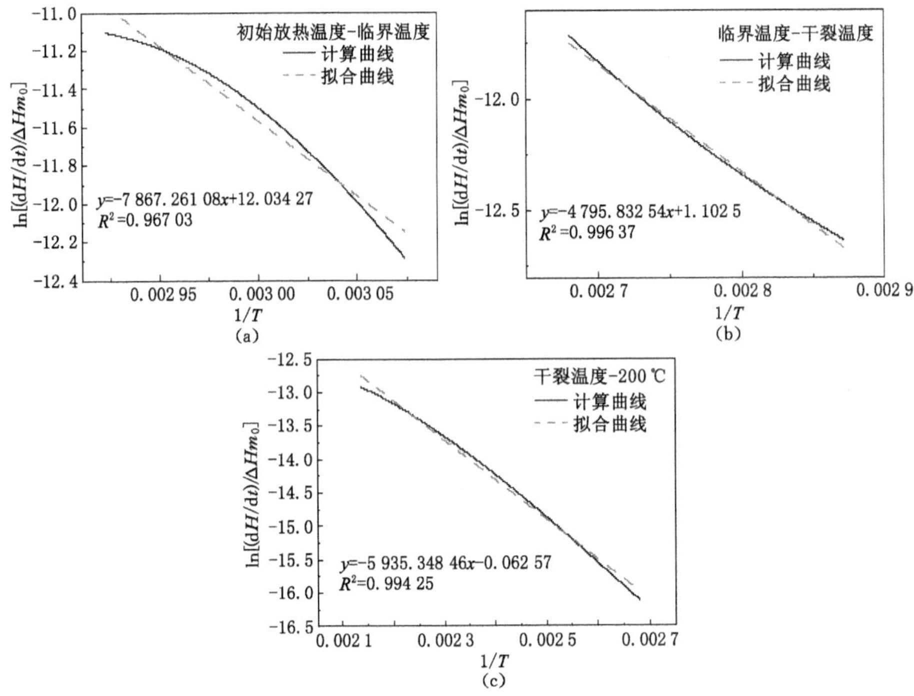

图 4-11 4# 煤样 $\ln[(dH/dt)/\Delta Hm_0]$ 与 $1/T$ 关系曲线

(a) 初始放热温度-临界温度阶段;(b) 临界温度-干裂温度阶段;(c) 干裂温度-200 ℃阶段

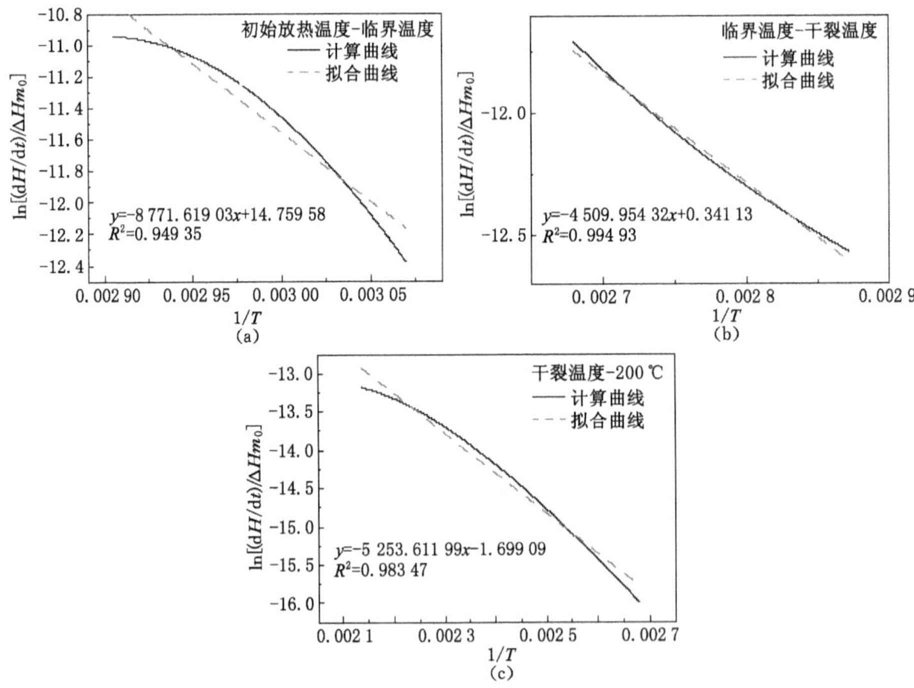

图 4-12 5# 煤样 $\ln[(dH/dt)/\Delta Hm_0]$ 与 $1/T$ 关系曲线

(a) 初始放热温度-临界温度阶段;(b) 临界温度-干裂温度阶段;(c) 干裂温度-200 ℃阶段

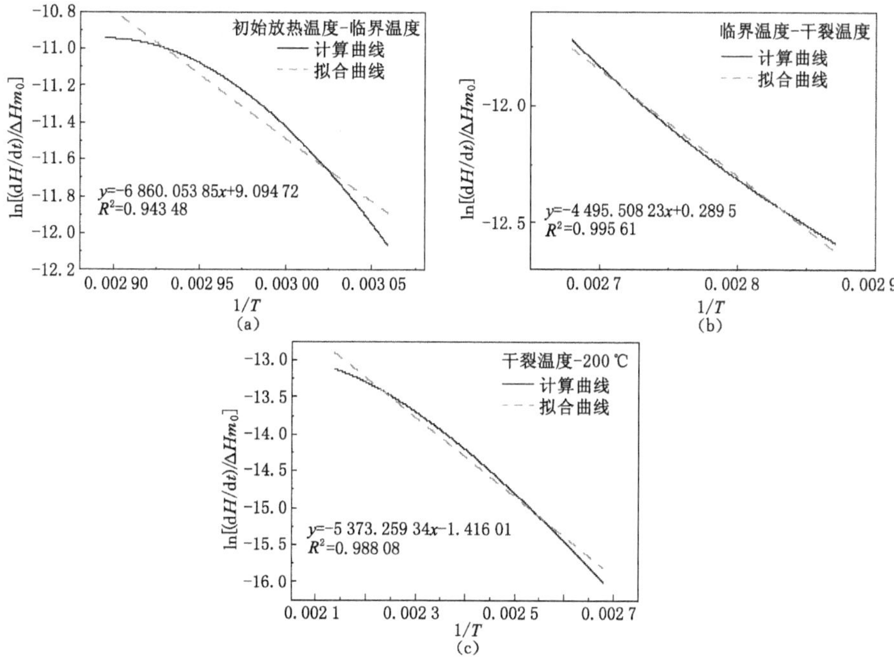

图 4-13　6# 煤样 $\ln[(dH/dt)/\Delta Hm_0]$ 与 $1/T$ 关系曲线

(a) 初始放热温度-临界温度阶段；(b) 临界温度-干裂温度阶段；(c) 干裂温度-200 ℃阶段

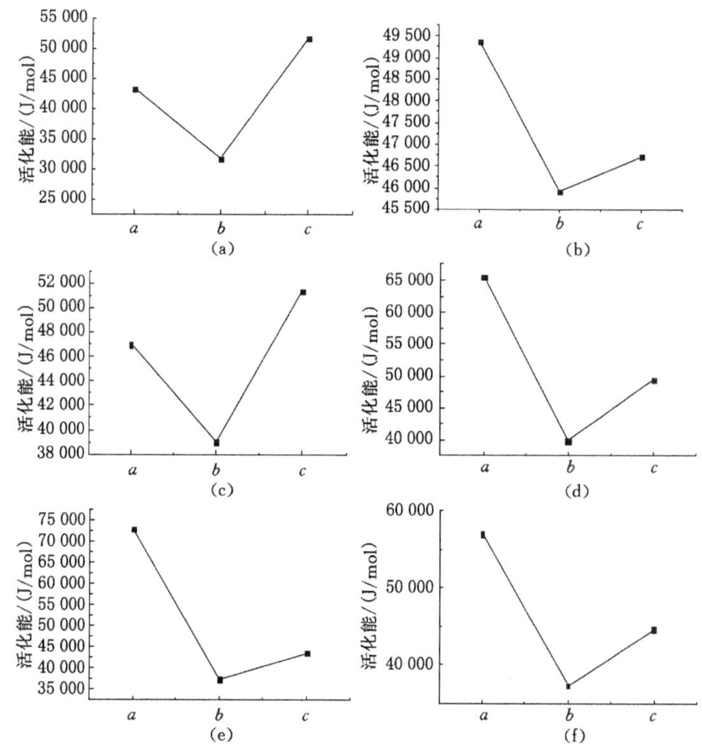

图 4-14　中变质程度烟煤实验煤样不同氧化阶段活化能变化图

(a) 1# 煤样；(b) 2# 煤样；(c) 3# 煤样；(d) 4# 煤样；(e) 5# 煤样；(f) 6# 煤样

表 4-4　中变质程度烟煤实验煤样低温氧化不同阶段活化能值　　单位:J/mol

煤样	活化能		
	初始放热温度-临界温度阶段	临界温度-干裂温度阶段	干裂温度-195 ℃阶段
1#	43 146.741	31 698.151	51 668.835
2#	49 367.909	45 921.460	46 705.150
3#	46 934.156	39 001.037	51 369.305
4#	65 408.408	39 872.552	49 346.487
5#	72 927.241	37 495.761	43 678.530
6#	57 034.238	37 375.655	44 673.278

4.4.2　氧化过程中活化能与指前因子分析

依据热重分析曲线可将煤的高温氧化按照失重和增重划分为五个阶段，以 1# 煤样为例，对各个阶段进行划分，如图 4-15 所示。第一阶段称为水分蒸发及脱附阶段，此阶段由于煤样的外在水分和内在水分的蒸发，而形成了逐渐失重的过程，在 TG 曲线上表现为曲线降低，当 TG 曲线降到最低，失重结束。从 DTG 曲线上看，这个阶段 DTG 的数值是负值，即 $d\alpha/dt$ 是负值，说明煤样是逐渐失重的。从 DSC 曲线上看，由于煤在此阶段水分蒸发以及气体脱附吸热，DSC 曲线表现为负值，且由于水分含量较少，对应的 DSC 曲线无明显的吸热峰。第二阶段称为吸氧增重阶段，随着温度的升高煤与氧气的复合作用逐渐增强，吸氧量增加且大于脱附气体量，在 TG 曲线上表现为曲线逐渐升高。从 DTG 曲线上看，这个阶段 DTG 的数值是正值，即 $d\alpha/dT$ 是正值，说明煤样是逐渐增重的。从 DSC 曲线上看，由于水分蒸发和吸氧增重竞争，DSC 曲线变化缓慢，随着温度的升高曲线逐渐上升。第三阶段称为受热分解阶段，随着温度的继续升高，煤氧复合作用迅速加强，吸氧量增大，TG 曲线升高到最高点时，增重减少，之后开始下降。DTG 曲线开始下降，$d\alpha/dT$ 变为负值，煤样开始失重。DSC 曲线出现了第一个台阶，放热量暂时保持一个小阶段的温度状态。第四阶段称为燃烧阶段，随着温度的进一步升高，煤样达到燃点开始燃烧。在 TG 曲线上能看到明显的降低，形成大的失重台阶。在 DTG 曲线上看，由于煤处于失重状态，当达到一定温度煤样失

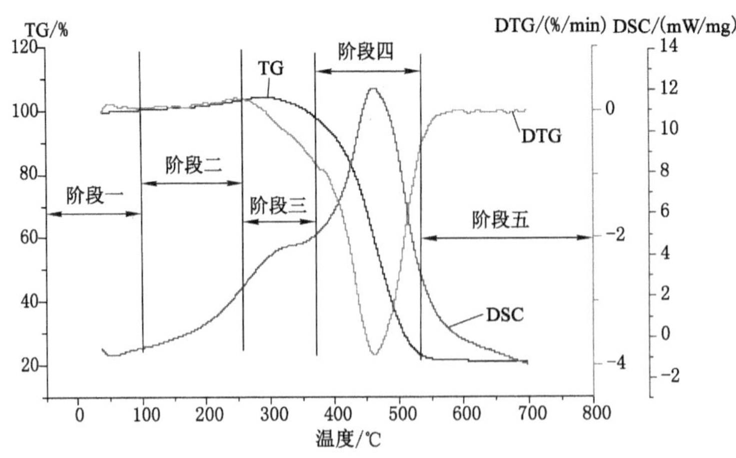

图 4-15　1# 煤样氧化过程的 TG、DTG 和 DSC 曲线

重率达到最大值,此时煤样燃烧得最剧烈。从 DSC 曲线上看,煤样在燃烧阶段放热量快速增加,并可达到最大值。第五阶段称为燃尽阶段,此时,TG、DTG、DSC 曲线都保持平稳。

由此可知,高温氧化实验(30～500 ℃)所对应的过程为前三阶段及第四阶段的部分过程(图 4-16)。阶段一:从煤样初始升温到临界温度的阶段,将其命名为临界温度阶段,对应热分析实验中的水分蒸发及脱附阶段;阶段二:是从临界温度到增速温度点的氧化过程,包含了干裂、活性和增速温度,称为干裂-活性-增速温度阶段,对应热分析中的吸氧增重阶段;阶段三:是从增速温度到达燃点温度的氧化阶段,称为增速-燃点温度阶段,对应热分析实验中的受热分解阶段;阶段四:是从燃点温度直至实验结束,称为燃烧阶段,同热分析实验中的燃烧阶段。所以本节以这个四个阶段为分界点,就四个阶段的活性官能团变化特征、动力学特性参数以及宏观气体与官能团的关联度进行分析。

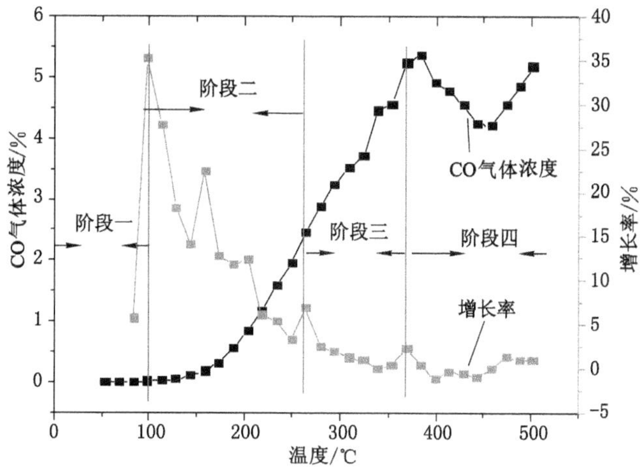

图 4-16　1# 煤样高温氧化过程阶段划分

(1) 活化能分析

煤的活化能反映了煤氧复合能够进行所需的最低能量,活化能的大小决定了氧化反应的速度。活化能越低,达到活化反应所需能量越低,煤的氧化反应越容易进行,自燃倾向性越强;反之,则需能量越高,自燃倾向性越弱[10-11]。根据对高温氧化的阶段划分,对临界温度阶段、干裂-活性-增速温度阶段、增速-燃点温度阶段和燃烧阶段分别进行活化能计算。此处对应前面章节实验煤样编号。

① 方法一

利用式(4-21)对四个阶段活化能进行计算并绘制散点图,再对散点进行二次元线性拟合如图 4-17～图 4-22 所示。

由图 4-17～图 4-22 和表 4-5 可知,中等变质程度烟煤活化能变化规律相似,但由不同温度阶段所计算得到的活化能具有差异性。在氧化反应过程的前三个温度阶段,随着温度阶段的递进,反应所需活化能逐渐下降,表明活化反应越来越容易进行。临界温度阶段的活化能值最大,表现出煤在逐步氧化初期发生活化反应较为困难,煤分子中只有部分活性较大的官能团,如甲基、亚甲基、羰基等开始参与反应,需要较多的能量推动反应的进行。到达快速反应的增速-燃点温度阶段之后,参与反应的表观活化能迅速降低,此时煤分子中的官能

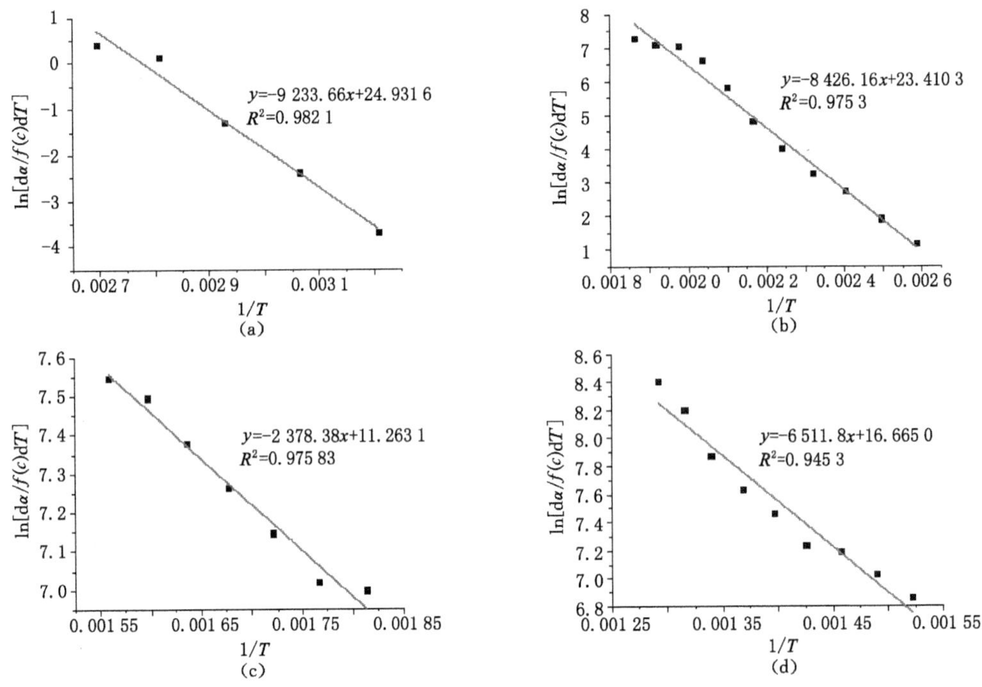

图 4-17　1# 煤样各阶段 ln[dα/f(c)dT]与 1/T 关系曲线

(a) 临界温度阶段；(b) 干裂-活性-增速温度阶段；(c) 增速-燃点阶段；(d) 燃烧阶段

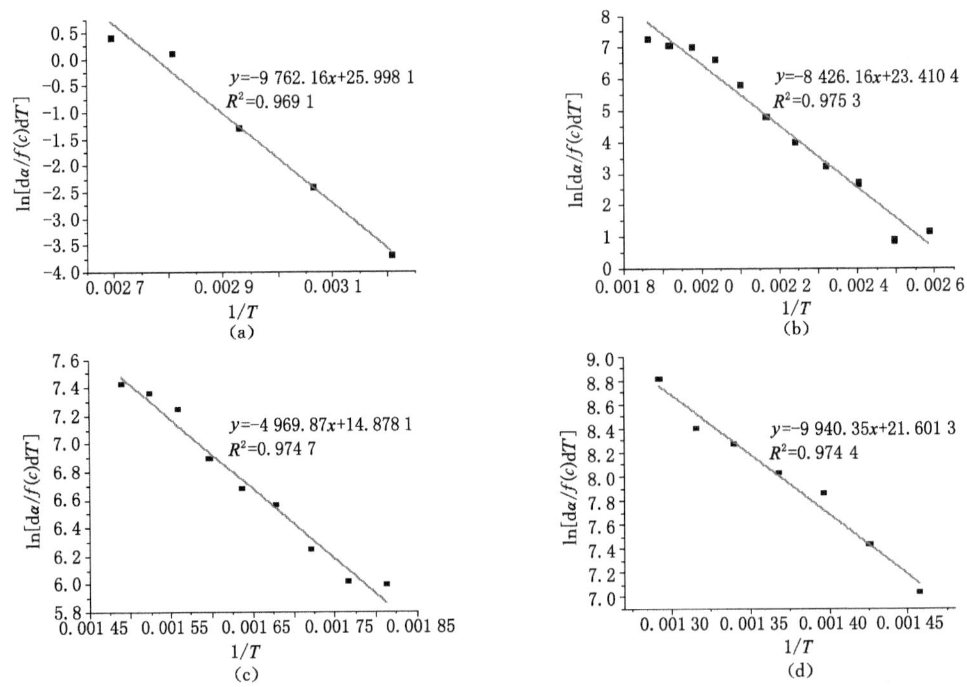

图 4-18　2# 煤样各阶段 ln[dα/f(c)dT]与 1/T 关系曲线

(a) 临界温度阶段；(b) 干裂-活性-增速温度阶段；(c) 增速-燃点阶段；(d) 燃烧阶段

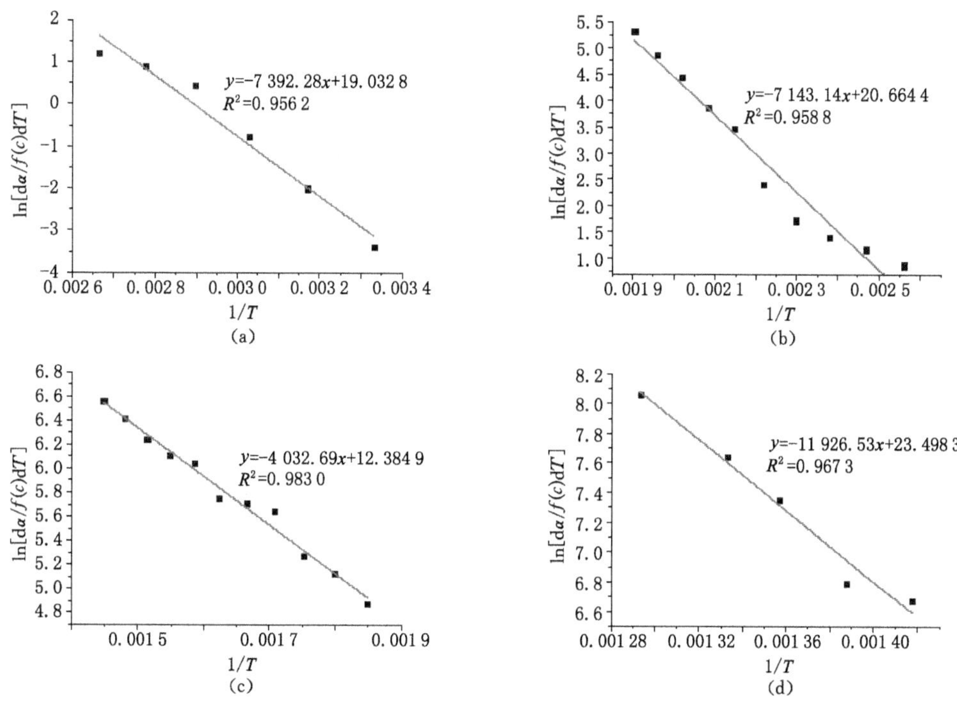

图 4-19　3# 煤样各阶段 $\ln[\mathrm{d}\alpha/f(c)\mathrm{d}T]$ 与 $1/T$ 关系曲线

(a) 临界温度阶段；(b) 干裂-活性-增速温度阶段；(c) 增速-燃点阶段；(d) 燃烧阶段

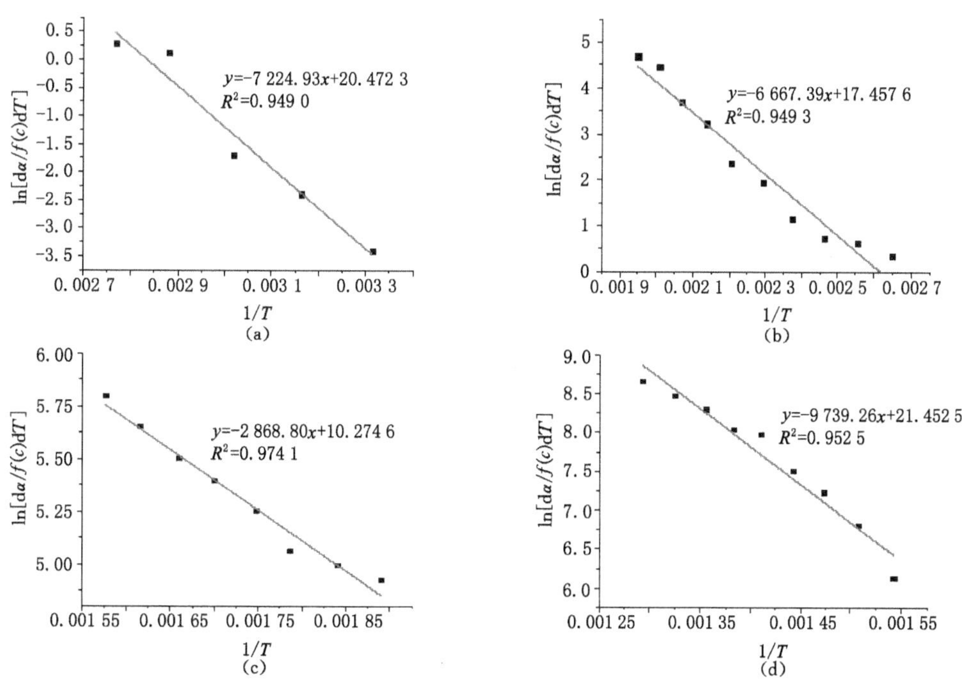

图 4-20　4# 煤样各阶段 $\ln[\mathrm{d}\alpha/f(c)\mathrm{d}T]$ 与 $1/T$ 关系曲线

(a) 临界温度阶段；(b) 干裂-活性-增速温度阶段；(c) 增速-燃点阶段；(d) 燃烧阶段

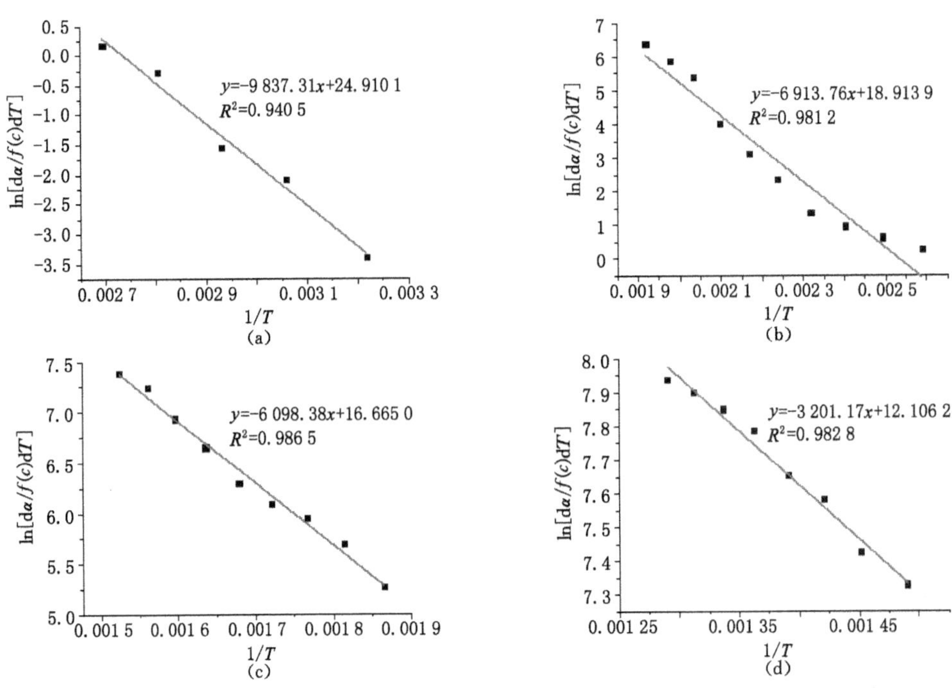

图 4-21　5[#]煤样各阶段 ln[dα/f(c)dT]与 1/T 关系曲线

(a) 临界温度阶段;(b) 干裂-活性-增速温度阶段;(c) 增速-燃点阶段;(d) 燃烧阶段

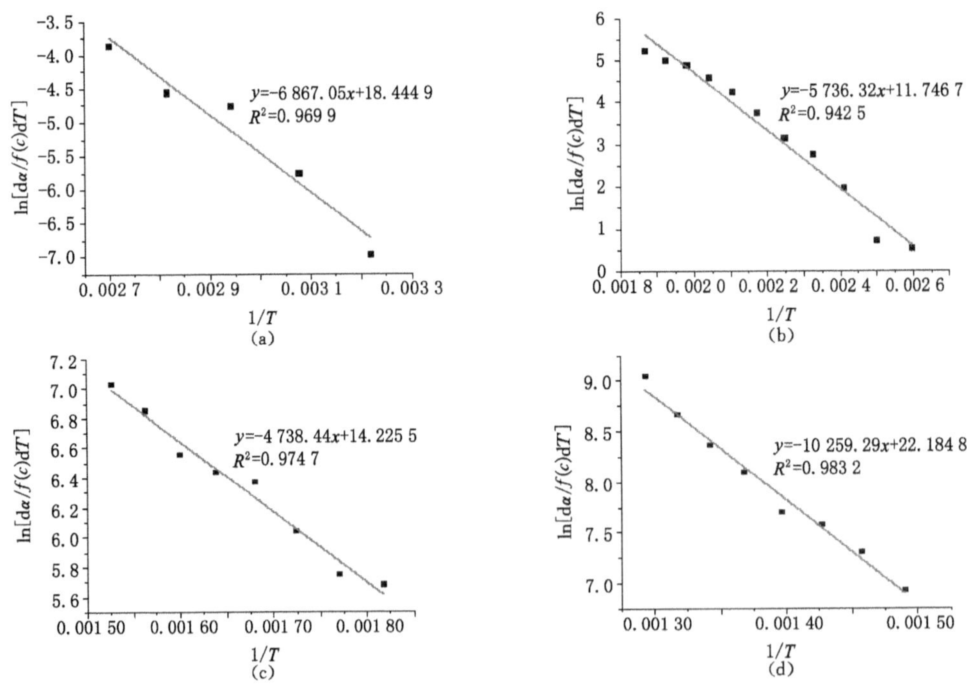

图 4-22　6[#]煤样各阶段 ln[dα/f(c)dT]与 1/T 关系曲线

(a) 临界温度阶段;(b) 干裂-活性-增速温度阶段;(c) 增速-燃点阶段;(d) 燃烧阶段

团大量参与反应，桥键、芳香环侧链断裂，释放出大量气体和热量，导致活化反应较易进行，活化能较低。燃烧阶段是煤体发生实质性变化的阶段，此时苯环被大量氧气攻击而发生分解和氧化反应，所需能量较大，煤中含碳结构的分子大量反应转化为气体释放，气体释放量在燃烧阶段也有下降后又上升的趋势，导致灰分和挥发分增大，水分几乎降为零，从氧化发展为燃烧仍然需要较大的能量，所需活化能增大。

表 4-5　不同煤样在高温氧化不同阶段的活化能值(方法一)　　单位：kJ/mol

煤样	活化能			
	临界温度阶段	干裂-活性-增速温度阶段	增速-燃点温度阶段	燃烧阶段
1#	76.769	70.055	19.773	54.139
2#	81.163	70.055	41.319	82.644
3#	61.459	59.388	33.528	99.157
4#	60.068	55.432	23.851	80,972
5#	81.787	57.481	50.702	26.615
6#	57.093	47.842	39.395	85.296

② 方法二

利用式(4-25)对四个阶段的活化能进行计算并绘图，拟合的二次元线性关系如图 4-23～图 4-28 所示。

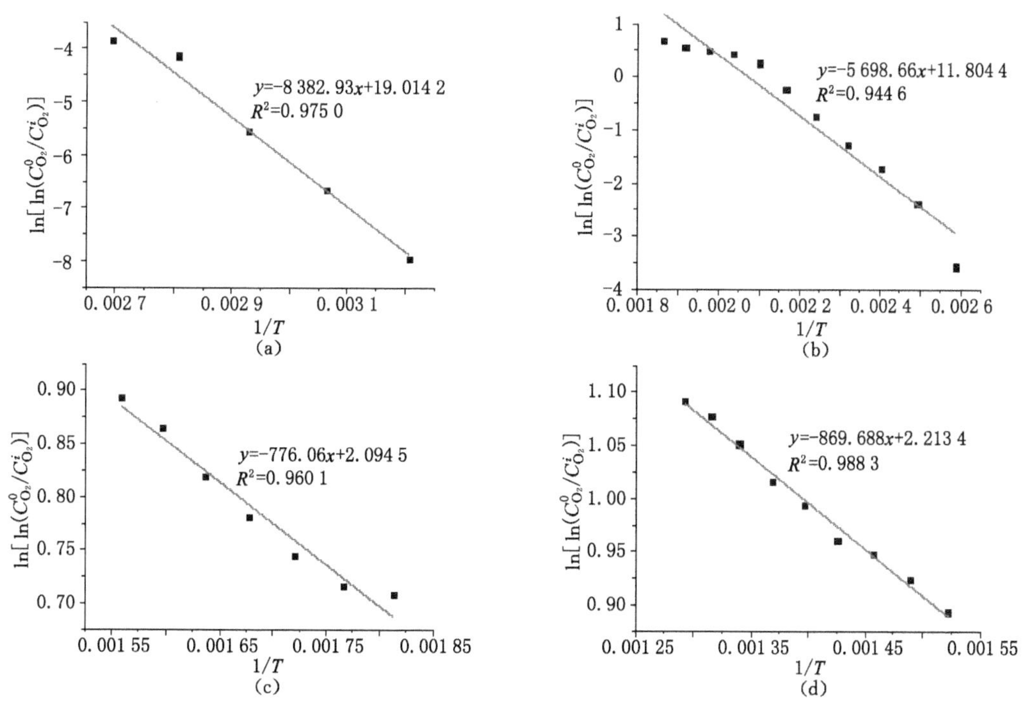

图 4-23　1# 煤样各阶段 $\ln[\ln(C^0_{O_2}/C^i_{O_2})]$与 $1/T$ 关系曲线

(a) 临界温度阶段；(b) 干裂-活性-增速温度阶段；(c) 增速-燃点阶段；(d) 燃烧阶段

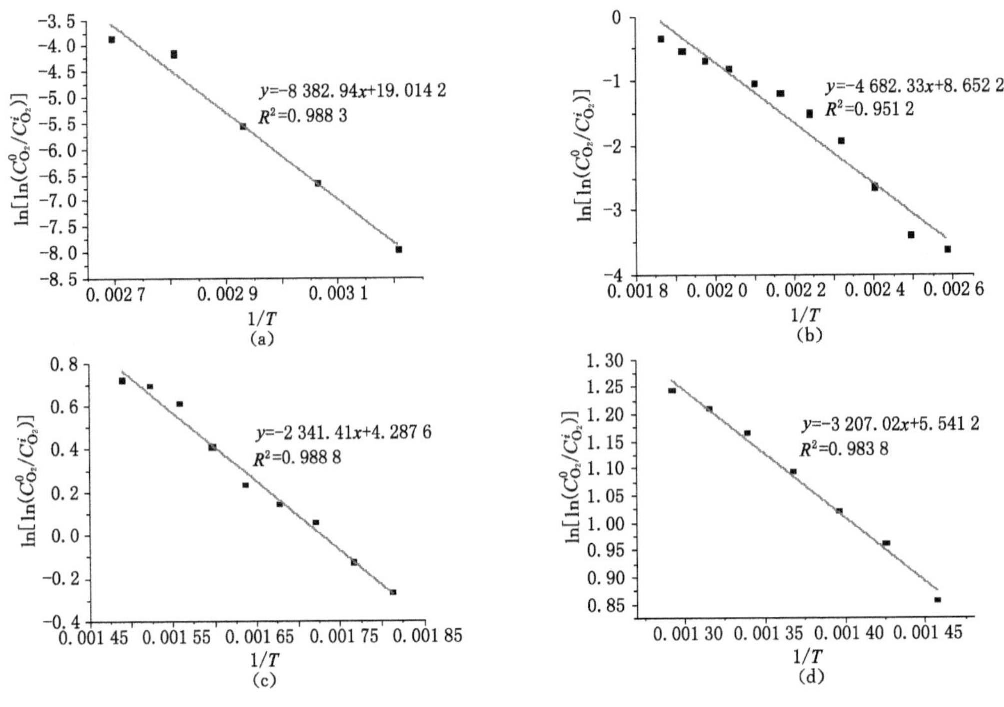

图 4-24　2# 煤样各阶段 $\ln[\ln(C^0_{O_2}/C^i_{O_2})]$与 $1/T$ 关系曲线

(a) 临界温度阶段;(b) 干裂-活性-增速温度阶段;(c) 增速-燃点阶段;(d) 燃烧阶段

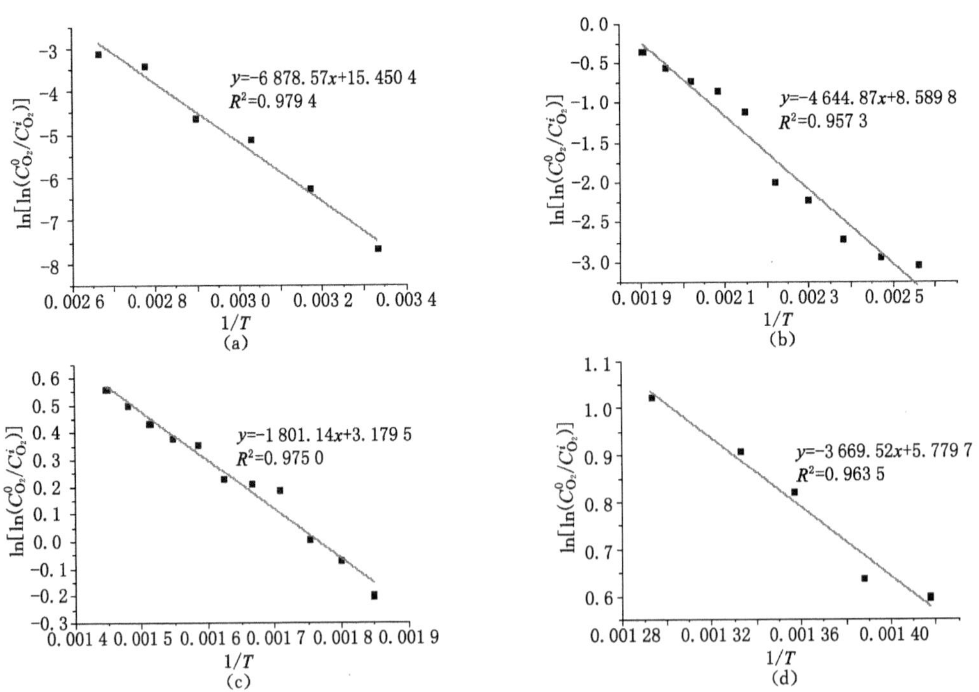

图 4-25　3# 煤样各阶段 $\ln[\ln(C^0_{O_2}/C^i_{O_2})]$与 $1/T$ 关系曲线

(a) 临界温度阶段;(b) 干裂-活性-增速温度阶段;(c) 增速-燃点阶段;(d) 燃烧阶段

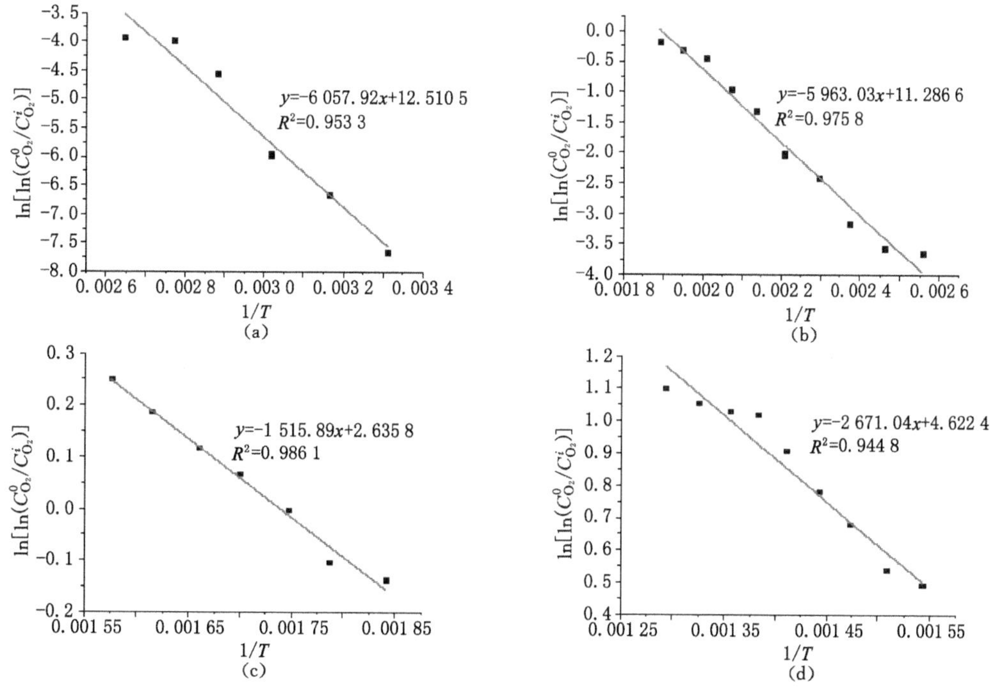

图 4-26　4# 煤样各阶段 $\ln[\ln(C_{O_2}^0/C_{O_2}^i)]$ 与 $1/T$ 关系曲线

(a) 临界温度阶段；(b) 干裂-活性-增速温度阶段；(c) 增速-燃点阶段；(d) 燃烧阶段

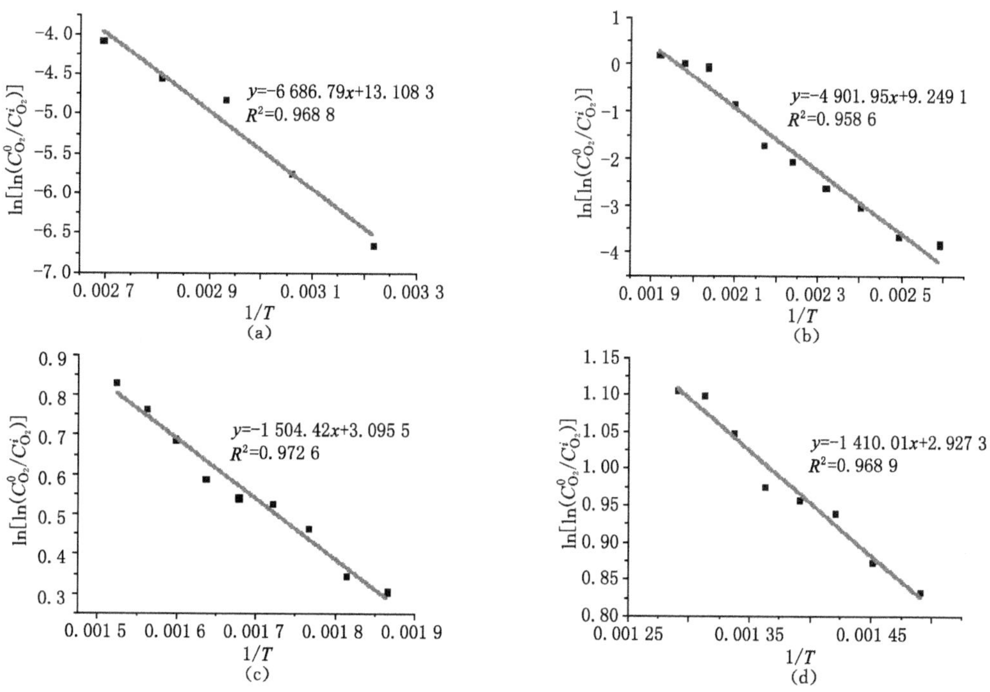

图 4-27　5# 煤样各阶段 $\ln[\ln(C_{O_2}^0/C_{O_2}^i)]$ 与 $1/T$ 关系曲线

(a) 临界温度阶段；(b) 干裂-活性-增速温度阶段；(c) 增速-燃点阶段；(d) 燃烧阶段

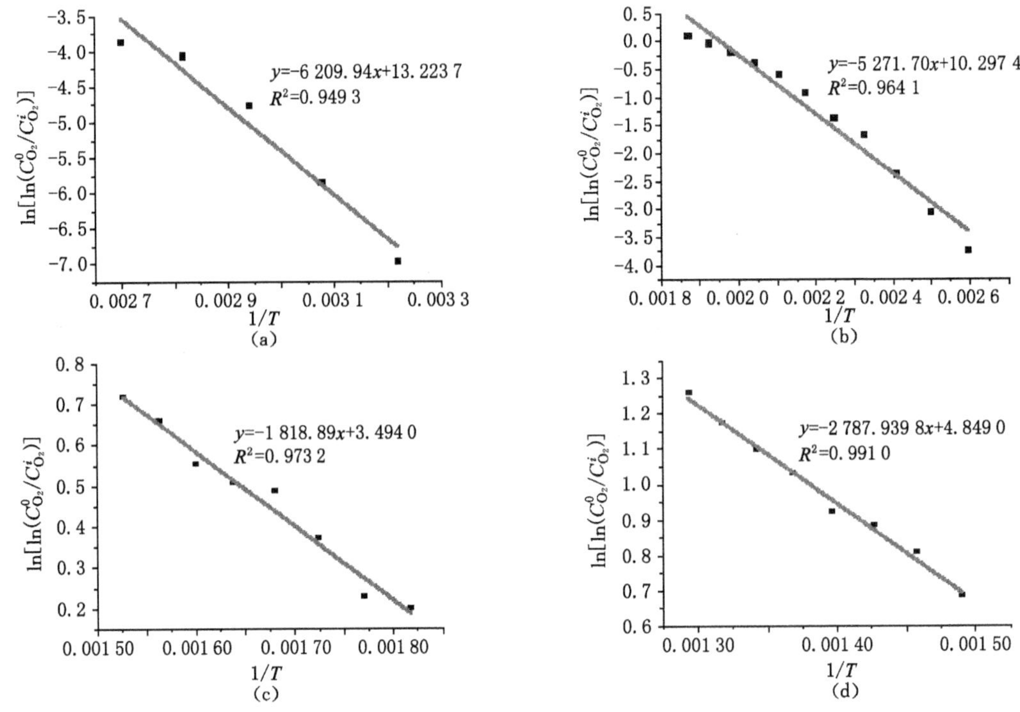

图 4-28　6# 煤样各阶段 $\ln[\ln(C_{O_2}^0/C_{O_2}^i)]$与 $1/T$ 关系曲线

(a) 临界温度阶段；(b) 干裂-活性-增速温度阶段；(c) 增速-燃点阶段；(d) 燃烧阶段

煤自燃反应为非基元反应，从图 4-23～图 4-28 和表 4-6 可知，由方法二测试得出的活化能与方法一所得参数具有相同的变化规律，前三阶段，中等变质程度烟煤参与反应的表观活化能随着温度阶段的推移依次减小。临界温度阶段所需的活化能最大，表明煤样与氧气作用的初始阶段到开始发生氧化时，煤体中羟基、脂肪烃、芳烃等活性官能团少量参与到氧化反应之中，煤的结构没有发生破坏，所以在此阶段受水分蒸发吸热的影响，则需要更多的能量促使煤氧发生反应，导致发生反应所需的能量较大。

表 4-6　不同煤样在高温氧化不同阶段的活化能值(方法二)　　单位：kJ/mol

煤样	活化能			
	临界温度阶段	干裂-活性-增速温度阶段	增速-燃点温度阶段	燃烧阶段
1#	69.696	47.379	6.452	7.231
2#	69.696	38.929	19.466	26.663
3#	57.188	38.617	14.974	30.758
4#	50.366	49.577	12.603	22.207
5#	55.594	40.755	12.508	11.723
6#	51.629	43.829	15.122	23.179

到达干裂-活性-增速温度阶段，煤中官能团在氧气的撞击下开始活跃，发生断裂与重组，水分已全部蒸发完，出现大量具有一定能量的活性分子，所需反应能量有所降低，导致其

在此阶段其活化能小于临界温度阶段。

增速-燃点温度阶段活化能在前三阶段中最小，到煤样氧化自燃到达该阶段，煤中官能团都极大限度地参与到活化反应之中，反应所释放的能量可以维持反应的进行，导致在该阶段煤样发生氧化燃烧反应所需的能量最小，最易发生煤氧复合反应。

到燃烧阶段后，煤样会从氧化逐渐转变为燃烧。从微观分子角度而言，燃烧阶段，活性官能团基本消耗殆尽，煤分子内稳定官能团开始断裂，芳环打开参与燃烧反应，进行 C ═C 不饱和键断裂、芳环裂解等内部结构变化活动所需的能量较大，且反应物中的自由基反应的能垒与反应途径上的阈能较大，导致其活化能增大。

方法一考虑了氧气浓度对动力学参数的影响，而方法二除了考虑氧浓度的影响外，还增加了气体流量和实验容器对参数的影响条件，由于实验容器为封闭容器，氧化过程中气流通过容器计算所得的动力学参数一定小于方法一所得参数。通过两种方法测试的活化能参数可以发现，5# 煤样在燃烧阶段的活化能小于增速-燃点阶段，且在前章分析发现 5# 煤样释放出的气体含量最大，氧化过程中热扩散系数最大，比热容较小，脂肪烃含量最大，温度向高温发展的过程中，煤样迅速被氧化，活性分子与氧气的反应和自身裂解的过程中释放出大量的能量，该部分能量足够维持芳环 C ═C 双键的断裂，并推动活化反应的发展，导致其在燃烧阶段发生活化反应所需的能量低于增速-燃点阶段。

(2) 指前因子分析

通过对积分法和微分法的二次元拟合公式的截距，可以计算得出的动力学参数中的指前因子 A。

① 方法一

由式(4-21)的截距 $\ln(A/\beta)$ 计算得出指前因子 A。式中，$\beta=5\ \text{K/min}=1/12\ \text{K/s}$。

指前因子是与反应速率与温度有关的动力学参数，由表 4-7 可知，方法一计算所得的指前因子值 A 较大，各个煤样的指前因子在前三温度阶段的值逐渐减小，与表观活化能变化规律一致，增速-燃点温度阶段指前因子值是四个阶段中的最小值，验证了指前因子是与温度有关的参数。不同煤样间的指前因子不具有规律性，这是由于不同煤样在进行氧化反应时，煤分子内部官能团数量不同，发生反应的激励程度也不同，在动力学上表现为所拟合的二次元方程的截距值不同，导致了不同煤样指前因子的差异性和无序性。

表 4-7　中变质程度烟煤实验煤样高温氧化过程不同阶段的指前因子(方法一) 单位：s^{-1}

煤样	指前因子							
	临界温度阶段		干裂-活性-增速温度阶段		增速-燃点温度阶段		燃烧阶段	
	A	$\ln A$	A	$\ln A$	A	$\ln A$	A	$\ln A$
1#	5.604×10^{9}	22.447	1.224×10^{9}	20.925	6.491×10^{3}	8.778	1.440×10^{6}	14.180
2#	1.628×10^{10}	23.513	1.224×10^{9}	20.925	2.412×10^{5}	12.393	2.005×10^{8}	19.116
3#	7.857×10^{7}	18.493	1.537×10^{7}	16.548	1.993×10^{4}	9.900	1.337×10^{9}	21.013
4#	6.484×10^{7}	17.987	3.181×10^{6}	14.973	2.415×10^{3}	7.790	1.728×10^{8}	18.968
5#	5.485×10^{9}	22.425	1.365×10^{7}	16.429	1.440×10^{6}	14.180	1.508×10^{4}	9.621
6#	8.538×10^{9}	15.960	7.468×10^{5}	13.523	1.256×10^{5}	11.741	3.594×10^{8}	19.700

根据上述活化能与指前因子数值，对反应能级为 1 的活化反应进行活化能与指前因子拟合分析，得出活化能与指前因子之间的关系，即 $\ln A$ 与 E 之间表现出明显的线性关系，这就是所谓的动力学补偿效应。它们之间的关系可用 $\ln A = mE + c$ 表示，其中 m 为线性方程斜率，c 为截距。

动力学补偿效应拟合如图 4-29 所示，分析发现，拟合度均在 0.97 以上，拟合度较高，说明煤在氧化升温过程中，活化能与指前因子变化趋势一致，所选计算方法有效。

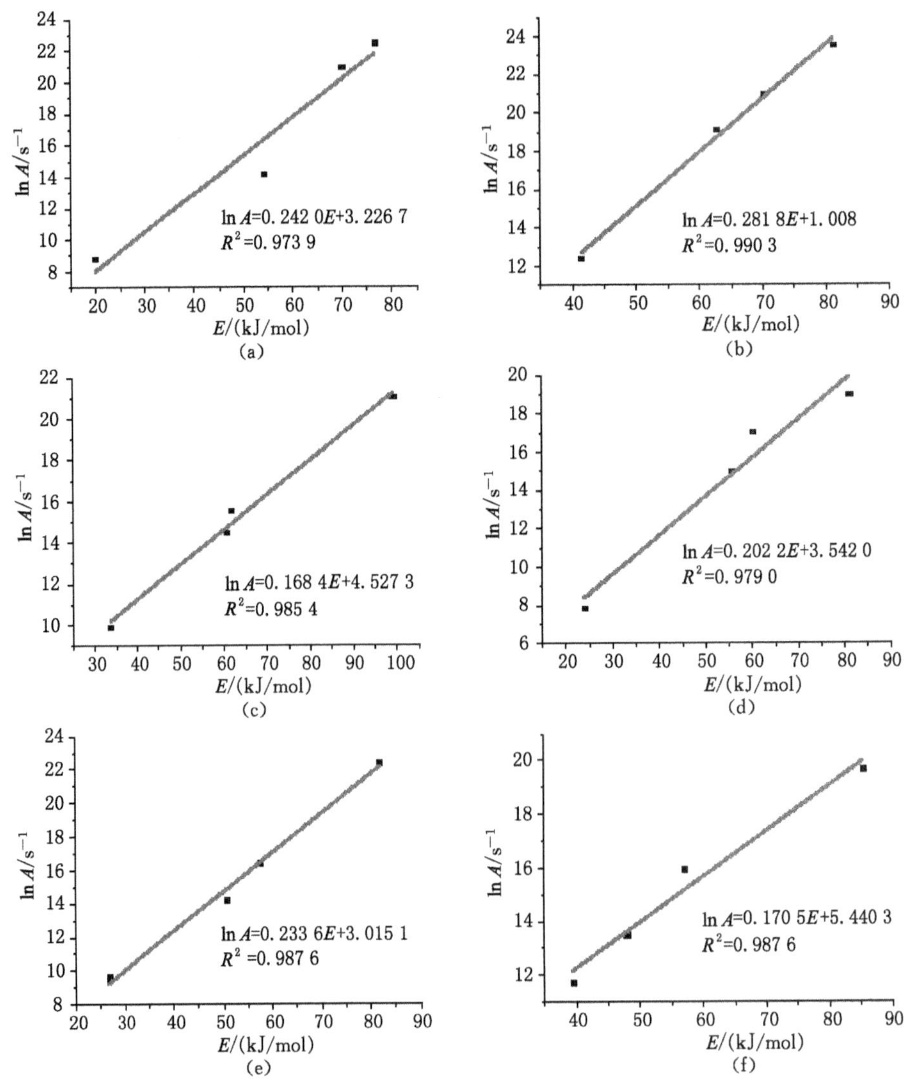

图 4-29 指前因子与活化能补偿效应拟合图(方法一)

(a) 1# 煤样;(b) 2# 煤样;(c) 3# 煤样;(d) 4# 煤样;(e) 5# 煤样;(f) 6# 煤样

② 方法二

由式(4-25)的截距 $\ln \dfrac{A \cdot S \cdot L}{Q}$ 计算得出指前因子 A，其中 $S = 78.540\ \text{cm}^2$，$L = 17\ \text{cm}$，$Q = 2\ \text{mL/s}$，如表 4-8 所列。方法二计算所得的指前因子 A 随着温度阶段的上升先减小后

增大，验证了指前因子是与温度有关的参数，其中临界温度阶段指前因子较大，增速-燃点温度阶段与燃烧阶段的指前因子值较小，与不同阶段的活化能变化规律相对应。由于计算方法的差异性，所得指前因子值不同，但与方法一所得指前因子变化规律相同，且不同煤样间的指前因子不具有规律性。

表 4-8　中变质程度烟煤的实验煤样高温氧化过程中不同阶段的指前因子(方法二) 单位：s^{-1}

煤样	指前因子 A			
	临界温度阶段	干裂-活性-增速温度阶段	增速-燃点阶段	燃烧阶段
1#	271 176.665	200.482	0.012 2	0.014
2#	271 176.665	8.572	0.109	0.382
3#	7 682.696	8.054	0.036	0.485
4#	406.192	119.453	0.021	0.152
5#	738.503	15.571	0.033	0.028
6#	828.839	44.422	0.049	0.191

对方法二计算所得的活化能与指前因子的动力学补偿效应进行二次元拟合，如图 4-30 所示，得出拟合度均在 0.97 以上，与方法一一致，表明高温氧化过程中，活化能与指前因子呈线性关系。

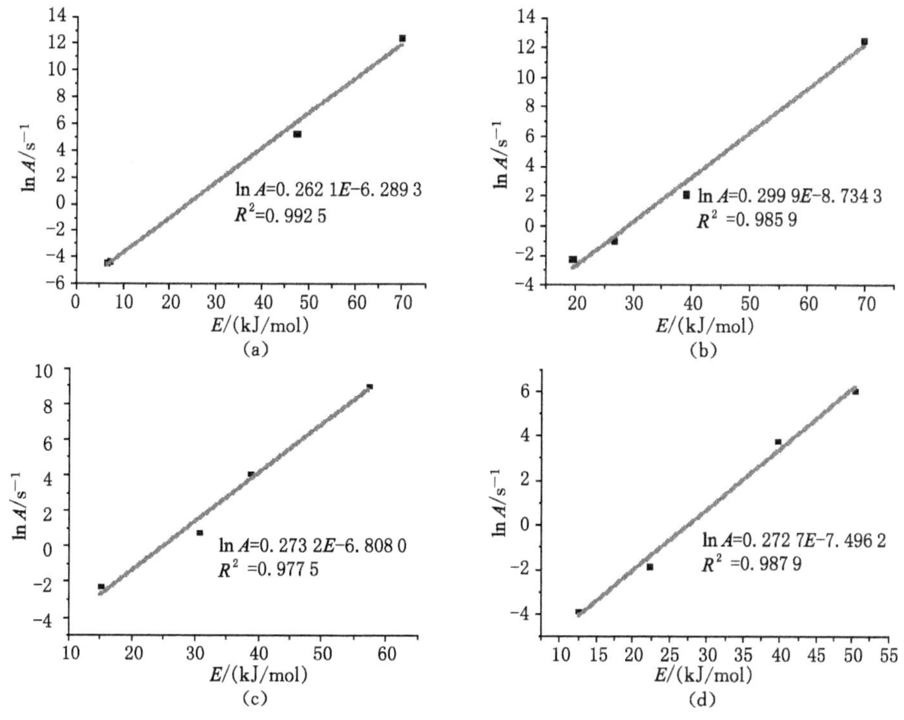

图 4-30　指前因子与活化能补偿效应拟合图(方法二)

(a) 1# 煤样；(b) 2# 煤样；(c) 3# 煤样；(d) 4# 煤样

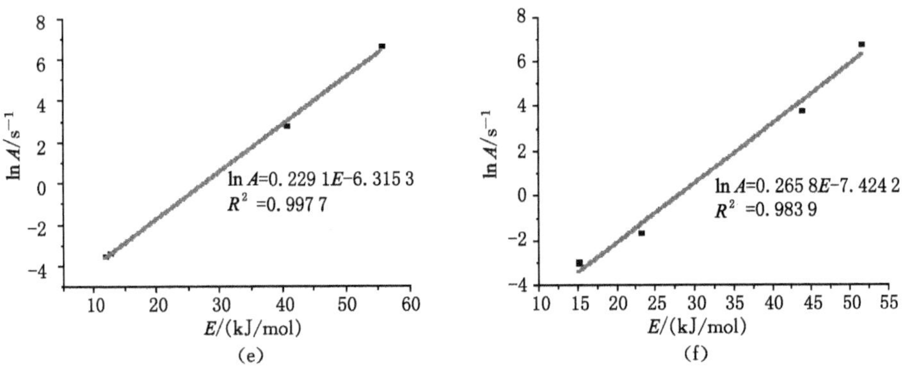

图 4-30(续) 指前因子与活化能补偿效应拟合图(方法二)

(e) 5# 煤样;(f) 6# 煤样

4.4.3 反应机理函数分析

采用热重分析方法,由式(4-26)和式(4-34)计算 1# 煤样在水分蒸发及脱附阶段、吸氧增重阶段和燃烧阶段的动力学参数,见表 4-9。

表 4-9 脱附失重阶段氧化动力学参数

T/℃	α/%	dα/dT	T/℃	α/%	dα/dT	T/℃	α/%	dα/dT
37	0	0.267 0	91	0.410 391	0.100 1	145	0.869 759	0.036 6
39	0.053 333	0.175 3	93	0.427 234	0.097 8	147	0.876 752	0.034 7
41	0.085 215	0.116 3	95	0.444 077	0.095 6	149	0.883 6	0.035 1
43	0.105 456	0.078 1	97	0.460 774	0.093 9	151	0.890 656	0.036 6
45	0.118 61	0.054 9	99	0.477 357	0.092 8	153	0.898 108	0.038 0
47	0.127 667	0.042 2	101	0.494 033	0.092 7	155	0.905 581	0.038 4
49	0.134 786	0.036 5	103	0.510 709	0.093 6	157	0.913 138	0.037 8
51	0.141 133	0.035 7	105	0.527 907	0.095 4	159	0.920 423	0.036 2
53	0.147 459	0.038 1	107	0.545 636	0.097 8	161	0.927 417	0.034 1
55	0.154 286	0.042 8	109	0.564 355	0.100 4	163	0.933 9	0.032 1
57	0.161 843	0.048 6	111	0.583 418	0.102 6	165	0.940 112	0.030 5
59	0.170 608	0.055 2	113	0.603 064	0.104 0	167	0.946 084	0.029 5
61	0.180 291	0.061 7	115	0.622 773	0.104 2	169	0.951 91	0.029 0
63	0.190 797	0.067 8	117	0.642 493	0.103 4	171	0.957 632	0.028 8
65	0.202 522	0.073 6	119	0.661 983	0.102 1	173	0.963 312	0.028 6
67	0.214 904	0.078 7	121	0.681 453	0.100 8	175	0.968 993	0.027 8
69	0.228 162	0.083 4	123	0.700 266	0.100 2	177	0.974 402	0.026 2
71	0.242 066	0.087 7	125	0.719 496	0.100 3	179	0.979 342	0.023 9
73	0.256 783	0.091 7	127	0.738 663	0.100 6	181	0.983 907	0.020 9
75	0.272 218	0.095 4	129	0.758 32	0.100 2	183	0.987 816	0.017 6
77	0.288 426	0.098 8	131	0.777 904	0.097 7	185	0.991 078	0.014 6

表 4-9(续)

T/℃	α/%	$d\alpha/dT$	T/℃	α/%	$d\alpha/dT$	T/℃	α/%	$d\alpha/dT$
79	0.305 31	0.101 6	133	0.796 602	0.092 2	187	0.993 705	0.012 0
81	0.322 143	0.103 5	135	0.813 998	0.083 5	189	0.995 914	0.009 8
83	0.339 684	0.104 6	137	0.829 402	0.072 4	191	0.997 665	0.007 7
85	0.357 246	0.104 7	139	0.842 743	0.060 4	193	0.998 979	0.005 5
87	0.375 403	0.103 9	141	0.853 395	0.049 7	195	0.999 823	0.002 6
89	0.392 735	0.102 3	143	0.862 338	0.041 4	197	1	−0.001 0

把表 4-9 中的数据代入机理函数(表 4-10),得到微分数据 E_1 和 $\ln A_1$,积分数据 E_2 和 $\ln A_2$,具体结果见表 4-11。

表 4-10　常用固体反应机理函数表

编号	函数	机理	积分形式 $G(\alpha)$	微分形式 $f(\alpha)$
1	抛物线法则	一维扩散	α^2	$\frac{1}{2}\alpha^{-1}$
2	Valensi 方程	二维扩散	$\alpha+(1-\alpha)\ln(1-\alpha)$	$[-\ln(1-\alpha)]^{-1}$
3	Jander 方程	二维扩散,$n=2$	$[1-(1-\alpha)^{\frac{1}{2}}]^2$	$(1-\alpha)^{\frac{1}{2}}[1-(1-\alpha)^{\frac{1}{2}}]^{-1}$
4	Jander 方程	三维扩散,$n=\frac{1}{2}$	$[1-(1-\alpha)^{\frac{1}{3}}]^{\frac{1}{2}}$	$6(1-\alpha)^{\frac{2}{3}}[1-(1-\alpha)^{\frac{1}{3}}]^{\frac{1}{2}}$
5	Jander 方程	三维扩散,$n=2$	$[1-(1-\alpha)^{\frac{1}{3}}]^2$	$\frac{3}{2}(1-\alpha)^{\frac{2}{3}}[1-(1-\alpha)^{\frac{1}{3}}]^{-1}$
6	G-B 方程	三维扩散	$1-\frac{2}{3}\alpha-(1-\alpha)^{\frac{2}{3}}$	$\frac{3}{2}[(1-\alpha)^{-\frac{1}{3}}-1]^{-1}$
7	反 Jander 方程	三维扩散	$[(1+\alpha)^{\frac{1}{3}}-1]^2$	$\frac{3}{2}(1+\alpha)^{\frac{2}{3}}[(1+\alpha)^{\frac{1}{3}}-1]^{-1}$
8	Z-L-T 方程	三维扩散	$[(1-\alpha)^{-\frac{1}{3}}-1]^2$	$\frac{3}{2}(1-\alpha)^{\frac{4}{3}}[(1-\alpha)^{\frac{1}{3}}-1]^{-1}$
9	Mample 单行法则	$n=1$	$-\ln(1-\alpha)$	$1-\alpha$
10	Avrami-Erofeev 方程	$n=\frac{3}{2}$	$[-\ln(1-\alpha)]^{\frac{2}{3}}$	$\frac{2}{3}(1-\alpha)[-\ln(1-\alpha)]^{-\frac{1}{2}}$
11	Avrami-Erofeev 方程	$n=2$	$[-\ln(1-\alpha)]^2$	$\frac{1}{2}(1-\alpha)[-\ln(1-\alpha)]^{-1}$
12	Avrami-Erofeev 方程	$n=3$	$[-\ln(1-\alpha)]^3$	$\frac{1}{3}(1-\alpha)[-\ln(1-\alpha)]^{-2}$
13	Avrami-Erofeev 方程	$n=4$	$[-\ln(1-\alpha)]^4$	$\frac{1}{4}(1-\alpha)[-\ln(1-\alpha)]^{-3}$
14	P-T 方程	自催化反应	$\ln(\frac{\alpha}{1-\alpha})$	$\alpha(1-\alpha)$
15	幂函数法则	$n=\frac{1}{4}$	$\alpha^{\frac{1}{4}}$	$4\alpha^{\frac{3}{4}}$
16	幂函数法则	$n=\frac{1}{3}$	$\alpha^{\frac{1}{3}}$	$3\alpha^{\frac{2}{3}}$

表 4-10(续)

编号	函数	机理	积分形式 $G(\alpha)$	微分形式 $f(\alpha)$
17	幂函数法则	$n=\frac{1}{2}$	$\alpha^{\frac{1}{2}}$	$2\alpha^{\frac{1}{2}}$
18	二级	化学反应	$(1-\alpha)^{-1}$	$(1-\alpha)^{2}$
19	反应级数	化学反应	$(1-\alpha)^{-1}-1$	$(1-\alpha)^{2}$
20	2/3 级	化学反应	$(1-\alpha)^{-\frac{1}{2}}$	$2(1-\alpha)^{-\frac{3}{2}}$

表 4-11 脱附失重阶段不同机理函数求出的 E 和 $\ln A$ 值

编号	E_1	$\ln A_1$	R_1^2	E_2	$\ln A_2$	R_2^2
1	8.437	2.090 0	0.159 6	31.740	2.398 2	0.931 9
2	21.350	6.029 5	0.666 0	37.468	8.765 3	0.962 0
3	31.796	9.007 5	0.897 7	41.792	9.740 0	0.979 9
4	40.073	11.133 6	0.957 5	0.893	−7.736 3	0.997 9
5	28.014	6.832 3	0.839 2	40.203	8.319 8	0.973 9
6	2.575	−2.369 2	0.018 0	27.613	3.240 3	0.915 5
7	76.252	23.917 5	0.959 7	68.191	18.854 5	0.989 8
8	26.176	9.105 78	0.914 6	23.841	6.059 0	0.998 0
9	41.852	14.094 5	0.962 3	44.425	11.371 0	0.998 3
10	57.528	19.506 5	0.978 1	54.011	16.522 0	0.998 4
11	88.885	29.616 5	0.989 1	87.180	26.614 3	0.998 5
12	120.228	39.614 5	0.992 9	118.349	36.570 0	0.998 6
13	0.782	−0.730 7	0.002 0	22.222	4.198 0	0.920 9
14	17.132	4.523 5	0.856 2	20.987	3.166 0	0.990 7
15	14.117	3.745 8	0.790 1	19.841	2.945 0	0.985 2
16	14.117	4.844 4	0.790 1	19.841	4.043 6	0.985 2
17	62.355	21.883 5	0.888 4	9.665	4.491 2	0.230 2
18	62.355	21.883 5	0.888 4	45.976	14.163	0.938 9
19	44.266	14.804 5	0.903 6	10.307	1.465 2	0.646 0
20	98.537	35.366 5	0.861 0	60.213	21.037 3	0.786 2

根据反应机理函数的 Bagchi 法推论，相比较而言，函数 11 的微分方程和积分方程求得的 E 和 $\ln A$ 值比较相近，并且所得出的直线相关性系数 R^2 分别为 0.989 1 和 0.998 5，均大于 0.98 以上。所以可以确定所选择的微分方程以及积分方程合理，从而推断出该阶段反应的最概然机理函数为函数 11。

将脱附失重阶段的实验数据代入函数 11 的 $f(\alpha)$ 和 $G(\alpha)$ 得到的积分和微分图形如图 4-31 所示。

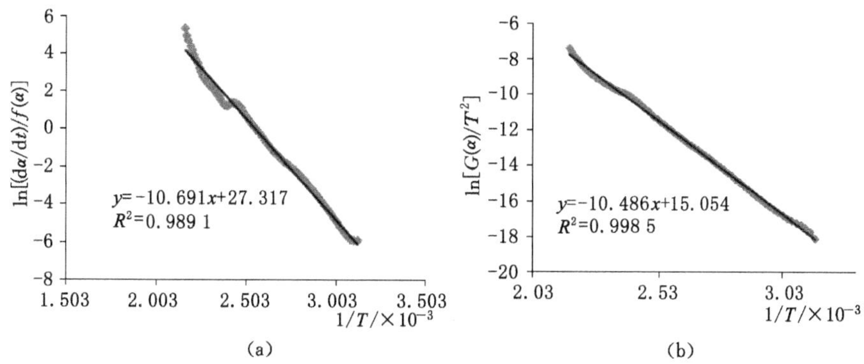

图 4-31　脱附失重阶段 $\ln[(d\alpha/dt)/f(\alpha)]$ 与 $1/T$ 和 $\ln[G(\alpha)/T^2]$ 与 $1/T$ 关系曲线

(a) $\ln[(d\alpha/dt)/f(\alpha)]$ 与 $1/T$ 关系曲线；(b) $\ln[G(\alpha)/T^2]$ 与 $1/T$ 关系曲线

煤样在吸氧增重阶段氧化动力学参数见表 4-12。

表 4-12　吸氧增重阶段氧化动力学参数

T/℃	α/%	$d\alpha/dT$	T/℃	α/%	$d\alpha/dT$	T/℃	α/%	$d\alpha/dT$
197	0	0.001 0	231	0.238 791	0.165 7	265	0.732 589	0.175 1
199	0.000 491	0.006 1	233	0.263 264	0.168 3	267	0.758 058	0.167 6
201	0.001 865	0.013 0	235	0.288 563	0.172 5	269	0.782 680	0.160 6
203	0.004 340	0.022 0	237	0.314 352	0.178 2	271	0.806 180	0.154 4
205	0.008 391	0.033 6	239	0.340 758	0.185 2	273	0.828 900	0.148 7
207	0.014 180	0.047 4	241	0.368 294	0.193 2	275	0.850 431	0.143 2
209	0.022 348	0.063 7	243	0.397 553	0.201 5	277	0.870 906	0.137 4
211	0.032 708	0.080 8	245	0.427 928	0.209 1	279	0.890 905	0.130 8
213	0.045 841	0.098 5	247	0.459 730	0.215 3	281	0.909 642	0.123 1
215	0.061 403	0.115 2	249	0.491 747	0.219 1	283	0.927 605	0.113 7
217	0.079 537	0.130 0	251	0.524 039	0.220 2	285	0.944 104	0.102 7
219	0.099 634	0.142 1	253	0.556 272	0.218 5	287	0.958 522	0.090 7
221	0.121 090	0.150 9	255	0.588 170	0.214 2	289	0.971 119	0.077 6
223	0.143 616	0.156 9	257	0.619 481	0.207 7	291	0.981 665	0.063 4
225	0.166 983	0.160 6	259	0.649 491	0.200 0	293	0.990 063	0.048 1
227	0.190 326	0.162 6	261	0.678 744	0.191 5	295	0.996 076	0.031 3
229	0.214 510	0.164 1	263	0.706 220	0.183 2	297	0.999 413	0.012 8

把表 4-12 中的数据代入机理函数(表 4-10)，得到微分数据 E_1 和 $\ln A_1$，积分数据 E_2 和 $\ln A_2$，具体结果见表 4-13。

表 4-13 吸氧增重阶段不同机理函数求出的 E 和 $\ln A$ 值

编号	E_1	$\ln A_1$	R_1^2	E_2	$\ln A_2$	R_2^2
1	93.008	6.559 6	0.965 6	128.052	10.172 9	0.979 9
2	113.981	8.536 9	0.979 3	139.986	11.209 3	0.986 8
3	127.004	9.644 8	0.987 4	147.371	11.730 5	0.990 2
4	138.698	10.559 9	0.991 1	154.535	12.175 6	0.992 6
5	122.474	8.802 7	0.985 1	144.790	11.091 3	0.989 1
6	76.415 9	3.758 5	0.930 1	116.446	7.890 5	0.973 7
7	187.371	15.831 2	0.991 1	186.984	15.768 1	0.991 5
8	73.416 4	5.021 1	0.971 1	80.759	5.761 09	0.995 4
9	118.035	9.590 8	0.988 5	125.378	10.327 6	0.995 8
10	162.654	14.109 3	0.993 3	169.997	14.845 0	0.995 9
11	251.891	23.072 5	0.996 1	259.234	23.807 4	0.996 1
12	341.128	31.984 6	0.996 7	348.471	32.719 2	0.996 2
13	58.876	3.180 3	0.925 7	93.920	6.795 5	0.978 9
14	61.248	3.101 2	0.966 4	74.890	4.494 2	0.992 6
15	57.192	2.789 3	0.962 9	73.029	4.884 9	0.991 6
16	57.192	2.923 0	0.962 9	73.029	4.884 9	0.991 6
17	122.089	10.292 5	0.965 6	98.654	11.249 0	0.980 0
18	122.089	10.292 5	0.965 6	108.460	8.869 0	0.994 0
19	97.753	7.355 7	0.970 0	44.951	7.642 6	0.969 8
20	170.762	15.864 8	0.957 1	88.868	7.553 4	0.909 7

根据反应机理函数的 Bagchi 法推论，相比较而言，函数 7 的微分方程和积分方程求得的 E 和 $\ln A$ 值比较相近，并且所得出的直线相关性系数 R^2 分别为 0.991 1 和 0.991 5，均大于 0.99。所以可以确定所选择的微分方程以及积分方程合理，从而推断出该阶段反应的最概然机理函数为函数 7。

将氧化增重阶段的实验数据代入函数 7 的 $f(\alpha)$ 和 $G(\alpha)$ 得到的积分和微分图形如图 4-32 所示。

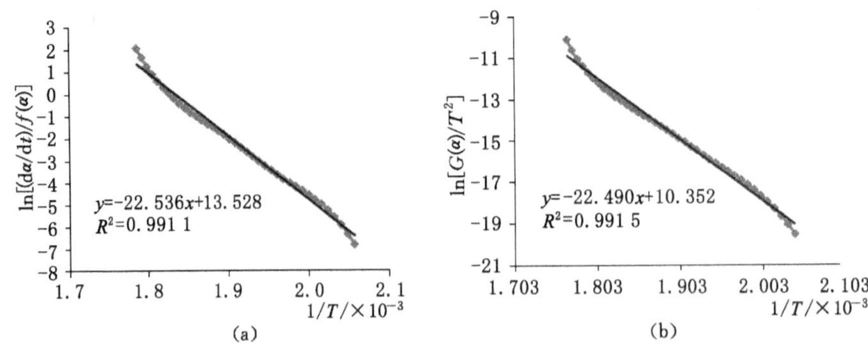

图 4-32 吸氧增重阶段 $\ln[(d\alpha/dt)/f(\alpha)]$ 与 $1/T$ 和 $\ln[G(\alpha)/T^2]$ 与 $1/T$ 关系曲线

(a) $\ln[(d\alpha/dt)/f(\alpha)]$ 与 $1/T$ 关系曲线；(b) $\ln[G(\alpha)/T^2]$ 与 $1/T$ 关系曲线

煤样在燃烧阶段氧化动力学参数见表 4-14。

表 4-14　燃烧阶段氧化动力学参数

T/℃	α/%	dα/dT	T/℃	α/%	dα/dT	T/℃	α/%	dα/dT
298	0	−0.002 9	410	0.125 207	2.126 2	522	0.797 899	5.358 5
300	0.000 018 2	0.018 8	412	0.130 463	2.205 8	524	0.810 556	5.247 8
302	0.000 092 2	0.043 2	414	0.135 896	2.291 2	526	0.823 163	5.126 1
304	0.000 229	0.070 4	416	0.141 611	2.383 6	528	0.835 387	4.995 9
306	0.000 436	0.100 2	418	0.147 441	2.479 5	530	0.847 650	4.850 8
308	0.000 712	0.131 5	420	0.153 504	2.580 8	532	0.859 333	4.695 8
310	0.001 073	0.164 8	422	0.159 764	2.686 4	534	0.870 510	4.528 3
312	0.001 509	0.197 7	424	0.166 322	2.798 1	536	0.881 491	4.341 4
314	0.002 032	0.229 9	426	0.173 285	2.917 7	538	0.891 971	4.138 5
316	0.002 624	0.259 2	428	0.180 408	3.040 9	540	0.902 026	3.917 7
318	0.003 289	0.285 8	430	0.187 947	3.172 1	542	0.911 210	3.691 6
320	0.004 001	0.309 4	432	0.195 820	3.310 1	544	0.920 023	3.451 3
322	0.004 782	0.332 2	434	0.204 024	3.455 6	546	0.928 214	3.206 8
324	0.005 618	0.355 4	436	0.212 449	3.607 0	548	0.935 940	2.957 4
326	0.006 522	0.380 9	438	0.221 180	3.766 5	550	0.942 819	2.719 9
328	0.007 466	0.408 5	440	0.230 438	3.938 1	552	0.949 240	2.485 1
330	0.008 492	0.439 7	442	0.239 987	4.116 3	554	0.955 083	2.260 2
332	0.009 615	0.474 3	444	0.250 238	4.306 0	556	0.960 352	2.048 0
334	0.010 801	0.510 7	446	0.260 754	4.495 1	558	0.965 120	1.848 2
336	0.012 078	0.548 9	448	0.271 693	4.681 9	560	0.969 385	1.663 3
338	0.013 467	0.589 1	450	0.283 173	4.863 8	562	0.973 155	1.495 1
340	0.014 926	0.629 6	452	0.294 968	5.033 9	564	0.976 575	1.338 3
342	0.016 484	0.670 8	454	0.307 407	5.194 7	566	0.979 691	1.191 5
344	0.018 170	0.713 0	456	0.320 010	5.339 8	568	0.982 406	1.059 4
346	0.019 954	0.755 0	458	0.333 089	5.473 8	570	0.984 831	0.936 6
348	0.021 848	0.796 4	460	0.346 297	5.594 6	572	0.986 942	0.824 6
350	0.023 837	0.836 3	462	0.359 869	5.706 1	574	0.988 797	0.720 5
352	0.025 919	0.874 1	464	0.373 709	5.808 8	576	0.990 409	0.624 5
354	0.028 076	0.909 2	466	0.387 990	5.904 5	578	0.991 835	0.533 8
356	0.030 310	0.941 6	468	0.402 350	5.991 1	580	0.993 007	0.454 4
358	0.032 649	0.972 0	470	0.416 863	6.068 5	582	0.994 008	0.382 4
360	0.035 042	1.000 0	472	0.431 796	6.136 5	584	0.994 836	0.319 7
362	0.037 509	1.028 9	474	0.446 627	6.191 0	586	0.995 536	0.264 5
364	0.040 099	1.058 6	476	0.461 660	6.232 0	588	0.996 118	0.217 5
366	0.042 739	1.089 7	478	0.476 962	6.258 8	590	0.996 592	0.178 8
368	0.045 451	1.123 0	480	0.492 295	6.271 8	592	0.996 985	0.146 8

表 4-14(续)

T/℃	α/%	dα/dT	T/℃	α/%	dα/dT	T/℃	α/%	dα/dT
370	0.048 239	1.158 3	482	0.507 581	6.272 9	594	0.997 303	0.121 3
372	0.051 088	1.194 6	484	0.522 815	6.264 5	596	0.997 571	0.100 4
374	0.054 024	1.231 4	486	0.538 214	6.248 7	598	0.997 791	0.084 0
376	0.057 069	1.268 5	488	0.553 393	6.227 3	600	0.997 976	0.071 8
378	0.060 172	1.305 4	490	0.568 692	6.200 9	602	0.998 136	0.063 6
380	0.063 377	1.343 2	492	0.583 575	6.171 2	604	0.998 281	0.059 1
382	0.066 656	1.382 4	494	0.598 701	6.137 8	606	0.998 420	0.057 6
384	0.070 064	1.424 2	496	0.613 619	6.102 7	608	0.998 560	0.058 2
386	0.073 52	1.468 0	498	0.628 225	6.067 4	610	0.998 701	0.059 5
388	0.077 121	1.514 6	500	0.643 157	6.031 3	612	0.998 844	0.060 2
390	0.080 897	1.563 8	502	0.657 640	5.996 1	614	0.998 989	0.059 5
392	0.084 802	1.614 3	504	0.672 124	5.960 2	616	0.999 129	0.057 2
394	0.088 806	1.664 9	506	0.686 367	5.922 7	618	0.999 263	0.053 5
396	0.092 980	1.716 0	508	0.700 945	5.880 4	620	0.999 385	0.049 1
398	0.097 229	1.766 7	510	0.715 281	5.832 9	622	0.999 498	0.044 9
400	0.101 607	1.818 2	512	0.729 366	5.778 7	624	0.999 600	0.041 7
402	0.105 969	1.869 9	514	0.743 254	5.716 1	626	0.999 699	0.040 1
404	0.110 578	1.926 4	516	0.757 296	5.642 0	628	0.999 795	0.040 5
406	0.115 278	1.986 8	518	0.771 052	5.557 9	630	0.999 894	0.042 7
408	0.120 209	2.054 1	520	0.784 523	5.463 7	632	1	0.046 1

把表 4-14 中的数据代入机理函数(表 4-10),得到微分数据 E_1 和 $\ln A_1$,积分数据 E_2 和 $\ln A_2$,具体结果见表 4-15。

表 4-15　燃烧阶段不同机理函数求出的 E 和 $\ln A$ 值

编号	E_1	$\ln A_1$	R_1^2	E_2	$\ln A_2$	R_2^2
1	105.022	4.178 3	0.889 4	132.825	6.211 4	0.985 6
2	133.873	6.072 1	0.956 2	147.955	7.112 6	0.993 1
3	153.828	7.276 2	0.980 9	158.203	7.616 5	0.996 8
4	170.840	8.212 2	0.993 6	168.149	8.044 6	0.992 8
5	146.762	6.391 8	0.973 9	154.538	6.977 2	0.995 7
6	86.558	1.761 4	0.840 7	119.867	4.193 0	0.980 3
7	243.073	13.674 0	0.988 7	216.305	11.787 1	0.994 0
8	104.711	4.664 2	0.982 9	89.132	3.581 5	0.998 8
9	155.409	8.274 9	0.991 3	139.829	7.186 4	0.998 9
10	206.106	11.834 4	0.994 5	190.526	10.744 1	0.998 9

表 4-15(续)

编号	E_1	$\ln A_1$	R_1^2	E_2	$\ln A_2$	R_2^2
11	307.501	18.879 6	0.996 8	291.921	17.787 9	0.998 9
12	408.896	25.873 7	0.997 6	393.316	24.781 5	0.998 9
13	105.022	4.178 29	0.889 4	132.825	6.211 4	0.985 6
14	86.653	2.696 85	0.973 9	80.582	2.296 0	0.999 1
15	80.633	2.366 68	0.965 8	77.943	2.209 0	0.998 4
16	80.633	2.843 8	0.965 8	77.943	2.686 1	0.998 4
17	176.945	10.125 5	0.959 9	184.813	11.977 0	0.957 0
18	176.945	10.125 5	0.959 9	132.514	6.997 4	0.971 2
19	140.828	7.093 0	0.974 5	125.677	8.337 0	0.949 1
20	249.178	15.887 9	0.936 3	132.204	7.783 5	0.836 3

根据反应机理函数的 Bagchi 法推论，相比较而言，函数 4 的微分方程和积分方程求得的 E 和 $\ln A$ 值比较相近，并且所得出的直线相关性系数 R^2 分别为 0.993 6 和 0.992 8，均在 0.99 以上。所以可以确定所选择的微分方程以及积分方程合理，从而推断出该阶段反应的最概然机理函数为函数 4。

将燃烧阶段的实验数据代入函数 4 的 $f(\alpha)$ 和 $G(\alpha)$ 得到积分和微分图形，如图 4-33 所示。

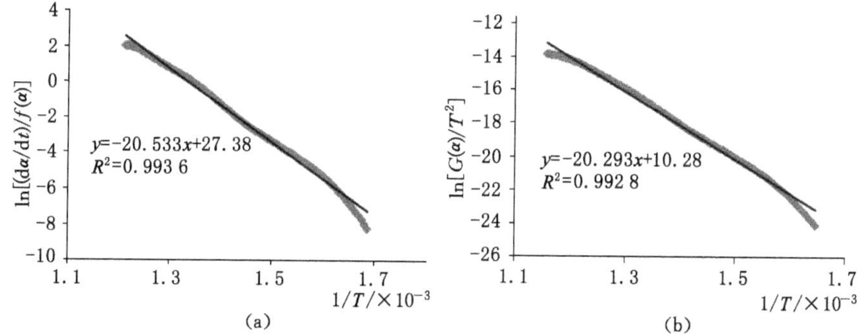

图 4-33　燃烧阶段 $\ln[(d\alpha/dt)/f(\alpha)]$ 与 $1/T$ 和 $\ln[G(\alpha)/T^2]$ 与 $1/T$ 关系曲线

(a) $\ln[(d\alpha/dt)/f(\alpha)]$ 与 $1/T$ 关系曲线；(b) $\ln[G(\alpha)/T^2]$ 与 $1/T$ 关系曲线

用同样的分析方法对其他 5 种中变质程度烟煤实验煤样进行动力学分析，得出各煤的微分方程和积分方程的 E、$\ln A$ 值以及两种的平均值，如表 4-16～表 4-18 所列。

表 4-16　脱附失重阶段 E 和 $\ln A$ 值

煤样	E_1	$\ln A_1$	R_1^2	E_2	$\ln A_2$	R_2^2	E	$\ln A$
2#	87.832	27.603	0.989 9	89.333	26.650	0.990 2	88.583	27.127
3#	88.532	28.499	0.987 2	87.978	26.679	0.988 5	88.255	27.589
4#	79.951	27.244	0.990 2	85.617	25.935	0.991 9	82.784	26.590
5#	86.845	26.876	0.983 3	84.133	24.531	0.984 7	85.489	25.704
6#	89.907	28.270	0.980 1	87.844	27.249	0.995 2	88.876	27.760

表 4-17 吸氧增重阶段 E 和 $\ln A$ 值

煤样	E_1	$\ln A_1$	R_1^2	E_2	$\ln A_2$	R_2^2	E	$\ln A$
2#	201.995	16.885	0.992 0	202.439	16.908	0.997 4	202.217	16.897
3#	188.048	15.766	0.992 0	188.144	15.753	0.995 6	188.096	15.760
4#	166.349	14.454	0.985 7	154.570	13.268	0.998 2	160.460	13.861
5#	224.025	19.310	0.993 7	226.814	19.584	0.995 6	225.420	19.447
6#	195.667	16.463	0.995 5	186.342	15.573	0.999 7	191.005	16.018

表 4-18 燃烧阶段 E 和 $\ln A$ 值

煤样	E_1	$\ln A_1$	R_1^2	E_2	$\ln A_2$	R_2^2	E	$\ln A$
2#	181.713	8.788	0.971 6	176.720	8.463	0.997 9	179.217	8.626
3#	149.463	6.813	0.962 4	153.712	7.122	0.996 4	151.588	6.968
4#	163.656	7.701	0.970 5	160.461	7.499	0.997 8	162.059	7.600
5#	178.170	8.699	0.983 1	170.733	8.201	0.998 0	174.452	8.450
6#	174.736	8.267	0.986 0	172.179	8.126	0.998 3	173.458	8.197

利用热重实验数据以及热力学方程求解的积分法和微分法对中变质程度煤样的氧化动力学参数进行计算，并利用 Bagchi 法判断最概然机理函数。其判断的依据为：对于微分法和积分法计算出的一系列结果，选择合理的 $f(\alpha)$ 和 $G(\alpha)$，要求这两个方程求得的结果值均相近，从而推断出该反应的最概然机理函数。据此对中变质程度烟煤煤样的动力学结果做筛选，分析得到实验煤样在不同氧化阶段反应机理函数分别为：

(1) 中变质程度烟煤在水分蒸发及脱附阶段的反应机理函数为 $n=3$ 的 Avrami-Erofeev 方程，其微分与积分函数分别为：

$$f(\alpha)=\frac{1}{3}(1-\alpha)[-\ln(1-\alpha)]^{-2}$$

$$G(\alpha)=[-\ln(1-\alpha)]^{3}$$

(2) 中变质程度烟煤在氧化增重阶段的反应机理函数为 Z-L-T 方程，其微分与积分函数分别为：

$$f(\alpha)=\frac{3}{2}(1-\alpha)^{\frac{4}{3}}[(1-\alpha)^{\frac{1}{3}}-1]^{-1}$$

$$G(\alpha)=[(1-\alpha)^{-\frac{1}{3}}-1]^{2}$$

(3) 中变质程度烟煤在燃烧阶段的反应机理函数为三维扩散 $n=2$ 的 Jander 方程，其微分与积分函数分别为：

$$f(\alpha)=\frac{3}{2}(1-\alpha)^{\frac{2}{3}}[1-(1-\alpha)^{\frac{1}{3}}]^{-1}$$

$$G(\alpha)=[1-(1-\alpha)^{\frac{1}{3}}]^{2}$$

4.4.4 氧化过程煤放热性分析

煤氧复合作用学说认为，煤自燃的主要原因是氧化放热反应的发生，大量热量的产生促使煤的温度上升，并且伴随不断与氧气的反应，达到煤自燃的临界条件，最终发生自然发火现象。这说明放热量是判定煤自燃的重要因素，对煤的放热性进行研究，掌握放热性规律，对煤自燃过程的判定具有重要的意义。本节采用差示扫描法测试烟煤煤样从 30～500 ℃的热效应。

DSC 热效应曲线如图 4-34 所示，DSC 是指按照一定程序控制样品的参比物的温度变化，并将输入给两物质的功率差作为温度的关系进行测量的技术。测试煤样与参比物的支架部分经由热阻及均热块，与加热炉构成 DSC 装置。与加热速度相应的将热量从容器底部传给放在炉内的测试煤样与参比物。此时流入样品的热流与均热块和支架的温差成正比。与测试煤样相比，均热块具有很大的热容量，且煤氧化时放热，因此，当样品发生热量变化时，可吸收因该热量变化而引起的升温，从而使煤样与参比物之间的温差保持稳定。所以单位时间输给测试煤样与参比物的热量差与两个之间的温差成正比，用已知热量的物质，校正温差与热量之间的关系，即得出测试煤样的热量。

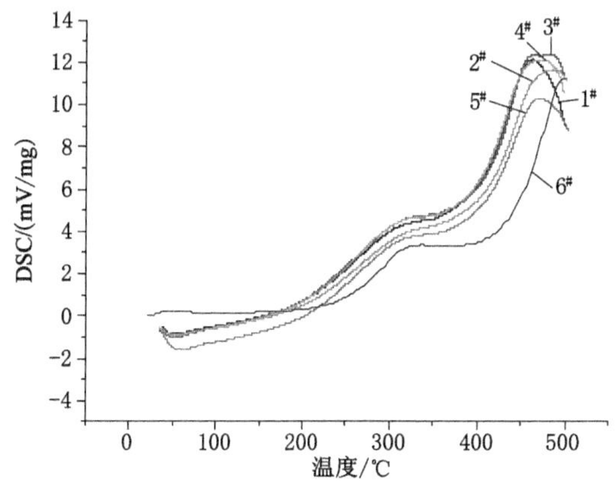

图 4-34　煤样放热量曲线

如图 4-34 所示，在整个升温氧化过程中，煤的放热量随温度的升高不断增大，与温度呈正相关性。在临界温度阶段，3# 和 6# 煤样有较为明显的吸热峰，这是因为在反应初始阶段，由于水分的影响，煤氧化会吸收热量，使水分发生蒸发，而 3# 和 6# 煤样由于煤分子结构稳定性较强，导致其吸收的热量比其他煤样大。干裂-活性-增速温度阶段，放热量缓慢上升，放热量大小较为相似，这与煤的变质程度相近有关，此时主要是产生 CO、CO_2 和 CH_4 气体所释放的热量。增速-燃点温度阶段，曲线斜率明显增大，说明放热量较之前开始增大，碳氢类气体由于煤分子内脂肪烃侧链等活性官能团的断裂和氧化大量释放，导致放热量增大，直至燃点温度，曲线出现第一个峰值。燃烧阶段初期，由于煤分子内稳定结构氧化和裂解需要一定的热量，所以放热量曲线表现为有持续 50 ℃升温阶段的平缓期，之后随着芳香烃参与反应，放热量再次增大，至 450 ℃附近，由于活性官能团消耗完毕，放热量下降。

通过对煤样的测试结果(DSC 曲线)进行积分，即可得出在该阶段煤样释放的热量值，如表 4-19所列。6# 煤样在氧化过程中总放热量较低，由前章分析可知，6# 煤样在反应过程中，释放的 CO 和 CO_2 等气体量较小，碳含量较大，芳烃结构含量较多，是造成放热量较小的主要原因。5# 煤样的活性官能团活性较大，原煤本身含有的活性官能团(如甲基、亚甲基和含氧官能团)较多，在低温阶段较多地参与到反应之中，高温反应过程中，由于其热扩散系数和导热系数较大、比热较小，所需能量较小，使得官能团容易裂解和氧化，释放出大量气体和热量。

表 4-19 煤样放热量 单位:J/g

煤样	1#	2#	3#	4#	5#	6#
放热量	5 097.22	4 913.25	3 449.04	5 704.48	5 911.93	1 720.53

参考文献

[1] 李青蔚.煤贫氧氧化热动力过程基础研究[D].西安:西安科技大学,2018.

[2] 高正阳,杨维结,丁艺,等.不同煤种非等温干燥动力学分析[J].热能动力工程,2017,32(2):81-87,139.

[3] 李强,史航,郝添翼,等.煤焦的高温高压反应动力学[J].煤炭学报,2017,42(7):1863-1869.

[4] 李晓曦,谭波.煤自燃阻化剂的阻化效果动力学分析及优选[J].中国安全科学学报,2017,27(6):79-84.

[5] 王云飞,李阳,宋银敏,等.神华上湾煤慢速和快速热解焦燃烧性能及其反应动力学[J].煤炭学报,2015,40(12):2933-2938.

[6] 贺凯,张玉龙,时剑文,等.煤低温氧化过程中元素转化行为的动力学分析[J].煤炭学报,2016,41(6):1460-1466.

[7] 陈鸿伟,穆兴龙,王远鑫,等.准东煤气化动力学模型研究[J].动力工程学报,2016,36(9):690-696.

[8] 张嫣妮,陈龙,邓军,等.基于程序升温实验的同组煤氧化动力学分析[J].煤矿安全,2018,49(5):31-34,39.

[9] 吕慧菲.咪唑类离子液体抑制煤自燃热效应及动力学研究[D].西安:西安科技大学,2018.

[10] 潘俊锋,刘少虹,杨磊,等.动静载作用下煤的动力学特性试验研究[J].中国矿业大学学报,2018,47(1):206-212.

[11] 朱红青,王海燕,宋泽阳,等.煤绝热氧化动力学特征参数与变质程度的关系[J].煤炭学报,2014,39(3):498-503.

第 5 章　中变质程度煤微观结构特性

煤的分子特性及孔隙结构等微观结构决定了自燃倾向性大小，微观结构需要借助红外光谱及扫描电镜等手段进行测试。在煤的氧化反应过程中，煤结构的变化规律是解释煤自燃原因的主要方法及手段[1-3]。通常采用红外光谱实验测试煤的分子结构，由第 2 章研究可知煤分子非常复杂，主要由羟基、脂肪烃、芳香烃及含氧官能团等组成。目前研究认为，煤氧化过程中，氧气首先攻击特定位置的 C—H 基团，如 α 位的亚甲基，这些亚甲基首先氧化产生过渡产物随后分解成为羰基、脂类、羧酸等含氧官能团。研究发现，与芳环相连的亚甲基活性最高，最容易参加反应[4-5]。羟基和含氧官能团活性仅次于脂肪烃，芳香烃属于较为稳定的结构，低温阶段较难发生反应。本章采用上述实验手段，对中变质程度的烟煤氧化过程中的微观结构特征进行分析研究。

5.1　原位漫反射傅立叶红外光谱实验方法

5.1.1　实验原理

傅立叶红外光谱技术广泛应用于煤微观结构的分析研究领域，当用红外光源照射煤样时，煤样中的分子会吸收某些波长的光，在被吸收光的波长或波数位置处会出现吸收峰。煤中含有多种分子结构，会吸收很多波长的光，在光谱图中会在不同波数位置处出现吸收峰，吸收峰的强弱由被吸收光的多少决定。红外吸收谱峰的位置与强度取决于分子中各基团的振动形式和相邻基团的影响，反映了分子结构上的特点。

原位漫反射傅立叶红外光谱(in-situ diffuse reflectance infrared Fourier transform spectroscopy，DRIFTS)以样品量少、无须压片、无须 KBr 稀释、实时在线检测等的优点，越来越多应用于煤分子微观结构分析，能够实时检测煤分子活性官能团的迁移变化特征。原位漫反射红外光谱结合了漫反射、傅立叶红外光谱和原位技术对样品进行分析。其漫反射单位是 Kubelka-Mumk，与官能团吸收强度呈正比，可半定量研究官能团的氧化特征。

5.1.2　实验装置及条件

采用布鲁克 VENTEX70 原位漫反射傅立叶红外光谱仪(德国)测试煤的官能团分布，该装置测试煤样在氧化升温阶段的红外光谱变化。原位漫反射红外光谱的实验系统由傅立叶红外光谱仪(FTIR)、漫反射附件、原位反应池、真空系统、气源、净化与压力装置、加热与温度控制装置等部分组成。实验开始前，采用 KBr 粉末进行第一次实验，作为实验背景，之后实验样品采用所选煤样，将煤样放入反应池，反应池设有外接程序升温装置，且有进、出气口，可以进行不同气氛下不同升温速率的实验，同时原位反应池外接有进出水口，用以对原位反应池的冷却降温。通过控制升温条件，对煤在氧化与热解条件下的红外光谱图进行测试，得到不同基团在反应过程中的实时变化。

原位漫反射红外光谱实验采用空气为测试气氛，对前章所述 6 个中变质程度的烟煤煤样进行红外光谱测试，在空气中将煤样破碎至粒度为 80～120 目(0.124～0.178 mm)。原位红外实验装置设定红外光谱扫描次数为 770 次，分辨率为 4 cm^{-1}，波数扫描范围为 400～4 000 cm^{-1}，升温速率为 5 ℃/min，空气流量为 120 mL/min，红外光谱实验的升温范围为 30～500 ℃。

5.1.3 实验过程

连接好仪器之后，开始进行实验测试，测试步骤如下：

(1) 将煤样粉碎后放入真空干燥箱在 20 ℃条件下进行 24 h 的干燥处理，随后密封保存；

(2) 启动傅立叶变换红外光谱仪，设定扫描波数范围为 400～4 000 cm^{-1}，分辨率为 4 cm^{-1}，样品扫描次数为 770 次；

(3) 放入 KBr 样品，采集背景基矢；

(4) 采用玛瑙钵将煤样研磨细化后装入原位反应池，连接并固定原位反应池的气路系统和水冷系统；

(5) 向原位反应池通入流量为 120 mL/min 的干空气，通过温控仪使原位反应池的环境升温速率为 5 ℃/min，并打开水冷系统；

(6) 待原位反应池环境温度达到 30 ℃时，启动红外光谱采集系统，对煤中的基团变化情况进行实时测试，直至升温至 500 ℃时实验结束。

5.2 三维图形分析

由原位漫反射红外光谱实验测试得出中等变质程度煤的各个官能团随温度的变化三维曲线，结合原始状态下主要官能团的位置，确定实验中发生较大变化的官能团类别，并确定关键官能团。所得三维图谱如图 5-1 所示。

图 5-1 中，X 轴为原位红外波数，Y 轴为谱峰振动强度，Z 轴为温度。图中可看到煤样从 30～500 ℃的升温氧化过程中，不同官能团强度随温度变化的反应活性不同。羟基官能团中，3 697～3 625 cm^{-1} 游离的羟基、3 624～3 613 cm^{-1} 分子内的氢键和 3 550～3 200 cm^{-1} 谱带的分子间缔合的氢键在整个氧化过程中强度较小，但存在于整个氧化过程中。

脂肪烃中，2 975～2 950 cm^{-1} 甲基(—CH_3)不对称伸缩振动、2 940～2 915 cm^{-1} 亚甲基(—CH_3—)不对称伸缩振动、2 870～2 845 cm^{-1} 亚甲基对称伸缩振动、1 470～1 430 cm^{-1} 和 1 380～1 370 cm^{-1} 甲基变形振动吸收峰强度均较大，且 3 000～2 800 cm^{-1} 的脂肪烃官能团强度在反应初期吸收峰强度仅次于芳烃 C═C 双键，且其反应活性较高。

芳香烃中，3 085～3 030 cm^{-1} 峰位的芳烃 C—H 伸缩振动代表了芳环的稳定程度，从三维图中可以看出，其强度在整个氧化过程中较为稳定，变化幅度不大。900～700 cm^{-1} 谱峰是识别苯环上取代基位置和数目的重要特征峰，相比其他官能团其强度在整个温度变化过程中较弱，但与其他取代烃相比，900～700 cm^{-1} 位置的三个连续谱峰强度较大。1 625～1 575 cm^{-1} 芳香化合物 C═C 面内振动是判定物质中存在苯环的最重要依据，由图中可以看出所有煤样中均含有该官能团，说明煤是由苯环组成的大分子化合物。

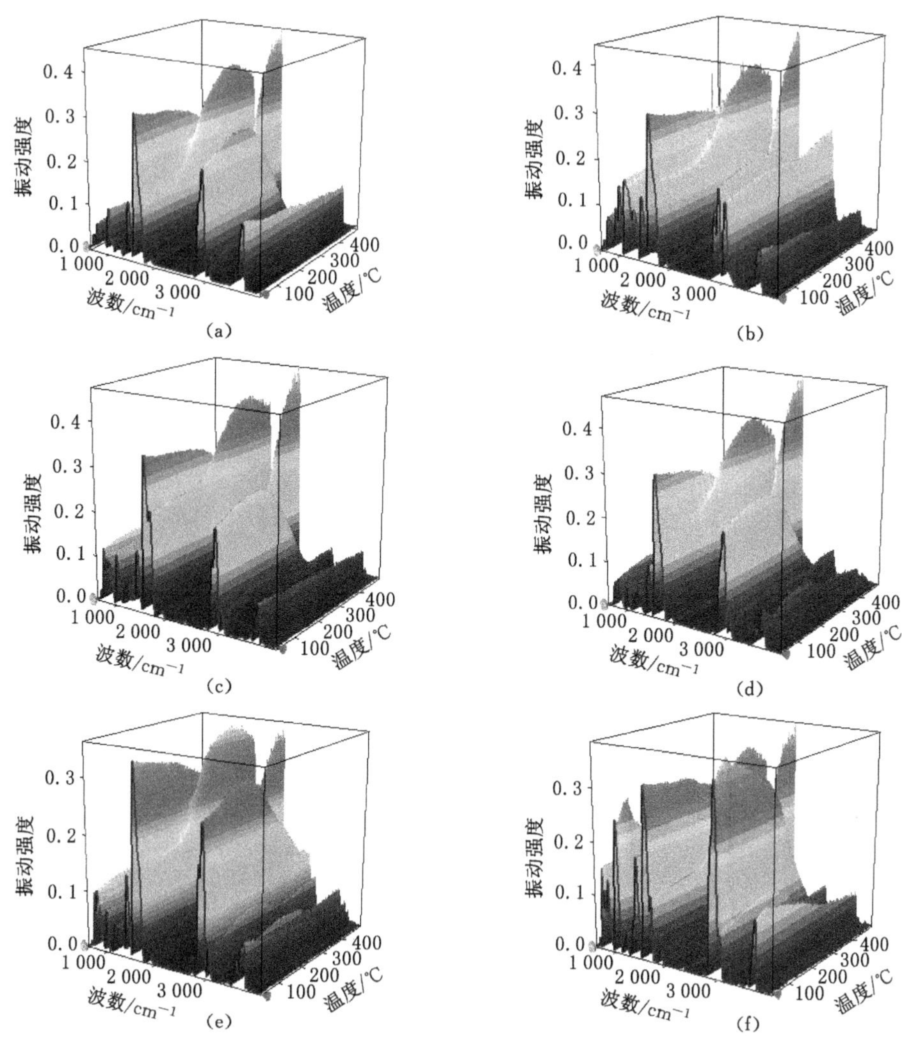

图 5-1　原位红外三维图

(a) 1# 煤样；(b) 2# 煤样；(c) 3# 煤样；(d) 4# 煤样；(e) 5# 煤样；(f) 6# 煤样

含氧官能团中，1 790～1 690 cm^{-1}羰基的伸缩振动谱峰强度在低温反应阶段较小，反应后期强度增大，吸收峰变得明显，是反应性较强的官能团。1 270～1 230 cm^{-1}和 1 210～1 015 cm^{-1}峰位的醚键随温度变化不大，但其峰强度较高。2 350 cm^{-1}峰位附近在高温反应阶段出现了强度较大的尖峰，该处是反应后期由于完全反应的发生，产生了大量的 CO_2 气体，是 O ═C ═O 官能团的体现。

5.3　特征温度下官能团迁移转化规律分析

根据第 3 章所得出的中变质程度实验煤样特征温度点，提取相对应温度点下的原位红外光谱数据，对特征温度下微观活性分子结构的变化趋势进行分析，由此得出特征温度下气体产物的微观变化规律。各个煤样在不同特征温度下的红外光谱特征如图 5-2～图 5-7

所示。

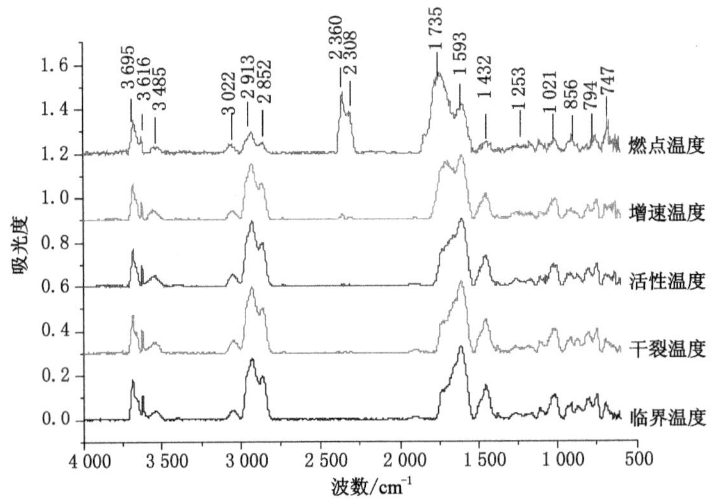

图 5-2　1# 煤样特征温度下红外光谱图

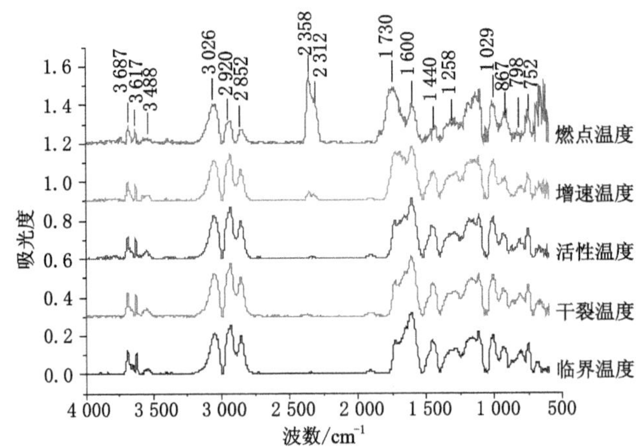

图 5-3　2# 煤样特征温度下红外光谱图

图 5-2 所示为特征温度点下的 1# 煤样红外光谱图，从下到上所示分别为临界温度点、干裂温度点、活性温度点、增速温度点和燃点温度点不同活性官能团红外光谱变化曲线。由图可知，1# 煤样中各个活性官能团在氧化升温过程中位置并未发生较大位移，所属峰位较为稳定。

羟基是氧化过程中活跃的官能团之一，是产生 H_2O 的主要官能团[6-7]。所以其处于 3 695 cm^{-1}和 3 655 cm^{-1}的游离羟基和 3 616 cm^{-1}的分子内氢键呈现尖锐的峰形，且峰强度在 5 个特征温度点的变化不大，表明在氧化过程中，羟基在不断被消耗的过程中，也伴随其他官能团参与反应不断生成羟基分子，保持其官能团数量变化不大；在活性温度阶段分子间缔合的氢键数量最大，当达到燃点温度时，由于反应的消耗，数量减少。羟基与亚甲基在氧化反应中会与氧反应生成羧基，增大含氧官能团的数量。

脂肪烃在所有官能团中反应速率最快，氧化过程中，2 948 cm^{-1}位置的甲基非对称伸缩

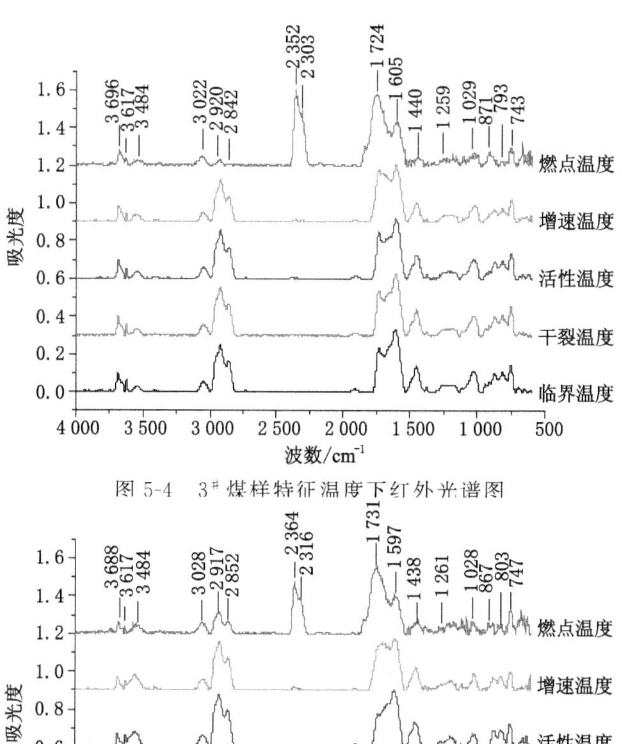

图 5-4　3# 煤样特征温度下红外光谱图

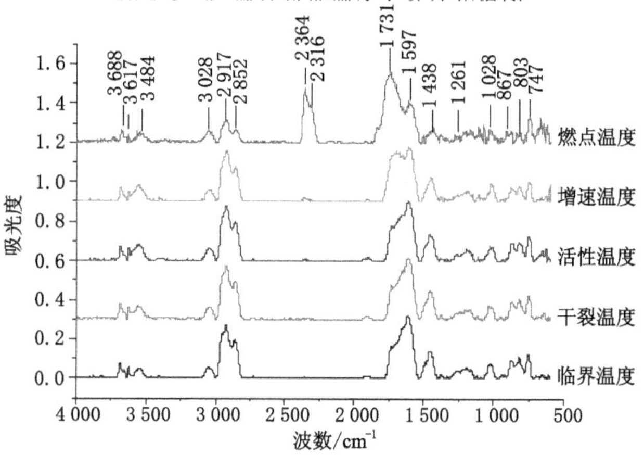

图 5-5　4# 煤样特征温度下红外光谱图

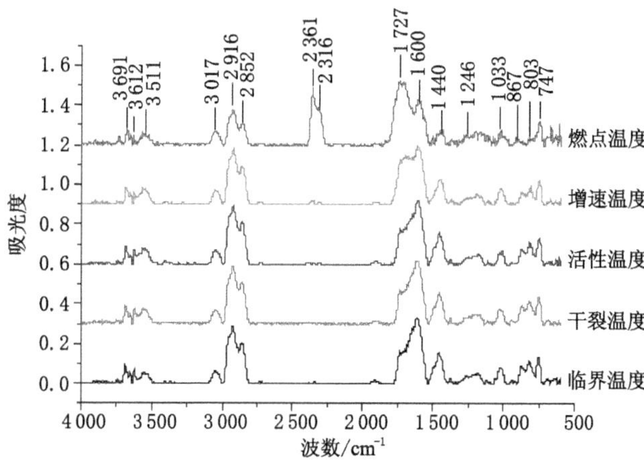

图 5-6　5# 煤样特征温度下红外光谱图

振动一直被 2 913 cm^{-1} 位置的亚甲基非对称伸缩峰所掩盖，造成两峰显示同一峰值的现象，分峰后可发现，甲基与亚甲基的伸缩振动随着氧化反应的进行，在临界温度点、干裂温度点

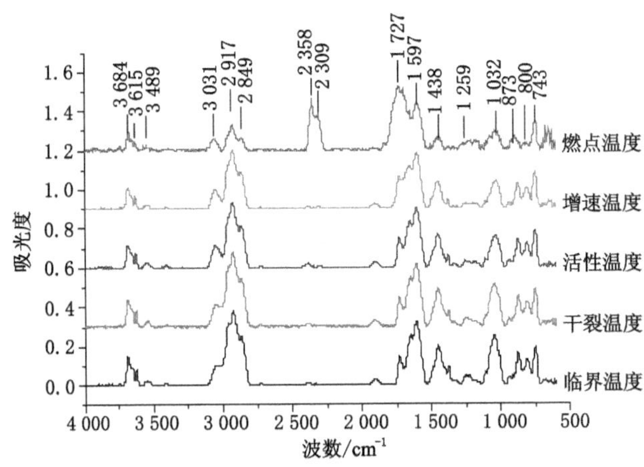

图 5-7 6# 煤样特征温度下红外光谱图

和活性温度点时有小幅的增强趋势，在增速温度点减弱，在燃烧温度点峰强度最弱。2 852 cm^{-1}位置的亚甲基对称伸缩振动与甲基和亚甲基的伸缩振动具有相当的变化规律。1 432 cm^{-1}峰位和 1 384 cm^{-1}峰位的脂肪烃变形振动随特征温度点的升高不断减小。随着温度的升高，长链烃基类结构氧化断裂，生成甲基和亚甲基，继而氧化裂解位的甲基的变形振动由于峰位叠加也显示一个峰值，分峰可知，该两个峰位的强度随着特征温度点的增大不断生成碳氢类气体（CH_4、C_2H_4、C_2H_6、C_2H_2等）和羰基，羰基最终在热力作用下生成 CO 和 CO_2。所以脂肪烃是直接和间接产生碳氢类气体和碳氧类气体的主要分子结构。

芳香烃结构中，1 593 cm^{-1}位置的芳环化合物 C ═C 双键面内振动强度在反应初期非常稳定，峰形尖锐，在临界温度点、干裂温度点、活性温度点和增速温度点峰强度在所有官能团中最大，直到燃点温度点强度开始下降。芳环的 C ═C 双键是稳定的化学结构，低温反应阶段其含量变化不大，当达到燃点温度附近，气体浓度开始下降，羟基、脂肪烃、羰基和羧基等的大量消耗造成了气体含量与温度曲线上的唯一峰值的出现。在氧气攻击下，C ═C 双键开始断裂，芳烃缓慢消耗，含量减小，释放出气体。所以燃点温度之后，气体含量在下降了一个阶段之后又有上升的趋势，这是由于芳环裂解的 C ═C 双键发生氧化而来。芳烃 Ar—CH 在特征温度点下峰强微弱，含量较小，变化较弱。

1 779 cm^{-1}、1 757 cm^{-1}、1 735 cm^{-1}和 1 704 cm^{-1}位置的羰基和羧基由于波数较近，发生堆叠现象，所以在燃点温度所表现出来的峰位是羰基峰位。由分峰可知，随着温度的升高，堆叠峰强度不断增大，在燃点温度时达到最大值。由前章分析可知，羰基由于会在反应过程中生成，含量增大，是反应过程中释放气体产物的主要官能团。由第 2 章的原煤红外光谱分析可知，原煤的醚键谱峰强度最大，而在特征温度点下，醚键强度变化不大，醚键是比较容易参与氧化反应的官能团，但其他官能团的反应会生成次生芳醚或脂肪醚，导致其含量在特征温度下变化不大。

此外，在 2 360 cm^{-1}和 2 308 cm^{-1}位置出现了两处峰位，这两个峰在原始煤样和低温氧化阶段并未出现，直到活性温度显现出微弱的趋势，在增速温度点强度有所加强，在燃点温度达到最大值，强度超过芳醚键。经查阅，该峰属于 O ═C ═O，是高温氧化的产物，是反应后期释放的 CO_2气体的主要体现。

图 5-3 为 2[#] 煤样特征温度点下的红外光谱图。游离的羟基与分子内氢键在前三个特征温度点含量变化不大，到达增速温度点后有微弱的减小趋势，到燃点温度点继续减小。分子间缔合的氢键随着特征温度的增大，强度减小，即含量减小。整体上羟基强度随着特征温度的递增，含量减小。

2[#] 煤样脂肪烃在特征温度点的变化与 1[#] 煤样的变化规律一致。甲基和亚甲基的伸缩振动在临界温度点、干裂温度点下有小幅度的增大，这是因为在反应过程中不断有侧链、长链烃基等结构断裂生成甲基和亚甲基结构，而从活性温度点开始振动强度大幅下降。而脂肪烃的变形振动强度在 5 个特征温度点下依次减弱。在燃点温度，官能团被氧气攻击反应生成羰基和羧基等官能团，并且脂肪烃的断裂和氧化释放出烷烃和烯烃类气体。

芳环化合物 C ═C 的面内振动在增速温度点之前变化不大，验证了其稳定结构的地位。到达燃点温度后，芳香结构受氧气影响发生氧化与裂解，芳环被打开，峰强度下降，从而造成了 2 358 cm^{-1}和 2 312 cm^{-1}峰位的 C ═O ═C 官能团的出现，并且其峰强度在燃点温度显示出在 5 个特征温度点中的最大值。2[#] 煤样在 3 026 cm^{-1}峰位的芳香 Ar—CH 键的伸缩振动波数在所选煤样中振动强度最强，说明其含量最大。该位置的官能团的变化幅度能够反映出芳环的稳定程度，相对来说，该位置的 Ar—CH 键强度越大，越不易发生自燃，芳核稳定程度越大。

氧原子是煤中最丰富的杂原子，以水分、无机含氧化合物及含氧官能团的形式存在，含氧官能团中，醚键(O—C—O)在特征温度点的变化不大。羰基(C ═O)含量随着特征温度点的递增不断增大，直到燃点温度才减小。1 730 cm^{-1}峰位是 Ar—O—CO—R、R—O—CO—R、Ar—O—CO—Ar 和—COOH 四种羰基基团的叠加显示，分峰拟合可以发现，四种羰基在反应过程中不断增多，最终伴随着反应的加剧，生成水、CO 和 CO_2等气体。

经过对 6 种不同中变质程度烟煤实验样分析发现，随着特征温度点的增加，实验煤样各个官能团的变化规律一致，在氧化过程的位置较为稳定。羟基含量较小，峰形尖锐，且变化趋势较弱，随着特征温度点的推移逐渐减弱。脂肪族官能团反应性较大，随着特征温度的增大而减小，中间伴随小幅的增大，脂肪族会氧化生成含氧官能团中的羰基和羧基以及碳氢类气体，导致含氧官能团数量不断增大，释放的气体产物数量在燃点温度前也不断增大。芳香结构的 C ═C 双键在燃点温度点强度降低，含量减少，预示着煤氧化到高温阶段芳环才被打开，参与到氧化裂解反应之中。芳烃 Ar—CH 的伸缩振动带在整个反应过程中都比较稳定，也说明芳环的稳定性较强，在燃点温度点才逐渐开始反应。含氧官能团中，芳醚、脂肪醚等醚键的含量随着特征温度的推移变化不大，而羰基含量逐渐增大。所以在燃点温度之前，氧化释放的碳氧类气体和碳氢类气体是由羟基、脂肪烃、羰基等活性官能团与氧气反应或裂解而来，到达燃点温度附近显示出气体曲线上的峰值，之后由于活性官能团的大量消耗，在气体曲线上出现了峰值，气体浓度下降，之后 C ═C 双键受氧气攻击而断裂，C ═O 键脱落，与氧气和水蒸气反应最终生成 CO、CO_2、CH_4等气体。除此之外，六种煤样均从活性温度点开始，在 2 350 cm^{-1}和 2 310 cm^{-1}峰位附近出现双峰，该峰为 O ═C ═O，是高温产物。

在临界温度点、干裂温度点和活性温度点，煤样处于低温氧化阶段，各个官能团的变化趋势并不明显，达到增速温度点后，一部分官能团迅速发生消耗，并有生成新官能团的趋势，在燃点温度官能团与氧气反应加剧，其含量变化很大，造成了气体产物含量的不同。

5.4 氧化过程中官能团迁移转化规律分析

根据氧化过程的原位漫反射红外光谱分析得出在高温氧化过程中四类官能团的 21 个主要活性基团，对其在四个温度阶段中的迁移转化规律分别进行讨论分析。

5.4.1 羟基(—OH)迁移转化分析

羟基是氧化反应中释放水蒸气的主要官能团，此外，羟基与亚甲基反应会生成羧基，如下所示：

$$—CH_2—+—OH+O_2 \longrightarrow —COOH+H_2O \tag{5-1}$$

羧基是生成 CO_2 气体的主要官能团。由图 5-8 可知，不同煤样中均存在五个峰位的羟

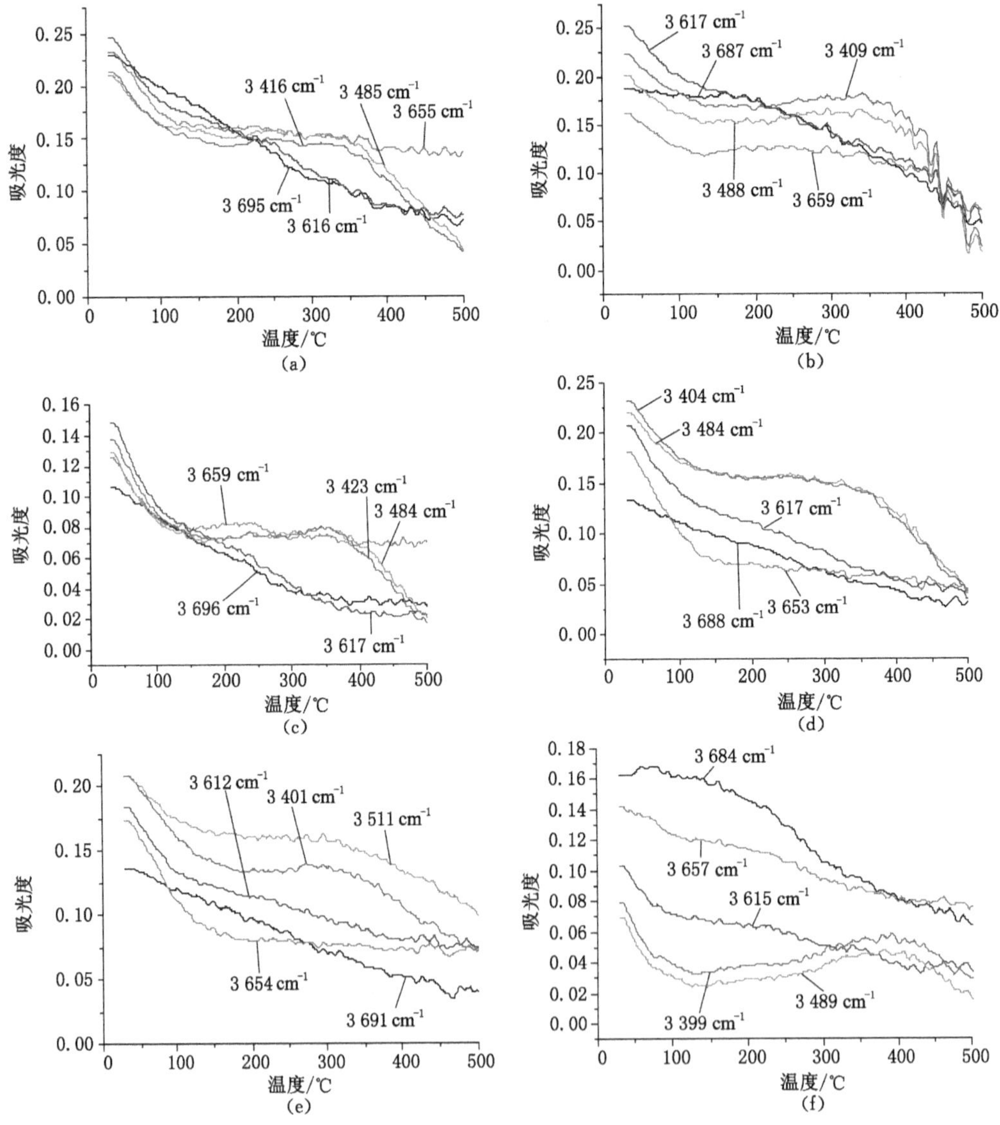

图 5-8 羟基随温度变化曲线

(a) 1# 煤样；(b) 2# 煤样；(c) 3# 煤样；(d) 4# 煤样；(e) 5# 煤样；(f) 6# 煤样

基，且这个五个峰位的基团归属于三种羟基：游离的羟基、分子内的氢键和分子间缔合的氢键。其中，游离的羟基和分子间缔合的氢键由于峰值的叠加，在图谱中显示为一个峰值，通过分峰拟合将其分离，得出各个峰的位置。

（1）临界温度阶段

由图 5-8 可知，各煤样中，羟基存在于氧化的整个过程中，强度中等，随着温度的升高，羟基不断地参与到氧化反应中，其含量和强度总体上不断减少。临界温度阶段，3 697～3 625 cm^{-1}游离的羟基、3 624～3 613 cm^{-1}分子内的氢键以及 3 500～3 200 cm^{-1}峰位的分子间缔合的氢键数量不断减少，强度基本呈线性关系下降。

（2）干裂-活性-增速温度阶段

3 697～3 625 cm^{-1}游离的羟基和 3 624～3 613 cm^{-1}分子内的氢键强度在该阶段持续下降，官能团不断被消耗。3 500～3 200 cm^{-1}峰位的分子间缔合的氢键在该阶段含量保持平衡，这是由于当反应到达该阶段后，各种结构均受热参与到氧化反应当中，且羟基是强极性基团，其化合物的缔合现象非常显著，容易转化为分子间缔合的氢键，导致分子间缔合的氢键的谱峰强度在该阶段保持稳定。

（3）增速-燃点温度阶段

与前两阶段相同，随着氧化反应的深化，3 697～3 625 cm^{-1}和 3 624～3 613 cm^{-1}峰位的羟基继续减小，游离的羟基和分子内氢键被逐渐消耗。3 500～3 200 cm^{-1}峰位的分子间缔合的氢键含量仍然保持平衡。

（4）燃烧阶段

3 500～3 200 cm^{-1}峰位的分子间缔合的氢键强度在燃烧阶段开始急剧减少，这是由于反应后期反应程度加剧，分子间缔合的氢键也参与到反应之中，最终生成含氧官能团和水等。游离的羟基和分子内氢键继续降低，在实验结束时达到最小值。

5.4.2　甲基（$—CH_3$）和亚甲基（$—CH_2—$）迁移转化分析

脂肪烃的主要表征谱峰为甲基（$—CH_3$）和亚甲基（$—CH_2—$），表现为 2 975～2 950 cm^{-1}甲基和 2 940～2 915 cm^{-1}亚甲基的 C—H 不对称伸缩振动、2 870～2 845 cm^{-1}亚甲基的 C—H 对称伸缩振动、1 470～1 430 cm^{-1}和 1 380～1 370 cm^{-1}甲基的 C—H 变形振动。甲基和亚甲基是反应过程中活性较大的官能团之一。这两种官能团存在于整个氧化过程中。通过分峰拟合得出五个峰位的甲基和亚甲基，其峰强度与温度变化关系曲线如图 5-9所示。

（1）临界温度阶段

由图 5-9 可知，2 975～2 950 cm^{-1}甲基和 2 940～2 915 cm^{-1}亚甲基的 C—H 不对称伸缩振动以及 2 870～2 845 cm^{-1}亚甲基的 C—H 对称伸缩振动曲线在临界温度阶段有增长的趋势，这是由于脂肪烃是产生碳氢类气体的主要官能团，在反应初期反应不够剧烈，脂肪烃无法大量还原生成碳氢类气体，如 CH_4、C_2H_4、C_2H_6、C_2H_2等，而其他脂肪烃类侧链、桥键的断裂和氧化以及其他官能团的反应会产生一定量的次生甲基和亚甲基官能团，导致其在反应初始阶段峰强度小幅度增大。1 470～1 430 cm^{-1}峰位的强度大于 1 380～1 370 cm^{-1}峰位，且该两处甲基变形振动谱峰的峰强随着温度的升高呈类似线性的关系不断减少。

（2）干裂-活性-增速温度阶段

各个煤样的甲基、亚甲基伸缩振动强度在该阶段继续增大，表明官能团含量持续增多，

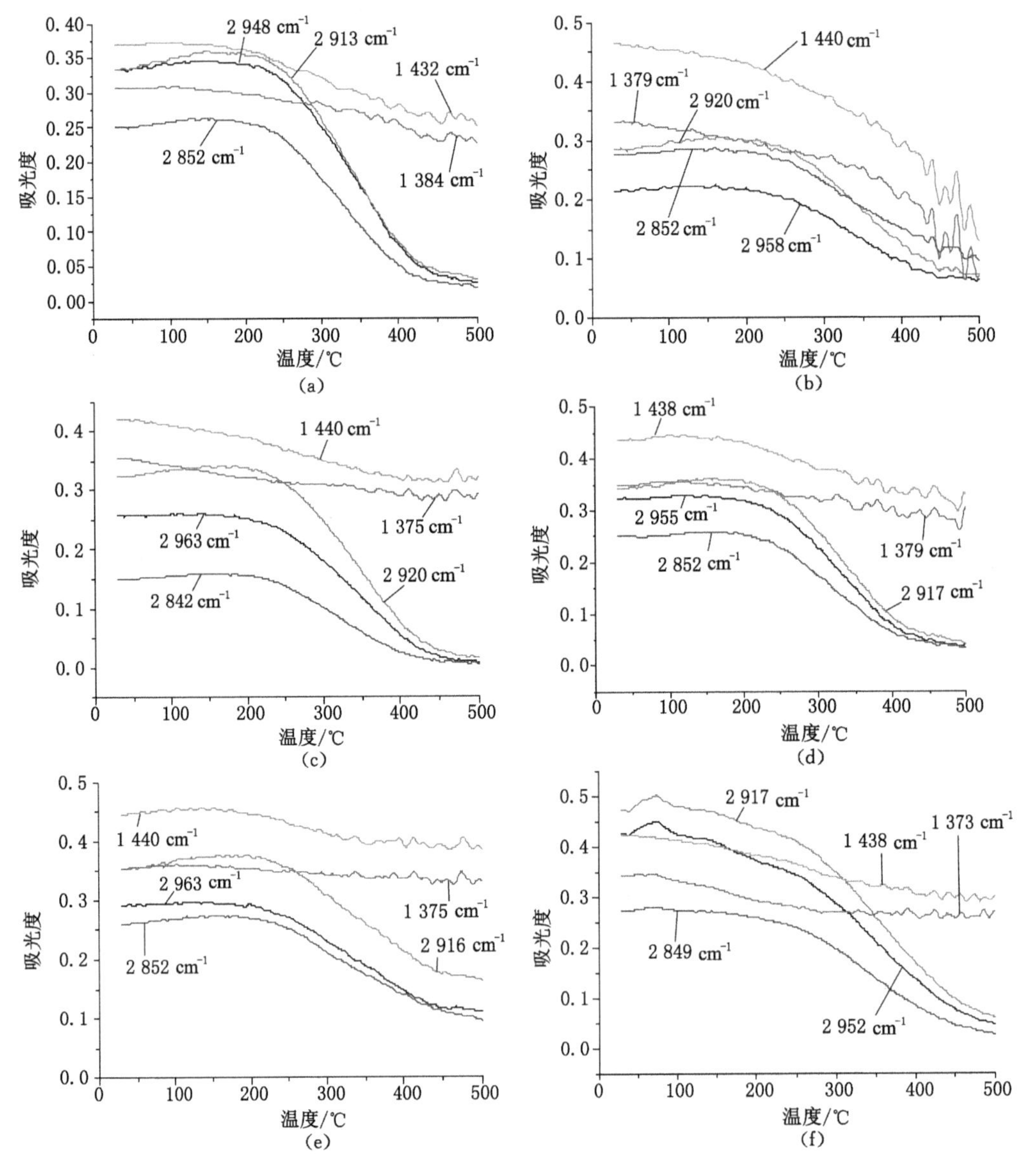

图 5-9 脂肪烃随温度变化曲线图

(a) 1# 煤样；(b) 2# 煤样；(c) 3# 煤样；(d) 4# 煤样；(e) 5# 煤样；(f) 6# 煤样

增多趋势均持续到活性温度点，之后开始逐渐下降，即含量减少。甲基变形振动强度持续减小。2 940～2 915 cm^{-1} 峰位的亚甲基不对称伸缩振动强度最大。

(3) 增速-燃点温度阶段

从该温度阶段开始，伸缩振动峰位的甲基和亚甲基含量急剧减小，大量参与到了氧化反应之中。脂肪烃类侧链和桥键还原性较强，易受到氧的攻击发生取代反应和裂解反应，是官能团中活性较强的成分，脂肪烃含量的减少，是造成羟基含量变化趋势较弱，羰基(C═O)含量不断增大的主要原因。甲基和亚甲基受氧气攻击生成羰基反应如下：

$$—CH_2—+O_2 \longrightarrow —C═O—+H_2O \tag{5-2}$$

$$—CH_3 + O_2 \longrightarrow —C=O— + H_2O \quad (5\text{-}3)$$

$$—C=O— + —OH \longrightarrow —COOH \quad (5\text{-}4)$$

羰基是生成 CO 气体的主要官能团，羧基生成 CO_2 气体。此外，脂肪烃是产生碳氢类气体的主要官能团，随着温度的升高，脂肪烃长链结构断裂并受氧气攻击，会发生还原反应，生成大量 CH_4、C_2H_4、C_2H_6 等碳氢类气体。

(4) 燃烧阶段

燃烧阶段，甲基和亚甲基的伸缩振动强度继上一温度阶段缓慢减小，此时峰强已经很小，说明在前面两个阶段中，脂肪烃被大量消耗。当达到 500 ℃时，甲基和亚甲基的伸缩振动强度已小于 0.1。直至燃烧阶段，甲基的 C—H 变形振动的两条曲线强度均在 0.4 左右，含量不断减少，但变化较小，表明在氧化过程中，主要消耗的是伸缩振动峰位的脂肪烃，并且亚甲基消耗量大于甲基。

5.4.3　芳烃(Ar—CH)迁移转化分析

芳烃是表征芳香环状结构稳定程度的主要官能团[8-9]，尤其是 3 085～3 030 cm^{-1} 峰位基团。其变化趋势越小，表明芳环稳定程度越大，越不易受到氧气攻击。分别对 6 个不同煤样的 3 085～3030 cm^{-1} 和 900～700 cm^{-1} 峰位的芳烃 Ar—CH 振动随温度的结构变化特征进行分析，得出变化曲线如图 5-10 所示。

(1) 临界温度阶段

3 085～3 030 cm^{-1} 峰位的芳烃 Ar—CH 伸缩振动在反应初始阶段强度变化较小，有斜率非常小的下降趋势，900～700 cm^{-1} 峰位的多种取代芳烃的三个主要峰位均表现出强度增大的趋势，说明在该阶段，煤分子中桥键、链状结构的断裂产生了一部分取代烃基团，导致官能团含量不断增大。2# 煤样在 3 045 cm^{-1} 峰位的芳烃在整个氧化过程中都比较稳定。

(2) 干裂-活性-增速温度阶段

3 085～3 030 cm^{-1} 峰位的芳烃 Ar—CH 伸缩振动在该温度阶段强度保持平衡状态，谱峰变化不大，说明在该阶段 Ar—CH 基团没有发生消耗。900～700 cm^{-1} 峰位的多种取代芳烃的变形振动在该阶段初期谱峰强度持续增大，温度超过活性温度点时，峰强度迅速下降，说明在活性温度点附近，取代烃官能团开始发生消耗，此时消耗量大于生成量，导致曲线出现峰值。

(3) 增速-燃点温度阶段

芳烃 3 085～3 030 cm^{-1} 峰位 Ar—CH 伸缩振动和多种取代芳烃的变形振动强度在增速-燃点温度阶段迅速减弱，表明从该阶段，芳烃基团大量参与氧化反应，发生消耗，且900～700 cm^{-1} 峰位的芳烃随着反应的加深，官能团不断消耗，芳烃断裂参与氧化反应，含量急剧下降，在燃点温度点附近达到最小值。

(4) 燃烧阶段

芳烃 3 085～3 030 cm^{-1} 峰位 Ar—CH 伸缩振动在燃烧阶段又保持平稳缓慢下降的趋势，但此时谱峰强度已经很小，只有 5# 煤样表现出含量上升，说明在反应后期 5# 煤样仍然含有较多的官能团，导致其煤分子活性较高，释放出的气体量较大。900～700 cm^{-1} 峰位的多种取代芳烃的变形振动在反应后期出现杂峰较多，由于温度的不断升高，稳定的官能团结构断裂，产生大量的次生取代烃基团，含量有所增大。

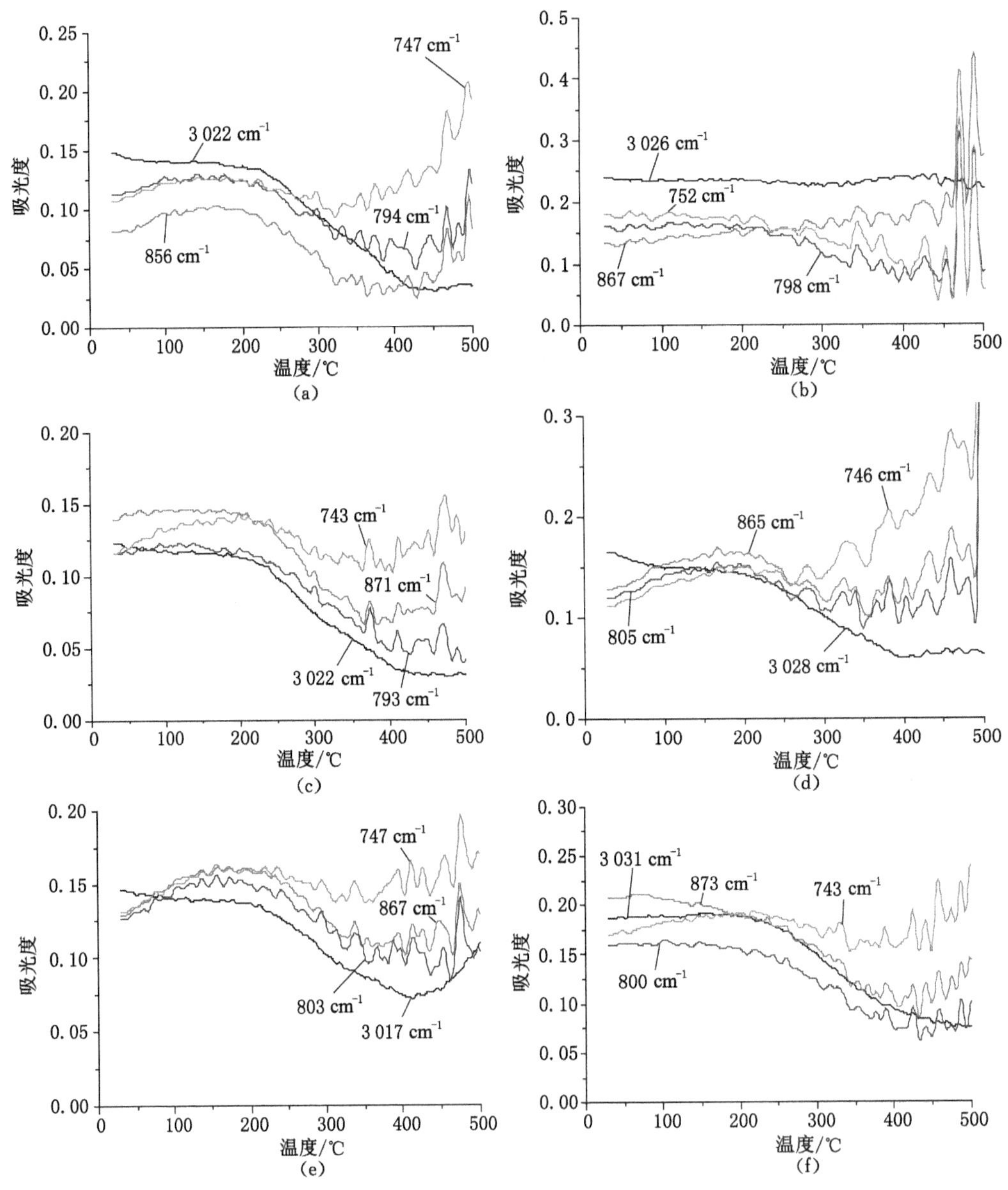

图 5-10　芳烃随温度变化曲线

(a) 1# 煤样；(b) 2# 煤样；(c) 3# 煤样；(d) 4# 煤样；(e) 5# 煤样；(f) 6# 煤样

5.4.4　不饱和键(C═C)迁移转化分析

1 625～1 575 cm^{-1}峰位不饱和 C═C 双键的变形振动是鉴定化合物有无苯环的重要标志之一，结合芳烃的振动强度可判定该物质的核状结构的稳定程度。对不同煤样中C═C双键的吸收峰强度随温度变化曲线进行分析，如图 5-11 所示。

由图 5-11 可知，C═C 双键结构的中心位置是 1 600 cm^{-1}。各煤样的 C═C 双键结构在氧化过程中随着温度的不断升高，含量有所下降，但下降幅度不强，说明 C═C 双键是稳定的芳香结构，前三个温度阶段下较难发生氧化反应，在达到高温氧化阶段时，随着其他活性官能团的消耗，芳环才会逐渐参与反应之中，反应消耗量逐渐增大，主要在燃烧阶段才显

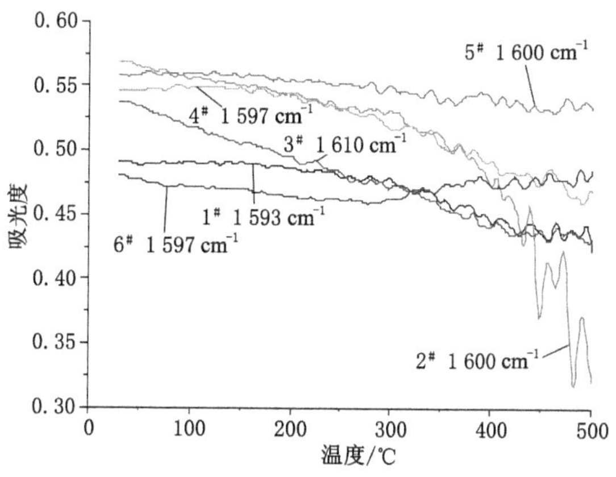

图 5-11　C ═C 双键随温度变化曲线

现出下降的趋势。其中 2# 煤样在反应后期下降程度较大，变化量约为 0.25，说明在反应后期，氧气大量攻击双键结构，造成双键结构断裂，发生氧化反应，导致其含量较小。6# 煤样的双键结构变化较小，变化量不足 0.02，C ═C 双键较少参与反应。

5.4.5　含氧官能团迁移转化分析

含氧官能团种类繁多，在官能团总量中所占比重较大，活性较大的官能团主要有羟基、羧基、羰基、醚键、脂肪醚等[10-11]。其中羟基是官能团中非常重要的一种，它对反应过程中水蒸气的释放起主导作用，所以经常将其单独归为一类官能团进行讨论，本书也不例外，本小节对其余含氧官能团在四个温度阶段中的迁移转化规律进行分析。含氧官能团的变化趋势如图 5-12 所示。

(1) 临界温度阶段

1 790～1 690 cm^{-1} 峰位的羰基(C ═O)伸缩振动是含氧官能团中变化幅度较大的一类官能团，其中包括 1 790～1 715 cm^{-1} 的羰基伸缩振动和 1 715～1 690 cm^{-1} 的羧基(—COOH)伸缩振动，羰基的伸缩振动主要有 Ar—O—CO—R、R—O—CO—R 和 Ar—O—CO—Ar 三种官能团，其谱峰位置分别集中在 1 780 cm^{-1}、1 750 cm^{-1}、1 730 cm^{-1} 附近。其变化趋势为在临界温度阶段缓慢增大。羧基在临界温度阶段含量小幅下降，羧基是低温氧化阶段活性较大的官能团，低温下参与反应并发生消耗。1 270～1 230 cm^{-1} 的芳醚键和 1 210～1 015 cm^{-1} 峰位的脂肪醚键在整个氧化过程中随着温度的升高含量小幅上升，这也是由于煤氧复合反应产生了次生基团，且反应产生量高于消耗量，产生了部分醚键，使得醚键的生成和消耗保持了较为稳定的水平，且整个氧化过程中，芳醚含量较高。

(2) 干裂-活性-增速温度阶段

在干裂-活性-增速温度阶段，羰基含量先缓慢增长，到活性温度点之后，羰基含量迅速上升，从该温度点开始，羰基的变化趋势刚好与脂肪烃中 2 975～2 950 cm^{-1} 甲基和 2 940～2 915 cm^{-1} 亚甲基的 C—H 不对称伸缩振动、2 870～2 845 cm^{-1} 亚甲基的 C—H 对称伸缩振动的变化趋势相反，验证了脂肪烃是产生羰基的主要官能团，在脂肪烃消耗的同时，羰基生成。羧基在该温度阶段含量开始上升，变化趋势与羰基相同，但由于羟基含量在该阶段较少，所以产生的羧基含量也较少，强度小于羰基。

(3) 增速-燃点温度阶段

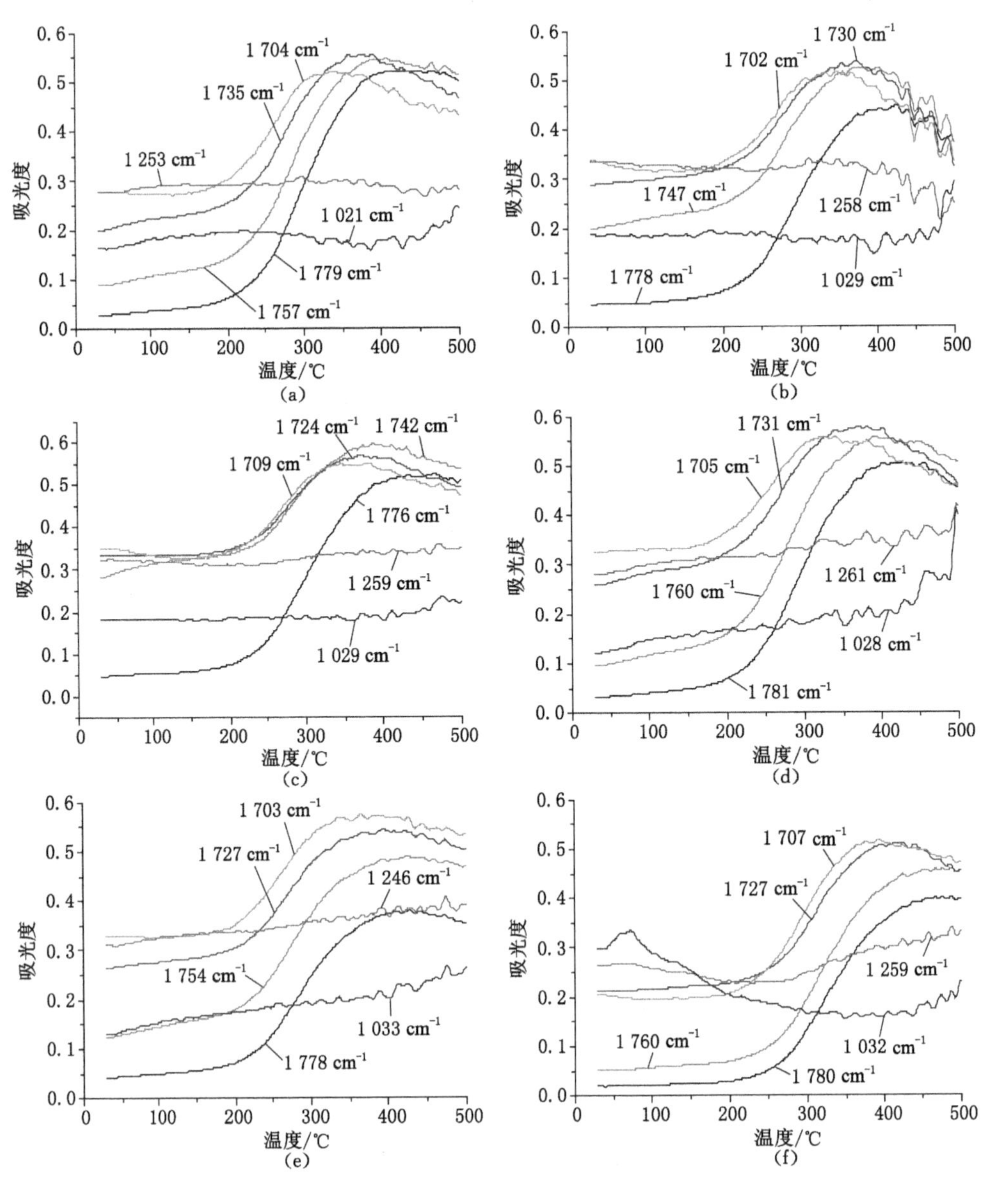

图 5-12　含氧官能团随温度变化曲线

(a) 1# 煤样；(b) 2# 煤样；(c) 3# 煤样；(d) 4# 煤样；(e) 5# 煤样；(f) 6# 煤样

羰基和羧基含量在增速-燃点温度阶段继续急剧增大，直到燃点温度左右达到峰值，这时脂肪烃含量急剧减小，导致产生大量的羰基，而煤分子中断裂的亚甲基与羟基和氧气发生反应，并且羰基与羟基反应，生成了大量的羧基，导致其含量持续增大。直至脂肪烃大量消耗，使得曲线出现峰值。

(4) 燃烧温度阶段

燃烧阶段，羰基和羧基含量都开始下降，此时脂肪烃含量持续走低，这是在反应后期，产生羰基和羧基的活性官能团几乎反应完毕，羰基和羧基含量开始降低，继续反应生成 CO 和 CO_2 等气体。

参考文献

[1] 张慧杰,张浪,汪东,等.构造煤的瓦斯放散特征及孔隙结构微观解释[J].煤炭学报,2018,43(12):3404-3410.

[2] 吴强,于洋,高霞,等.七星矿煤体的微观孔隙结构特征[J].黑龙江科技大学学报,2018,28(4):374-378,404.

[3] 邓军,赵婧昱,张嫣妮,等.不同变质程度煤二次氧化自燃的微观特性试验[J].煤炭学报,2016,41(5):1164-1172.

[4] 孟亚宁.煤自燃指标气体与煤体微观结构变化关系研究[D].唐山:河北联合大学,2014.

[5] 张卫清,蒋曙光,吴征艳,等.离子液体处理对煤微观活性结构的影响[J].中南大学学报(自然科学版),2013,44(5):2008-2013.

[6] 金毅,宋慧波,潘结南,等.煤微观结构三维表征及其孔-渗时空演化模式数值分析[J].岩石力学与工程学报,2013,32(增刊):2632-2641.

[7] 王继仁,邓存宝.煤微观结构与组分量质差异自燃理论[J].煤炭学报,2007,32(12):1291-1296.

[8] 潘保龙.煤的微观结构对软硬煤瓦斯吸附差异的影响[D].焦作:河南理工大学,2017.

[9] 张小兵,郇璇,张航,等.不同煤体结构煤基活性炭微观结构与甲烷吸附性能[J].中国矿业大学学报,2017,46(1):155-161.

[10] 董宪伟,王福生,孟亚宁.煤的微观孔隙结构对其自燃倾向性的影响[J].煤炭科学技术,2014,42(11):41-45,49.

[11] 李晓泉,尹光志.不同性质煤的微观特性及渗透特性对比试验研究[J].岩石力学与工程学报,2011,30(3):500-508.

第6章　煤氧化自燃宏观表征与微观特性量化判定指标研究

煤自燃过程中的宏观表征是微观特性变化的外在体现，而微观特性是宏观表征的内在本质，两者之间存在着密不可分的关联性。本书通过原位红外光谱实验分析了煤自燃过程中官能团的变化特征，通过煤自燃程序升温等实验，实时监测氧化过程中的自燃特性参数变化。本章采用关联性分析，建立煤自燃过程的宏观表征与微观特性的量化判定指标，研究煤宏观特性变化规律与其微观特征变化之间的对应关系，将煤自燃过程中官能团变化的微观特性与气体产物和放热特性等宏观表征相结合，得出煤自燃的根本原因，进一步揭示煤自燃机理，确定在不同温度阶段影响煤自燃的关键基团。

6.1　关联性分析方法

关联性分析是指对两个或多个具备相关性的变量元素进行分析，研究变量之间是否存在某种依存关系，从而衡量两个变量因素的密切程度。关联性的元素之间需要存在一定的联系或者概率才可以进行关联性分析。简而言之，计算关联性变量之间的关联性程度的统计方法即为关联性分析。

灰色关联分析是指对一个系统发展变化态势的定量描述和比较的方法，其基本思想是通过确定参考数据列和若干个比较数据列的几何形状相似程度来判断其联系是否紧密，它反映了曲线间的关联程度[1-4]。通常可以运用此方法来分析各个因素对于结果的影响程度，也可以运用此方法解决随时间变化的综合评价类问题，其核心是按照一定规则确立随时间变化的母序列，把各个评估对象随时间的变化作为子序列，求各个子序列与母序列的相关程度，依照相关性大小得出结论。

灰色系统理论是由著名学者邓聚龙教授在1982年首创的一种系统科学理论，其中的灰色关联分析是根据各因素变化曲线几何形状的相似程度，来判断因素之间关联程度的方法。此方法通过对动态过程发展态势的量化分析，完成对系统内时间序列有关统计数据几何关系的比较，求出参考数列与各比较数列之间的灰色关联度。与参考数列关联度越大的比较数列，其发展方向和速率与参考数列越接近，与参考数列的关系越紧密。灰色关联分析具有总体性、非对称性、非唯一性、有序性的特征，其基本思想是将评价指标原始观测数进行无量纲化处理，计算关联系数、关联度以及根据关联度的大小对待评指标进行排序[5-8]。

关联度有绝对关联度和相对关联度之分，绝对关联度采用初始点零化法进行初值化处理，当分析的因素差异较大时，由于变量间的量纲不一致，往往影响分析，难以得出合理的结果。而相对关联度用相对量进行分析，计算结果仅与序列相对于初始点的变化速率有关，与各观测数据大小无关，这在一定程度上弥补了绝对关联度的缺陷[9-11]。本章采用相对关联度分析法，对煤自燃过程中的不同氧化阶段的宏观气体浓度和放热强度与活性基团之间的关联度进行计算分析，得出影响各个阶段氧化反应的关键活性基团。

相对关联度分析的具体计算步骤如下：

第一步，计算初值象。计算 X_0 与 $X_i(i=1,2,\cdots,m)$ 的初值象 $X'_i(i=1,2,\cdots,m)$，计算公式为：

$$X'_i=\frac{X_i}{X_i(1)}=\left(\frac{X_i(1)}{X_i(1)},\frac{X_i(2)}{X_i(1)},\cdots,\frac{X_i(n)}{X_i(1)}\right),(i=1,2,\cdots,m)$$

第二步，计算始点零化象。计算 $X'_i(i=1,2,\cdots,m)$ 的始点零化象 $X_i^{0'}$，$(i=1,2,\cdots,m)$。

第三步，计算 $|S'_0|$、$|S'_i|$ 和 $|S'_i-S'_0|$，其中：

$$|S'_0|=|\sum_{k=2}^{n-1}x_0^{0'}(k)+\frac{1}{2}x_0^{0'}(n)|$$

$$|S'_i|=|\sum_{k=2}^{n-1}x_i^{0'}(k)+\frac{1}{2}x_i^{0'}(n)|$$

$$|S'_i-S'_0|=\left|\sum_{k=2}^{n-1}[x_i^{0'}(k)-x_0^{0'}(k)]+\frac{1}{2}[x_i^{0'}(n)-x_0^{0'}(n)]\right|$$

第四步，计算灰色相对关联度 $\gamma_{0i}(i=1,2,\cdots,m)$，公式如下：

$$\gamma_{0i}=\frac{1+|S'_0|+|S'_i|}{1+|S'_0|+|S'_i|+|S'_i-S'_0|}$$

本章对前章高温氧化实验分析所得的临界温度阶段、干裂-活性-增速温度阶段、增速-燃点温度阶段和燃烧阶段所释放的气体浓度和差示扫描法（DSC 实验）测试所得的热放量与原位红外实验所测得的不同温度阶段的官能团变化数据进行关联度计算，并进行分阶段讨论分析。

由于羟基（—OH）多为中间产物，其主要为氧化过程中产生水蒸气和含氧官能团的主要官能团，而本章主要研究的气体是指碳氢类气体和碳氧类气体，所以在本章研究中，主要研究了除羟基以外的 1 790～1 715 cm^{-1} 的 Ar—O—CO—R、R—O—CO—R、Ar—O—CO—Ar，1 715～1 690 cm^{-1} 的—COOH，1 270～1 230 cm^{-1} 的 ArC—C，1 210～1 015 cm^{-1} 的 C—O—C，2 975～2 950 cm^{-1}、1 470～1 430 cm^{-1} 和 1 380～1 370 cm^{-1} 的—CH_3，2 940～2 915 cm^{-1} 和 2 870～2 845 cm^{-1} 的—CH_2，3 085～3 030 cm^{-1} 和 800 cm^{-1} 附近的 Ar—CH，以及 1 625～1 575 cm^{-1} 的 C═C 等 14 个不同峰位的活性官能团对高温氧化的四个不同温度阶段的气体产生量和放热强度的影响。

6.2　CO、CO_2 气体产生与活性官能团的关联

氧化阶段，气体主要来源有煤体本身吸附气体的释放、氧化作用以及裂解作用，关联度分析主要是计算在氧化和裂解过程中，气体浓度与官能团变化之间的相关性。临界温度阶段，气体产物增长都非常缓慢，此时官能团活性较小，温度较低，发生氧化反应速率较低，产生的热量也较小。

由表 6-1 可知，临界温度阶段，除 2# 煤样外，CO 气体浓度与羰基伸缩振动中 Ar—O—

CO—R 基团的关联度较大，说明在很大程度上，临界温度阶段所产生的 CO 气体是由与芳环和烷基相连的羰基氧化产生，说明羰基活性较大，在反应初始阶段就能够参与反应释放出 CO 气体。2# 煤样各个官能团在临界温度阶段与气体浓度之间的关联度非常接近，推断认为，2# 煤样在该阶段的气体产物主要来自本身吸附的气体释放，导致关联度较小且接近。此外，R—O—CO—R、—COOH、C—O—C 和 Ar—CH 变形振动也在临界温度阶段对 CO 气体的产生做出了贡献，显示出较大的关联度。其中，5# 煤样的关联性较高，可达到 0.9 以上，且由前章分析得知 5# 煤样活性官能团数量较大，导热系数最大，推断 5# 煤样变质程度较低，临界温度阶段易氧化产生 CO 气体，导致官能团与气体浓度之间的关联度较大。

表 6-1 临界温度阶段 CO 气体与活性官能团关联度

序号	官能团	1#	2#	3#	4#	5#	6#
1	Ar—O—CO—R	0.561 7	0.501 2	0.607 8	0.567 7	0.984 6	0.523 9
2	R—O—CO—R	0.554 4	0.501 4	0.588 9	0.564 0	0.990 8	0.524 9
3	Ar—O—CO—Ar	0.545 4	0.501 2	0.563 7	0.552 5	0.913 5	0.521 1
4	—COOH	0.537 6	0.501 4	0.575 9	0.544 7	0.900 7	0.522 6
5	ArC—C	0.541 1	0.501 2	0.568 3	0.550 3	0.925 7	0.521 2
6	C—O—C	0.546 6	0.501 2	0.566 1	0.562 9	0.985 0	0.520 8
7	—CH_3不对称伸缩振动	0.539 0	0.501 2	0.565 1	0.545 1	0.896 2	0.521 3
8	—CH_2—不对称伸缩振动	0.540 8	0.501 3	0.572 5	0.545 0	0.925 7	0.521 3
9	—CH_2—对称伸缩振动	0.539 7	0.501 2	0.574 4	0.543 6	0.910 5	0.520 7
10	—CH_3变形振动	0.537 9	0.501 2	0.568 8	0.544 8	0.895 5	0.521 4
11	—CH_3变形振动	0.537 4	0.501 2	0.573 0	0.545 8	0.894 8	0.521 8
12	Ar—CH 伸缩振动	0.539 2	0.501 2	0.575 3	0.552 1	0.911 0	0.521 3
13	C═C	0.505 9	0.501 2	0.572 0	0.544 2	0.885 8	0.521 3
14	Ar—CH 变形振动	0.547 7	0.501 4	0.572 4	0.555 7	0.983 3	0.520 4

临界温度阶段，产生 CO_2气体的关键官能团规律性较差。如表 6-2 所列，1# 和 4# 煤样的 CO_2气体浓度与羰基伸缩振动中 Ar—O—CO—R 基团的关联度最大，2# 和 5# 煤样的 Ar—CH 变形振动与 CO_2气体浓度关联度最大，3# 煤样—COOH 与 CO_2 气体浓度关联度最大，6# 煤样 R—O—CO—R 与 CO_2 气体浓度关联度最大。这说明了煤结构的复杂性，不同煤样煤分子内官能团数量不同，且产生同种气体的官能团种类也不同。但仍然可以看出，Ar—O—CO—R 基团的关联度在所有官能团中较大，说明该官能团数量较多，易被氧化生成气体。由前章分析得知，—COOH 是理论上产生 CO_2 气体的主要官能团，但由于—COOH可由羟基和羰基反应产生，且其本身在煤分子内含量较小，推断这是关联分析得出羰基是产生 CO_2气体的主要官能团的主要原因。上述分析可知，在临界温度阶段，产生碳氧类气体(如 CO 和 CO_2气体)的官能团主要是含羰基的酯类官能团和部分含氧官能团，其中贡献最大的是 Ar—O—CO—R 官能团。

表 6-2　临界温度阶段 CO_2 气体与活性官能团关联度

序号	官能团	1#	2#	3#	4#	5#	6#
1	Ar—O—CO—R	0.538 8	0.686 5	0.907 2	0.510 5	0.968 5	0.828 2
2	R—O—CO—R	0.534 2	0.709 7	0.903 6	0.509 9	0.945 7	0.842 9
3	Ar—O—CO—Ar	0.528 6	0.685 9	0.862 9	0.508 1	0.955 3	0.789 8
4	—COOH	0.523 6	0.705 7	0.932 4	0.506 9	0.941 2	0.810 4
5	ArC—C	0.525 9	0.684 8	0.889 1	0.507 8	0.968 8	0.791 6
6	C—O—C	0.529 3	0.681 5	0.876 8	0.509 7	0.968 1	0.786 5
7	$—CH_3$不对称伸缩振动	0.524 5	0.686 1	0.870 9	0.507 0	0.936 2	0.792 9
8	$—CH_2—$不对称伸缩振动	0.525 7	0.697 7	0.912 8	0.507 0	0.968 8	0.793 4
9	$—CH_2—$对称伸缩振动	0.525 0	0.683 1	0.924 0	0.506 8	0.952 0	0.784 2
10	$—CH_3$变形振动	0.523 8	0.683 9	0.891 9	0.506 9	0.935 6	0.794 1
11	$—CH_3$变形振动	0.523 5	0.687 8	0.916	0.507 1	0.934 7	0.799 2
12	Ar—CH 伸缩振动	0.524 6	0.681 4	0.928 8	0.508 1	0.952 6	0.792 9
13	C═C	0.523 4	0.684 2	0.910 3	0.506 9	0.924 9	0.793 5
14	Ar—CH 变形振动	0.530 0	0.709 8	0.912 7	0.508 6	0.969 8	0.780 0

干裂-活性-增速温度阶段是煤氧化产生气体由缓慢增大到迅速增大的过程，碳氧类气体在活性温度附近开始迅速增大。由表 6-3 和表 6-4 可知，在干裂-活性-增速温度阶段，CO、CO_2 气体浓度与官能团的关联度保持了高度的一致性，均为与羰基的关联度最高，其中主要是Ar—O—CO—R，个别还有 R—O—CO—R，说明羰基为所关注的官能团中，活性最大的结构。在反应中，脂肪烃氧化生成羰基，该阶段中随着脂肪烃的不断减少，羰基含量不断增大，而羰基是产生气体的主要官能团，也间接说明脂肪烃是所有官能团中，活性较大的结构。

表 6-3　干裂-活性-增速温度阶段 CO 气体与活性官能团关联度

序号	官能团	1#	2#	3#	4#	5#	6#
1	Ar—O—CO—R	0.510 4	0.505 2	0.504 5	0.507 8	0.508 4	0.506 8
2	R—O—CO—R	0.505 1	0.506 1	0.501 1	0.504 1	0.504 5	0.504 4
3	Ar—O—CO—Ar	0.502 6	0.501 1	0.501 1	0.501 9	0.502 6	0.501 7
4	—COOH	0.502 3	0.501 0	0.501 1	0.501 7	0.502 4	0.502 1
5	ArC—C	0.500 7	0.500 5	0.500 7	0.501 0	0.501 4	0.501 7
6	C—O—C	0.501 3	0.500 5	0.500 6	0.501 5	0.502 5	0.503 6
7	$—CH_3$不对称伸缩振动	0.500 8	0.500 6	0.500 9	0.501 0	0.501 4	0.502 1
8	$—CH_2—$不对称伸缩振动	0.500 7	0.500 4	0.500 7	0.500 7	0.501 0	0.501 7
9	$—CH_2—$对称伸缩振动	0.500 9	0.500 5	0.500 7	0.500 7	0.501 2	0.501 5
10	$—CH_3$变形振动	0.501 0	0.500 7	0.501 0	0.500 9	0.501 2	0.501 5
11	$—CH_3$变形振动	0.501 0	0.500 8	0.500 9	0.501 0	0.501 2	0.502 0
12	Ar—CH 伸缩振动	0.501 0	0.500 4	0.500 9	0.501 2	0.501 6	0.500 9
13	C═C	0.500 7	0.500 5	0.500 8	0.500 8	0.501 0	0.500 9
14	Ar—CH 变形振动	0.501 0	0.500 7	0.501 0	0.500 8	0.501 2	0.501 3

表 6-4　干裂-活性-增速温度阶段 CO_2 气体与活性官能团关联度

序号	官能团	1#	2#	3#	4#	5#	6#
1	Ar—O—CO—R	0.532 1	0.527 7	0.531 2	0.543 4	0.524 8	0.527 2
2	R—O—CO—R	0.515 7	0.509 2	0.507 9	0.523 0	0.513 3	0.517 8
3	Ar—O—CO—Ar	0.508 1	0.506 8	0.507 2	0.510 4	0.507 7	0.506 7
4	—COOH	0.507 1	0.505 6	0.507 4	0.509 2	0.507 1	0.508 5
5	ArC—C	0.502 2	0.503 7	0.504 9	0.505 7	0.504 1	0.506 8
6	C—O—C	0.503 9	0.503 7	0.504 3	0.508 4	0.507 3	0.514 6
7	$—CH_3$不对称伸缩振动	0.502 6	0.503 8	0.506 0	0.505 6	0.504 2	0.508 4
8	$—CH_2—$不对称伸缩振动	0.502 2	0.502 7	0.504 6	0.504 0	0.502 9	0.507 0
9	$—CH_2—$对称伸缩振动	0.502 9	0.503 1	0.505 0	0.504 1	0.503 4	0.506 0
10	$—CH_3$变形振动	0.503 1	0.505 0	0.506 8	0.505 1	0.503 5	0.506 1
11	$—CH_3$变形振动	0.503 0	0.505 6	0.506 5	0.505 5	0.503 5	0.507 9
12	Ar—CH 伸缩振动	0.503 2	0.502 8	0.506 5	0.506 8	0.504 8	0.503 8
13	C═C	0.502 2	0.503 6	0.505 8	0.504 4	0.503 1	0.503 6
14	Ar—CH 变形振动	0.503 2	0.504 1	0.507 1	0.504 7	0.503 7	0.505 2

增速-燃点阶段，气体产物呈现急速上升态势，且碳氧类气体产物在燃点温度附近达到最大值。由表 6-5 可知，增速-燃点温度阶段，2#、3#、4# 和 5# 煤样的 CO 气体浓度与 Ar—O—CO—R 官能团关联度最大，结合前两阶段可推断，从煤样氧化开始，经过临界温度、干裂温度、活性温度、增速温度直至燃点温度，Ar—O—CO—R 是产生 CO 气体的主要官能团，说明煤分子中本身就存在大量的 Ar—O—CO—R 官能团，并且在升温氧化过程中，随着温度的不断升高，长链结构也断裂生成 Ar—O—CO—R 官能团，该官能团中羰基的氧化裂解，最终生成大量的 CO 气体。此外，1# 煤样在增速-燃点阶段生成 CO 气体的主要官能团是 R—O—CO—R，6# 煤样关联度最大的官能团是 Ar—O—CO—Ar 和—COOH，说明 6# 煤样中与芳环相连的羰基在增速-燃点阶段发生氧化，开始断裂，形成 CO 气体。

表 6-5　增速-燃点温度阶段 CO 气体浓度与活性官能团关联度

序号	官能团	1#	2#	3#	4#	5#	6#
1	Ar—O—CO—R	0.777 8	0.921 7	0.970 0	0.761 1	0.907 1	0.662 3
2	R—O—CO—R	0.938 3	0.764 4	0.651 1	0.653 0	0.868 5	0.740 8
3	Ar—O—CO—Ar	0.855 7	0.692 8	0.625 3	0.580 2	0.722 2	0.956 2
4	—COOH	0.716 8	0.625 3	0.603 6	0.555 4	0.680 5	0.951 3
5	ArC—C	0.602 8	0.588 3	0.524 4	0.535 8	0.577 5	0.710 8
6	C—O—C	0.656 9	0.568 4	0.522 1	0.542 7	0.574 8	0.637 0
7	$—CH_3$不对称伸缩振动	0.872 0	0.781 6	0.694 7	0.585 3	0.686 7	0.802 0
8	$—CH_2—$不对称伸缩振动	0.885 7	0.796 6	0.695 0	0.581 3	0.675 1	0.795 9
9	$—CH_2—$对称伸缩振动	0.914 1	0.739 7	0.718 8	0.589 6	0.692 8	0.829 1

表6-5(续)

序号	官能团	1#	2#	3#	4#	5#	6#
10	—CH_3变形振动	0.664 9	0.663 5	0.551 5	0.532 0	0.578 1	0.628 7
11	—CH_3变形振动	0.623 1	0.648 8	0.533 9	0.523 2	0.555 3	0.578 4
12	Ar—CH 伸缩振动	0.835 0	0.583 8	0.671 2	0.573 5	0.686 4	0.769 5
13	C═C	0.616 6	0.603 6	0.538 0	0.524 1	0.553 4	0.591 3
14	Ar—CH 变形振动	0.744 7	0.709 1	0.754 0	0.527 4	0.644 9	0.766 1

由表6-6可知，增速-燃点阶段，2#、3#、4#煤样中与CO_2气体浓度关联度最大的官能团仍然是Ar—O—CO—R。5#和6#煤样中与CO_2气体浓度关联度最大的官能团是R—O—CO—R。羰基在含氧官能团中所占比重最大，也是反应过程中生成气体的主要官能团，在反应过程中起着重要的作用。1#煤样中脂肪烃的—CH_2—不对称伸缩振动与CO_2气体浓度的关联度最大，说明1#煤样在增速-燃点温度阶段，大量的长链结构发生断裂，生成脂肪烃结构，且脂肪烃的伸缩振动对生成气体的影响较大，容易与氧反应生成CO_2气体。

表6-6　增速-燃点温度阶段CO_2气体浓度与活性官能团关联度

序号	官能团	1#	2#	3#	4#	5#	6#
1	Ar—O—CO—R	0.719 6	0.781 1	0.904 4	0.753 2	0.843 3	0.896 3
2	R—O—CO—R	0.846 5	0.625 4	0.604 5	0.648 3	0.937 1	0.925 3
3	Ar—O—CO—Ar	0.950 0	0.591 4	0.614 8	0.577 8	0.763 5	0.686 9
4	—COOH	0.774 2	0.559 4	0.596 3	0.553 7	0.714 1	0.684 9
5	ArC—C	0.630 0	0.541 9	0.539 2	0.534 7	0.592 0	0.586 3
6	C—O—C	0.698 4	0.532 4	0.520 5	0.541 4	0.588 7	0.556 1
7	—CH_3不对称伸缩振动	0.970 6	0.633 6	0.681 0	0.582 7	0.721 5	0.623 7
8	—CH_2—不对称伸缩振动	0.987 9	0.640 7	0.681 3	0.578 8	0.707 6	0.621 2
9	—CH_2—对称伸缩振动	0.977 2	0.613 7	0.703 3	0.586 8	0.728 6	0.634 8
10	—CH_3变形振动	0.708 6	0.577 5	0.547 9	0.531 0	0.592 6	0.552 7
11	—CH_3变形振动	0.655 7	0.570 6	0.531 5	0.522 5	0.565 6	0.532 1
12	Ar—CH 伸缩振动	0.923 8	0.539 7	0.659 1	0.571 3	0.721 1	0.610 4
13	C═C	0.647 4	0.549 2	0.535 3	0.523 3	0.563 4	0.537 4
14	Ar—CH 变形振动	0.809 6	0.599 2	0.631 1	0.526 6	0.671 8	0.609 0

经过燃点温度后，煤样将从氧化转变为燃烧，碳氧类气体产物在该温度阶段前期有所降低，之后又增大。燃烧阶段煤分子内部官能团发生了较大的变化，随着活泼的官能团大量消耗，稳定的苯环也开始断裂，参与到反应之中，造成了产生不同气体的主要官能团发生了较大的变化，如表6-7和表6-8所列。

由表6-7可知，在燃烧阶段，各个煤样的CO气体浓度与官能团之间的最大关联度并不具有规律性。1#煤分子中羧基(—COOH)和醚键(C—O—C)与CO气体浓度关联度最大，说明1#煤样在燃烧阶段，由于氧化反应产生了大量的羧基和醚键，羧基和醚键均是活性较大的官能团，容易与氧反应生成气体，另外，羟基(—OH)是产生羧基的主要官能团，羟基是活性较强的中间产物，说明在该阶段反应生成了大量的羟基。2# 煤样仍然是 Ar—O—CO—R 官能团的关联度最大，在整个氧化过程中，Ar—O—CO—R 均是产生 CO 气体的主要官能团，说明在 2# 煤样中本身就存在大量的羰基，由于氧化作用又生成了大量的羰基，在受到氧气的攻击下，不断地产生 CO 气体。此外，芳香烃的 Ar—CH 伸缩振动也在燃烧阶段与氧气反应，生成大量的 CO，这也说明芳香结构较为稳定，除了苯环的取代烃外，芳烃 Ar—CH伸缩振动和 C═C 双键都在燃烧阶段才开始变得活跃，需要较大的能量才能参与到反应中。3# 煤样中，R—O—CO—R 的羰基和醚键是产生 CO 的主要官能团。4# 煤样中，羧基和脂肪烃中的—CH_3变形振动与 CO 气体浓度的关联度最大，5# 和 6# 煤样中脂肪烃的—CH_2—不对称伸缩振动的关联度也较大，证明了脂肪烃的活性很大，在氧化反应过程中一直占据重要的地位，不断地消耗与生成，产生各类气体，此外 5# 煤分子中 Ar—CH 伸缩振动和 6# 煤分子中的醚键也是它们在燃烧阶段产生 CO 气体的主要官能团。

表 6-7 燃烧阶段 CO 气体浓度与活性官能团关联度

序号	官能团	1#	2#	3#	4#	5#	6#
1	Ar—O—CO—R	0.720 5	0.997 5	0.823 9	0.728 3	0.705 3	0.776 4
2	R—O—CO—R	0.710 8	0.826 7	0.919 7	0.764 9	0.679 6	0.720 4
3	Ar—O—CO—Ar	0.857 6	0.769 7	0.899 4	0.985 9	0.755 4	0.661 9
4	—COOH	0.905 9	0.820 9	0.875 9	0.995 0	0.766 1	0.671 9
5	ArC—C	0.744 2	0.777 9	0.869	0.748 4	0.765 9	0.723 9
6	C—O—C	0.915 1	0.861 4	0.949 8	0.836 6	0.898 2	0.871 8
7	—CH_3不对称伸缩振动	0.662 9	0.718 7	0.691 0	0.651 9	0.901 4	0.828 9
8	—CH_2—不对称伸缩振动	0.670 9	0.691 5	0.701 3	0.656 9	0.937 2	0.835 8
9	—CH_2—对称伸缩振动	0.671 6	0.739 5	0.729 4	0.670 4	0.881 9	0.815 8
10	—CH_3变形振动	0.824 5	0.680 1	0.817 5	0.974 8	0.717 4	0.621 2
11	—CH_3变形振动	0.844 1	0.642 1	0.832 5	0.989 4	0.692 3	0.622 3
12	Ar—CH 伸缩振动	0.768 9	0.967 4	0.872 2	0.834 4	0.984 3	0.809 5
13	C═C	0.750 1	0.774 2	0.809 8	0.839 9	0.710 6	0.631 5
14	Ar—CH 变形振动	0.843 9	0.770 3	0.876 2	0.819 6	0.680 6	0.822 9

燃烧阶段产生 CO 和 CO_2气体的主要官能团并不相同，由表 6-8 可知，1# 和 3# 煤分子中，主要由芳烃的 Ar—CH 伸缩振动产生 CO_2气体。2# 煤样中，R—O—CO—R 官能团与 CO_2气体关联度最大，说明 2# 煤样中羰基官能团在燃烧阶段仍然数量较多。4# 和 6# 煤样中，醚键是产生 CO_2气体的主要因素，5# 煤样煤分子中的亚甲基对称伸缩是该阶段产生 CO_2气体的主要官能团。6# 煤样中，甲基的不对称伸缩也是产生 CO_2气体的主要活性官能团。从上述分析可以看出，在燃烧阶段产生 CO_2气体的机理并不相同，参与气体生成反应的活性官能团也不相同。

表 6-8　燃烧阶段 CO_2 气体浓度与活性官能团关联度

序号	官能团	1#	2#	3#	4#	5#	6#
1	Ar—O—CO—R	0.612 7	0.844 4	0.935 6	0.647 7	0.608 1	0.760 0
2	R—O—CO—R	0.607 8	0.976 6	0.942 9	0.671 4	0.594 5	0.707 3
3	Ar—O—CO—Ar	0.682 8	0.893 5	0.965 4	0.814 4	0.634 5	0.652 3
4	—COOH	0.707 5	0.968 2	0.994 5	0.820 2	0.640 1	0.661 7
5	ArC—C	0.624 9	0.905 5	0.996 3	0.660 7	0.640 0	0.710 6
6	C—O—C	0.808 0	0.974 1	0.834 5	0.980 5	0.830 5	0.849 7
7	$—CH_3$不对称伸缩振动	0.818 6	0.819 1	0.642 1	0.734 8	0.827 8	0.849 7
8	$—CH_2—$不对称伸缩振动	0.834 2	0.779 4	0.649 7	0.742 5	0.801 0	0.857 0
9	$—CH_2—$对称伸缩振动	0.835 5	0.849 4	0.670 5	0.763 3	0.844 6	0.835 7
10	$—CH_3$变形振动	0.665 9	0.762 8	0.927 0	0.807 2	0.614 5	0.614 0
11	$—CH_3$变形振动	0.675 9	0.707 3	0.947 2	0.816 6	0.601 3	0.615 0
12	Ar—CH 伸缩振动	0.975 4	0.820 3	0.999 5	0.716 3	0.771 8	0.791 1
13	C═C	0.627 9	0.900 0	0.916 7	0.719 9	0.610 9	0.623 7
14	Ar—CH 变形振动	0.871 8	0.685 3	0.994 1	0.706 8	0.595 1	0.803 7

除此之外，对比可以发现，C═C 双键与 CO 和 CO_2 气体浓度的关联度相比前三阶段明显增大，燃烧阶段显示出 C═C 双键官能团强度减弱，燃点温度后气体产物显示出先下降后增大的规律，由此推断出 C═C 双键在燃烧阶段开始发生断裂，参与氧化反应，生成碳氧类气体，验证了前几章实验中所述，C═C 双键的断裂需要能量较大，导致在燃点温度之后气体产物浓度减小，放热量保持平衡，当双键结构断裂，在高温促进下，迅速与氧发生反应，产生大量气体和热量。

6.3　CH_4、C_2H_6和 C_2H_4气体产生与活性官能团的关联

CH_4气体是碳氢类气体的主要产物之一，由表 6-9 可知，临界温度阶段，在以下 14 个官能团中，Ar—O—CO—R 和 R—O—CO—R 与 CH_4气体的关联度最大，产生 CH_4气体的主要官能团是与烷基相连的羰基。由此可知，羰基最容易发生氧化，与其相连的烷基官能团也容易发生断裂，吸附氢离子生成 CH_4气体。此外，2# 煤样的 Ar—CH 变形振动也显示出较大的关联度，体现了不同煤样的差异性。

表 6-9　临界温度阶段 CH_4气体与活性官能团关联度

序号	官能团	1#	2#	3#	4#	5#	6#
1	Ar—O—CO—R	0.608 3	0.538 8	0.691 7	0.691 7	0.640 1	0.607 1
2	R—O—CO—R	0.595 5	0.662 9	0.681 1	0.681 1	0.647 2	0.611 9
3	Ar—O—CO—Ar	0.579 7	0.544 4	0.648 6	0.648 6	0.619 5	0.594 6
4	—COOH	0.566 1	0.659 8	0.626 6	0.626 6	0.615 8	0.601 3

表 6-9(续)

序号	官能团	1#	2#	3#	4#	5#	6#
5	ArC—C	0.572 3	0.643 6	0.642 4	0.642 4	0.623 1	0.595 2
6	C—O—C	0.581 9	0.641 0	0.678 0	0.678 0	0.640 2	0.593 5
7	—CH_3不对称伸缩振动	0.568 5	0.644 6	0.627 7	0.627 7	0.614 5	0.595 6
8	—CH_2—不对称伸缩振动	0.571 7	0.653 6	0.627 4	0.627 4	0.623 1	0.595 7
9	—CH_2—对称伸缩振动	0.569 7	0.537 9	0.623 3	0.623 3	0.618 7	0.592 8
10	—CH_3变形振动	0.566 5	0.642 2	0.626 9	0.626 9	0.614 3	0.596 0
11	—CH_3变形振动	0.565 6	0.645 9	0.629 7	0.629 7	0.614 1	0.597 6
12	Ar—CH 伸缩振动	0.568 8	0.640 9	0.647 5	0.647 5	0.618 8	0.595 6
13	C═C	0.565 4	0.643 1	0.625 3	0.625 3	0.611 5	0.595 8
14	Ar—CH 变形振动	0.583 8	0.663 0	0.657 8	0.657 8	0.639 7	0.591 4

整体上 Ar—O—CO—R 与 C_2H_6 气体关联度较大，如表 6-10 所列。验证了羰基是活性较大的官能团。此外，3# 煤样—CH_2—不对称伸缩振动和—CH_3变形振动与 C_2H_6 气体关联度最大，4# 和 6# 煤样 R—O—CO—R 官能团与 C_2H_6 气体关联度最大，5# 和 2# 煤样中，Ar—CH 的变形振动与 C_2H_6 气体关联度也较大。综上可知，临界温度阶段产生的碳氢类气体，如 CH_4、C_2H_6 的官能团除了与羰基相连的烷基断裂产生之外，还有脂肪烃也做了较大的贡献，如—CH_2—不对称伸缩振动和—CH_3变形振动等。再次，苯环的取代烃的变形振动也是产生烷烃和烯烃气体的主要官能团。此外，临界温度阶段没有产生 C_2H_4 气体，故无官能团关联性分析。

表 6-10 临界温度阶段 C_2H_6 气体与活性官能团关联度

序号	官能团	1#	2#	3#	4#	5#	6#
1	Ar—O—CO—R	0.768 4	0.786 7	0.863 9	0.964 8	0.991 6	0.634 6
2	R—O—CO—R	0.766 6	0.783 6	0.943 1	0.982 9	0.983 8	0.640 7
3	Ar—O—CO—Ar	0.760 4	0.779 3	0.980 6	0.977 8	0.919 4	0.618 9
4	—COOH	0.755 6	0.779 2	0.970 8	0.936 4	0.906 5	0.627 3
5	ArC—C	0.758 8	0.779 0	0.987 8	0.977 3	0.931 9	0.619 6
6	C—O—C	0.765 4	0.546 6	0.984 0	0.947 5	0.992 0	0.617 5
7	—CH_3不对称伸缩振动	0.756 1	0.780 3	0.973 3	0.948 0	0.901 9	0.620 1
8	—CH_2—不对称伸缩振动	0.756 5	0.776 9	0.989 7	0.934 8	0.931 9	0.620 3
9	—CH_2—对称伸缩振动	0.756 9	0.778	0.987 6	0.946 6	0.916 4	0.616 6
10	—CH_3变形振动	0.755 5	0.779 5	0.991 5	0.951 6	0.901 3	0.620 6
11	—CH_3变形振动	0.754 9	0.779 7	0.975 4	0.944 0	0.900 5	0.622 7
12	Ar—CH 伸缩振动	0.754 9	0.777	0.985 6	0.972 1	0.916 9	0.620 1
13	C═C	0.755 6	0.778 3	0.985 2	0.936 8	0.891 4	0.620 4
14	Ar—CH 变形振动	0.766 4	0.789 4	0.954 5	0.969 9	0.990 3	0.614 8

干裂-活性-增速温度阶段是煤氧化产生气体由缓慢增大到迅速增大的过程，CH_4 在活性温度附近开始急剧增大，C_2H_6 气体和 C_2H_4 气体在增速温度附近急剧增大。由表 6-11～表 6-13 可知，在干裂-活性-增速温度阶段，CH_4、C_2H_6 和 C_2H_4 气体与官能团的关联度保持了高度的一致性，均为与羰基的关联度最高，其中主要是 Ar—O—CO—R，个别还有 R—O—CO—R，推断在氧化反应中，与羰基相连的—R 基的断裂是产生碳氢类气体的主要原因。

表 6-11　干裂-活性-增速温度阶段 CH_4 气体与活性官能团关联度

序号	官能团	1#	2#	3#	4#	5#	6#
1	Ar—O—CO—R	0.513 8	0.565 6	0.510 6	0.517 9	0.527 7	0.507 6
2	R—O—CO—R	0.506 7	0.521 9	0.502 7	0.509 5	0.514 9	0.505 0
3	Ar—O—CO—Ar	0.503 5	0.516 0	0.502 5	0.504 3	0.508 6	0.501 9
4	—COOH	0.503 1	0.513 4	0.502 5	0.503 8	0.507 9	0.502 4
5	ArC—C	0.500 9	0.508 8	0.501 7	0.502 3	0.504 6	0.501 9
6	C—O—C	0.501 7	0.508 8	0.501 5	0.503 4	0.508 1	0.504 1
7	$—CH_3$不对称伸缩振动	0.501 1	0.509 1	0.502 0	0.502 3	0.504 7	0.502 4
8	$—CH_2—$不对称伸缩振动	0.500 9	0.506 4	0.501 6	0.501 6	0.503 3	0.502 0
9	$—CH_2—$对称伸缩振动	0.501 2	0.507 5	0.501 7	0.501 7	0.503 8	0.501 7
10	$—CH_3$变形振动	0.501 3	0.511 8	0.502 3	0.502 1	0.503 9	0.501 7
11	$—CH_3$变形振动	0.501 3	0.513 2	0.502 2	0.502 3	0.503 9	0.502 2
12	Ar—CH 伸缩振动	0.501 4	0.501 0	0.502 2	0.502 8	0.505 4	0.501 1
13	C═C	0.500 9	0.508 6	0.502 0	0.501 8	0.503 5	0.501 0
14	Ar—CH 变形振动	0.501 4	0.509 8	0.502 4	0.501 9	0.504 1	0.501 5

表 6-12　干裂-活性-增速温度阶段 C_2H_6 气体与活性官能团关联度

序号	官能团	1#	2#	3#	4#	5#	6#
1	Ar—O—CO—R	0.510 1	0.512 6	0.506 1	0.532 6	0.510 4	0.566 5
2	R—O—CO—R	0.504 9	0.504 2	0.501 5	0.517 3	0.505 6	0.827 0
3	Ar—O—CO—Ar	0.502 5	0.503 1	0.501 4	0.507 8	0.503 2	0.622 5
4	—COOH	0.502 2	0.502 6	0.501 4	0.506 9	0.503 0	0.657 3
5	ArC—C	0.500 7	0.501 7	0.501 0	0.504 3	0.501 7	0.625 3
6	C—O—C	0.501 2	0.501 7	0.500 8	0.506 3	0.503 0	0.769 1
7	$—CH_3$不对称伸缩振动	0.500 8	0.501 7	0.501 2	0.504 2	0.501 8	0.654 0
8	$—CH_2—$不对称伸缩振动	0.500 7	0.501 2	0.500 9	0.503 0	0.501 2	0.628 5
9	$—CH_2—$对称伸缩振动	0.500 9	0.501 4	0.501 0	0.503 1	0.501 4	0.610 7
10	$—CH_3$变形振动	0.501 0	0.502 3	0.501 3	0.503 9	0.501 5	0.611 7
11	$—CH_3$变形振动	0.501 0	0.502 5	0.501 3	0.504 1	0.501 5	0.644 8
12	Ar—CH 伸缩振动	0.501 0	0.501 3	0.501 3	0.505 1	0.502	0.569 9
13	C═C	0.500 7	0.501 6	0.501 1	0.503 3	0.501 3	0.501 1
14	Ar—CH 变形振动	0.501 0	0.501 9	0.501 4	0.503 5	0.501 5	0.595 1

表 6-13 干裂-活性-增速温度阶段 C_2H_4 气体与活性官能团关联度

序号	官能团	1#	2#	3#	4#	5#	6#
1	Ar—O—CO—R	0.525 1	0.558 8	0.525 7	0.520 6	0.528 0	0.510 9
2	R—O—CO—R	0.512 3	0.525 0	0.506 7	0.511 6	0.515 0	0.506 6
3	Ar—O—CO—Ar	0.506 3	0.515 7	0.506 8	0.505 8	0.508 6	0.502 7
4	—COOH	0.505 5	0.520 1	0.507 4	0.505 7	0.508 0	0.503 8
5	ArC—C	0.501 7	0.509 2	0.504 0	0.502 8	0.504 6	0.502 7
6	C—O—C	0.503 0	0.509 2	0.504 2	0.504 3	0.508 2	0.505 4
7	—CH_3不对称伸缩振动	0.502 0	0.510 8	0.505 7	0.503 2	0.504 8	0.503 4
8	—CH_2—不对称伸缩振动	0.501 7	0.508 1	0.504 8	0.502 9	0.503 3	0.502 9
9	—CH_2—对称伸缩振动	0.502 3	0.509 6	0.505 4	0.503 2	0.503 9	0.502 6
10	—CH_3变形振动	0.502 4	0.511 7	0.505 5	0.503 1	0.504 0	0.502 5
11	—CH_3变形振动	0.502 4	0.512 6	0.505 3	0.503 1	0.504 0	0.503 0
12	Ar—CH 伸缩振动	0.502 5	0.507 4	0.505 8	0.503 7	0.505 4	0.501 9
13	C═C	0.501 7	0.508 6	0.504 7	0.502 6	0.503 5	0.501 6
14	Ar—CH 变形振动	0.502 5	0.510 2	0.506 2	0.503 3	0.504 2	0.502 3

增速-燃点温度阶段，碳氢类气体产物急速上升。由表 6-14～表 6-16 可知，在增速-燃点温度阶段产生的碳氢类气体（CH_4、C_2H_6、C_2H_4）关联度最高的官能团主要是 Ar—O—CO—R，验证了 Ar—O—CO—R 官能团在煤分子中的重要位置。3# 煤样产生 C_2H_6 气体关联度最高的官能团是芳香烃中的 Ar—CH 变形振动，苯环的取代烃结构在增速-燃点温度阶段发生裂解反应，生成 C_2H_6 气体。6# 煤样中，产生 C_2H_6 气体的官能团是脂肪烃中的—CH_2—不对称伸缩振动，说明在增速-燃点温度阶段，6# 煤样产生了大量的脂肪烃官能团，且脂肪烃裂解，成为产生 C_2H_6 气体的主要官能团。

表 6-14 增速-燃点温度阶段 CH_4 气体浓度与活性官能团关联度

序号	官能团	1#	2#	3#	4#	5#	6#
1	Ar—O—CO—R	0.874 6	0.549 8	0.558 8	0.630 7	0.912 0	0.666 6
2	R—O—CO—R	0.737 4	0.522 2	0.516 7	0.576 6	0.864 2	0.612 3
3	Ar—O—CO—Ar	0.648 1	0.516 2	0.513 7	0.540 1	0.719 6	0.549 4
4	—COOH	0.590 2	0.510 5	0.511 5	0.527 7	0.678 4	0.548 8
5	ArC—C	0.542 8	0.507 4	0.504 7	0.517 9	0.576 6	0.522 8
6	C—O—C	0.565 3	0.505 7	0.502 4	0.521 4	0.573 9	0.514 8
7	—CH_3不对称伸缩振动	0.654 9	0.523 7	0.521 5	0.542 7	0.684 5	0.532 7
8	—CH_2—不对称伸缩振动	0.660 6	0.524 9	0.521 6	0.540 7	0.673 0	0.532 0
9	—CH_2—对称伸缩振动	0.672 4	0.502 1	0.524 2	0.544 8	0.690 5	0.535 6
10	—CH_3变形振动	0.568 7	0.513 7	0.505 7	0.516 0	0.577 2	0.513 9

表 6-14(续)

序号	官能团	1#	2#	3#	4#	5#	6#
11	—CH_3变形振动	0.551 2	0.512 5	0.503 7	0.511 6	0.554 7	0.508 5
12	Ar—CH 伸缩振动	0.639 5	0.507 0	0.518 9	0.536 8	0.684 2	0.529 2
13	C═C	0.548 5	0.508 7	0.504 2	0.512 0	0.552 8	0.509 9
14	Ar—CH 变形振动	0.601 9	0.517 6	0.515 6	0.513 7	0.643 2	0.528 8

表 6-15　增速-燃点温度阶段 C_2H_6 气体浓度与活性官能团关联度

序号	官能团	1#	2#	3#	4#	5#	6#
1	Ar—O—CO—R	0.883 8	0.525 3	0.632 4	0.513 0	0.534 5	0.594 7
2	R—O—CO—R	0.743 2	0.511 3	0.965 8	0.507 6	0.520 7	0.640 4
3	Ar—O—CO—Ar	0.651 7	0.508 2	0.938 5	0.504 0	0.512 5	0.819 6
4	—COOH	0.651 7	0.505 4	0.867 9	0.502 7	0.510 2	0.823 1
5	ArC—C	0.543 8	0.503 8	0.649 9	0.501 8	0.504 4	0.861 4
6	C—O—C	0.566 9	0.502 9	0.578 5	0.502 1	0.504 2	0.735 0
7	—CH_3不对称伸缩振动	0.658 7	0.512 0	0.861 6	0.504 2	0.510 5	0.982 8
8	—CH_2—不对称伸缩振动	0.664 5	0.512 7	0.861 0	0.504 0	0.509 8	0.992 7
9	—CH_2—对称伸缩振动	0.676 6	0.510 2	0.821 8	0.504 4	0.510 8	0.943 1
10	—CH_3变形振动	0.570 3	0.507 0	0.682 9	0.501 6	0.504 4	0.720 6
11	—CH_3变形振动	0.552 5	0.506 4	0.620 3	0.501 2	0.503 1	0.634 4
12	Ar—CH 伸缩振动	0.642 9	0.503 6	0.911 3	0.503 6	0.510 5	0.962 1
13	C═C	0.549 7	0.504 4	0.634 0	0.501 2	0.503 8	0.656 6
14	Ar—CH 变形振动	0.604 4	0.508 9	0.998 9	0.501 4	0.508 1	0.956 2

表 6-16　增速-燃点温度阶段 C_2H_4 气体浓度与活性官能团关联度

序号	官能团	1#	2#	3#	4#	5#	6#
1	Ar—O—CO—R	0.668 8	0.544 6	0.572 6	0.561 5	0.571 4	0.969 8
2	R—O—CO—R	0.607 0	0.519 9	0.520 6	0.536 0	0.542 9	0.858 7
3	Ar—O—CO—Ar	0.566 7	0.514 5	0.516 9	0.518 9	0.525 8	0.657 6
4	—COOH	0.540 7	0.509 4	0.514 1	0.513 0	0.521 0	0.655 9
5	ArC—C	0.519 3	0.506 6	0.505 8	0.508 4	0.509 0	0.572 8
6	C—O—C	0.529 4	0.505 1	0.503 0	0.510 1	0.508 7	0.547 3
7	—CH_3不对称伸缩振动	0.569 8	0.521 2	0.526 6	0.520 1	0.521 7	0.604 3
8	—CH_2—不对称伸缩振动	0.572 3	0.522 3	0.526 6	0.519 1	0.520 4	0.602 2
9	—CH_2—对称伸缩振动	0.577 7	0.518 0	0.529 9	0.521 1	0.522 4	0.613 7
10	—CH_3变形振动	0.530 9	0.512 3	0.507 0	0.507 5	0.509 1	0.544 5
11	—CH_3变形振动	0.523 1	0.511 2	0.504 6	0.505 5	0.506 4	0.527 1
12	Ar—CH 伸缩振动	0.562 8	0.506 3	0.523 4	0.517 3	0.521 7	0.593 1
13	C═C	0.521 9	0.507 8	0.505 2	0.505 7	0.506 2	0.531 6
14	Ar—CH 变形振动	0.545 9	0.515 7	0.519 3	0.506 5	0.516 8	0.591 9

燃烧阶段中期，碳氢类气体达到峰值浓度，之后含量不断降低。由表 6-17～表 6-19 可知，除 2# 煤样外，其余 5 种煤样产生的 CH_4 气体浓度均与脂肪烃关联度最大，推断在燃烧阶段，脂肪烃裂解是产生 CH_4 气体的主要官能团。1# 和 4# 煤样中，—CH_3 不对称伸缩振动与 CH_4 气体浓度的关联度最大，而 3#、5# 和 6# 煤样中，—CH_2—对称伸缩振动与 CH_4 气体浓度的关联度最大。2# 煤样煤分子中 R—O—CO—R 与 CH_4 气体浓度的关联度最大，可以推断与羰基相连的烷基断裂，是产生 CH_4 气体的主要来源。

表 6-17 燃烧阶段 CH_4 气体浓度与活性官能团关联度

序号	官能团	1#	2#	3#	4#	5#	6#
1	Ar—O—CO—R	0.519 9	0.844	0.720 6	0.520 7	0.547 9	0.541 5
2	R—O—CO—R	0.519 1	0.977 2	0.785 8	0.524 0	0.541 9	0.533 1
3	Ar—O—CO—Ar	0.532 3	0.894 0	0.772 0	0.544 1	0.559 6	0.524 3
4	—COOH	0.536 7	0.968 8	0.756 0	0.544 9	0.562 1	0.525 8
5	ArC—C	0.522 1	0.906 0	0.751 3	0.522 5	0.562 0	0.533 6
6	C—O—C	0.554 4	0.973 6	0.878 5	0.567 4	0.646 4	0.555 8
7	—CH_3不对称伸缩振动	0.638 7	0.819 5	0.780 5	0.649 3	0.645 2	0.614 0
8	—CH_2—不对称伸缩振动	0.632 2	0.779 8	0.795 5	0.644 6	0.633 4	0.611 7
9	—CH_2—对称伸缩振动	0.631 7	0.849 8	0.836 8	0.633 2	0.652 7	0.618 7
10	—CH_3变形振动	0.529 3	0.763 1	0.716 2	0.543 1	0.550 7	0.518 2
11	—CH_3变形振动	0.531 1	0.707 6	0.726 5	0.544 4	0.544 9	0.518 3
12	Ar—CH 伸缩振动	0.584 0	0.820 0	0.753 5	0.530 4	0.620 4	0.546 4
13	C═C	0.522 6	0.900 5	0.711 0	0.530 8	0.549 1	0.519 7
14	Ar—CH 变形振动	0.565 7	0.685 0	0.756 2	0.529 0	0.542 1	0.548 4

表 6-18 燃烧阶段 C_2H_6 气体浓度与活性官能团关联度

序号	官能团	1#	2#	3#	4#	5#	6#
1	Ar—O—CO—R	0.523 4	0.574 7	0.681 9	0.539 0	0.737 6	0.591 5
2	R—O—CO—R	0.522 4	0.613 8	0.735 8	0.545 2	0.707 8	0.573 0
3	Ar—O—CO—Ar	0.538 0	0.673 8	0.724 4	0.583 0	0.795 6	0.553 6
4	—COOH	0.543 1	0.615 8	0.711 1	0.584 5	0.808 0	0.556 9
5	ArC—C	0.526 0	0.633 7	0.707 3	0.542 4	0.807 7	0.574 1
6	C—O—C	0.564 0	0.602 8	0.812 2	0.626 8	0.844 1	0.623 1
7	—CH_3不对称伸缩振动	0.663 1	0.669 9	0.840 1	0.781 0	0.846 9	0.751 7
8	—CH_2—不对称伸缩振动	0.655 5	0.694 1	0.858 3	0.772 1	0.877 8	0.746 5
9	—CH_2—对称伸缩振动	0.654 9	0.655 2	0.908 3	0.750 6	0.830 0	0.762 2
10	—CH_3变形振动	0.534 5	0.706 3	0.678 3	0.581 1	0.751 6	0.540 1
11	—CH_3变形振动	0.536 6	0.761 5	0.686 8	0.583 6	0.722 6	0.540 5
12	Ar—CH 伸缩振动	0.598 8	0.569 5	0.709 0	0.557 1	0.918 5	0.602 5
13	C═C	0.526 6	0.635 6	0.674 0	0.558 0	0.743 7	0.543 6
14	Ar—CH 变形振动	0.577 3	0.540 2	0.711 3	0.554 6	0.709 0	0.606 9

表 6-19　燃烧阶段 C_2H_4 浓度与活性官能团关联度

序号	官能团	1#	2#	3#	4#	5#	6#
1	Ar—O—CO—R	0.545 5	0.659 1	0.665 9	0.558 5	0.855 1	0.626 1
2	R—O—CO—R	0.543 5	0.742 3	0.715	0.567 9	0.810 6	0.600 5
3	Ar—O—CO—Ar	0.573 8	0.793 5	0.704 6	0.624 5	0.941 8	0.573 8
4	—COOH	0.583 8	0.746 7	0.692 5	0.626 8	0.864 3	0.578 4
5	ArC—C	0.550 4	0.784 8	0.689 0	0.563 6	0.960 0	0.602 1
6	C—O—C	0.624 4	0.719 1	0.784 7	0.690 3	0.730 2	0.669 6
7	—CH_3不对称伸缩振动	0.816 9	0.862 0	0.873 0	0.921 6	0.732 1	0.846 8
8	—CH_2—不对称伸缩振动	0.802 1	0.913 4	0.893 0	0.908 3	0.752 8	0.839 6
9	—CH_2—对称伸缩振动	0.800 9	0.803 6	0.947 8	0.876 0	0.720 8	0.861 1
10	—CH_3变形振动	0.567 0	0.939 5	0.662 6	0.621 6	0.876 1	0.555 3
11	—CH_3变形振动	0.571 0	0.948 8	0.670 3	0.625 4	0.832 7	0.555 8
12	Ar—CH 伸缩振动	0.692 0	0.648 0	0.690 6	0.585 7	0.780 0	0.641 2
13	C═C	0.551 6	0.788 8	0.658 7	0.587 1	0.960 3	0.560 0
14	Ar—CH 变形振动	0.650 1	0.585 6	0.692 7	0.581 9	0.812 3	0.647 3

同 CH_4 气体与官能的关联度相似（表 6-18 和表 6-19），燃烧阶段，与 C_2H_6 和 C_2H_4 气体相关性最大的官能团，也是脂肪烃，且产生与 C_2H_6 和 C_2H_4 气体的脂肪烃位置基本一致。1# 和 4# 煤样中，与 C_2H_6 和 C_2H_4 气体相关性最大的官能团—CH_3不对称伸缩振动关联度最大，3# 和 6# 煤样中，—CH_2—对称伸缩振动与 C_2H_6 和 C_2H_4 气体关联度最大，2# 煤样中，—CH_3变形振动与 C_2H_6 和 C_2H_4 气体关联度最大。由此可以说明，不同煤样中，不同位置的脂肪烃活性不同，在燃烧阶段容易发生裂解的强度大小具有差异性。例外的是 5# 煤样产生 C_2H_6 气体的主要官能团是芳烃的 Ar—CH 伸缩振动，产生 C_2H_4 气体的主要官能团是C═C 双键，也说明 5# 煤样煤分子的稳定较差，芳烃及芳环活性已经开始变大，裂解产生烷烃类气体。

由此可知，脂肪烃是燃烧阶段产生部分碳氧类气体和碳氢类气体的主要官能团，此时脂肪烃含量已下降到最小值，而羰基含量也增大到最大值，并开始逐渐降低，脂肪烃大量直接参与氧化裂解反应，产生气体和热量，同时产生次生含氧基团，导致其关联度增大，并且伸缩振动峰位的脂肪烃关联度较大。

6.4　放热性与活性官能团的关联

伴随着气体产物的产生，热量也会随之释放。由表 6-20 可知，临界温度阶段，关联度在放热性与气体浓度变化之间保持了高度的一致性，与放热量关联度最高的官能团同时是碳氢类和碳氧类气体浓度关联度最高的官能团，即 Ar—O—CO—R 和 R—O—CO—R，这也说明，这两种官能团含量越多，越容易参与氧化反应释放气体，释放的气体量增大，导致放热量越大。此外，临界温度阶段苯环的取代烃的 Ar—CH 键变形振动也是放热的主要官能团。虽然 C—O—C 与气体产物的关联度不是最大的，但其活性较大，在临界温度阶段发生了消耗，产生了较多的热量。

表 6-20　临界温度阶段放热量与活性官能团关联度

序号	官能团	1#	2#	3#	4#	5#	6#
1	Ar—O—CO—R	0.878 2	0.919 3	0.999 7	0.908 6	0.939 0	0.757 6
2	R—O—CO—R	0.833 6	0.971 3	0.912 3	0.886 1	0.961 4	0.769 1
3	Ar—O—CO—Ar	0.778 5	0.917 9	0.795 4	0.816 8	0.874 6	0.727 4
4	—COOH	0.730 7	0.962 4	0.852 0	0.769 8	0.863 0	0.743 6
5	ArC—C	0.752 4	0.915 4	0.816 7	0.803 6	0.885 7	0.728 8
6	C—O—C	0.785 9	0.908 1	0.806 7	0.879 6	0.939 4	0.724 8
7	$—CH_3$不对称伸缩振动	0.739 1	0.918 3	0.809 1	0.772 3	0.858 9	0.729 8
8	$—CH_2—$不对称伸缩振动	0.750 2	0.944 5	0.836 0	0.771 5	0.885 7	0.730 2
9	$—CH_2—$对称伸缩振动	0.743 5	0.911 2	0.845 1	0.763 0	0.871 9	0.723 1
10	$—CH_3$变形振动	0.732 4	0.913 5	0.819 0	0.770 6	0.858 3	0.730 8
11	$—CH_3$变形振动	0.729 3	0.922 2	0.838 7	0.776 4	0.857 7	0.734 8
12	Ar—CH 伸缩振动	0.740 4	0.907 8	0.849 0	0.814 5	0.872 4	0.729 8
13	C═C	0.728 3	0.914 1	0.834 0	0.767 1	0.849 6	0.730 3
14	Ar—CH 变形振动	0.792 5	0.971 7	0.836 0	0.836 4	0.937 9	0.719 7

干裂-活性-增速温度阶段是煤氧化放热由缓慢增大到迅速增大的过程。由表 6-21 可知，在干裂-活性-增速温度阶段，放热量与羰基的关联度最高，说明与产生气体关联度较高的官能团放热性也较强，该阶段的结论良好的验证了这一点。

表 6-21　干裂-活性-增速温度阶段放热量与活性官能团关联度

序号	官能团	1#	2#	3#	4#	5#	6#
1	Ar—O—CO—R	0.646 7	0.670 1	0.588 6	0.666 5	0.772 3	0.643 9
2	R—O—CO—R	0.571 8	0.515 3	0.522 4	0.588 3	0.646 2	0.594 1
3	Ar—O—CO—Ar	0.537 0	0.536 7	0.520 5	0.539 8	0.584 1	0.535 3
4	—COOH	0.532 4	0.531 5	0.521 0	0.535 2	0.578 0	0.545 3
5	ArC—C	0.532 4	0.515 3	0.513 9	0.521 8	0.544 8	0.536 1
6	C—O—C	0.517 8	0.515 9	0.512 1	0.532 1	0.580 1	0.577 5
7	$—CH_3$不对称伸缩振动	0.511 9	0.519 2	0.517 0	0.521 5	0.546 6	0.544 3
8	$—CH_2—$不对称伸缩振动	0.509 9	0.515 3	0.513 1	0.515 2	0.532 3	0.537 0
9	$—CH_2—$对称伸缩振动	0.513 3	0.515 6	0.514 1	0.515 7	0.537 5	0.531 9
10	$—CH_3$变形振动	0.514 3	0.524 2	0.519 3	0.519 7	0.538 8	0.532 1
11	$—CH_3$变形振动	0.513 9	0.526 9	0.518 5	0.521 1	0.538 6	0.541 7
12	Ar—CH 伸缩振动	0.514 5	0.512 3	0.518 3	0.526 1	0.552 9	0.520 1
13	C═C	0.509 8	0.516 6	0.516 6	0.516 7	0.534 0	0.519 1
14	Ar—CH 变形振动	0.514 5	0.521 7	0.520 2	0.518 0	0.540 4	0.527 4

增速-燃点温度阶段，放热量均呈现急速上升态势，且在燃点温度附近达到最大值。到达增速-燃点温度阶段后，煤分子内几乎所有的活性官能团均参与到反应中，放热量急速上

升。由于煤分子结构的特殊性和复杂性，氧化后产生的官能团种类和数量也有所不同，所以氧化裂解发生放热的官能团相关度也不同。如表 6-22 所列，1#、2#、3# 煤样放热量与脂肪烃的关联度最大，其中 1# 和 3# 煤分子中—CH_2—对称伸缩振动是放热最多的官能团，而 2# 煤分子中—CH_2—不对称伸缩振动是对放热性影响最大的官能团，由此也说明，亚甲基比甲基活性大。该温度阶段下，脂肪烃大量消耗，含量急剧减少，导致脂肪烃直接参与放热反应，关联度增大。4#、5# 和 6# 煤样中，羰基是产生热量的主要官能团，关联度最大。

表 6-22　增速-燃点温度阶段放热量与活性官能团关联度

序号	官能团	1#	2#	3#	4#	5#	6#
1	Ar—O—CO—R	0.735 4	0.802 9	0.761 1	0.798 9	0.997 5	0.773 3
2	R—O—CO—R	0.871 4	0.847 5	0.772 0	0.990 0	0.798 5	0.905 5
3	Ar—O—CO—Ar	0.919 8	0.753 3	0.722 3	0.756 9	0.680 0	0.770 9
4	—COOH	0.755 8	0.664 7	0.656 8	0.677 4	0.646 3	0.768 0
5	ArC—C	0.621 3	0.616 0	0.576 0	0.614 5	0.562 8	0.625 2
6	C—O—C	0.685 1	0.589 9	0.539 8	0.636 7	0.560 6	0.581 4
7	—CH_3不对称伸缩振动	0.939 1	0.870 1	0.850 5	0.773 3	0.651 3	0.679 3
8	—CH_2—不对称伸缩振动	0.955 2	0.889 8	0.851 1	0.760 3	0.641 8	0.675 7
9	—CH_2—对称伸缩振动	0.988 8	0.814 9	0.893 8	0.786 9	0.656 2	0.695 4
10	—CH_3变形振动	0.694 7	0.714 8	0.592 7	0.602 4	0.563 3	0.576 4
11	—CH_3变形振动	0.645 2	0.695 5	0.777 8	0.574 4	0.544 8	0.546 6
12	Ar—CH 伸缩振动	0.895 4	0.610 1	0.808 1	0.735 4	0.651 0	0.660 1
13	C═C	0.637 6	0.636 2	0.568 3	0.577 1	0.543 3	0.554 2
14	Ar—CH 变形振动	0.788 8	0.778 4	0.641 1	0.587 8	0.617 4	0.658 0

燃烧阶段，放热量在反应初期保持平稳，之后持续增大。由表 6-23 可知，燃烧阶段产生热量的官能团主要是脂肪烃，由于温度的不断上升，分子内官能团经历了大量的消耗与再生，长链结构、桥键和芳环等结构的断裂均产生了大量的脂肪烃基团，脂肪烃受热氧化裂解产生碳氧类气体和碳氢类气体释放出大量的热量，导致表现出脂肪烃基团与放热性关联度最高的现象。并且，放热量与产生碳氢类气体的主要基团的规律相似，可推断在燃烧阶段，碳氢类气体的释放是产生热量的主要途径。

表 6-23　燃烧阶段放热量与活性官能团关联度

序号	官能团	1#	2#	3#	4#	5#	6#
1	Ar—O—CO—R	0.555 2	0.590 4	0.662 6	0.542 6	0.553 1	0.591 5
2	R—O—CO—R	0.552 8	0.637 7	0.710 7	0.549 4	0.546 4	0.573 0
3	Ar—O—CO—Ar	0.589 5	0.666 7	0.700 5	0.590 6	0.566 1	0.553 6
4	—COOH	0.601 6	0.640 1	0.688 7	0.592 3	0.568 8	0.556 9
5	ArC—C	0.561 1	0.661 8	0.685 3	0.546 3	0.568 8	0.574 1
6	C—O—C	0.650 7	0.624 4	0.779 0	0.638 4	0.662 4	0.623 1
7	—CH_3不对称伸缩振动	0.884 1	0.705 6	0.880 6	0.806 7	0.661 1	0.751 7
8	—CH_2—不对称伸缩振动	0.866 2	0.734 8	0.900 9	0.797 0	0.647 9	0.746 5
9	—CH_2—对称伸缩振动	0.864 7	0.687 8	0.956 9	0.773 5	0.669 3	0.762 2

表 6-23(续)

序号	官能团	1#	2#	3#	4#	5#	6#
10	—CH_3变形振动	0.581 2	0.749 6	0.659 4	0.588 5	0.556 2	0.540 1
11	—CH_3变形振动	0.586 1	0.816 4	0.666 9	0.591 2	0.549 7	0.540 5
12	Ar—CH 伸缩振动	0.732 7	0.584 1	0.686 8	0.562 3	0.633 5	0.602 5
13	C═C	0.562 6	0.664 0	0.655 5	0.563 4	0.554 5	0.543 6
14	Ar—CH 变形振动	0.682 0	0.548 6	0.688 9	0.559 6	0.546 7	0.606 9

综上所述，中等变质程度烟煤煤样在氧化的前三个阶段(临界温度阶段、干裂-活性-增速温度阶段和增速-燃点温度阶段)，羰基是产生气体的主要官能团，燃烧阶段，脂肪烃和芳烃逐渐变为产生气体产物的主要官能团。放热量方面，临界温度阶段和干裂-活性-增速温度阶段主要以羰基为主，增速-燃点温度阶段属于过渡阶段，放热量以羰基和脂肪烃为主，而燃烧阶段主要以脂肪烃为主。并且在干裂-活性-增速温度阶段，煤样的活泼官能团，如羰基、脂肪烃等，以及气体产物和热量都处于产生速率和消耗速率从缓慢发展到急速发展的过程中，所以该阶段是氧化过程中的危险阶段。如发生煤自燃现象，能够在干裂-活性-增速温度前期，甚至更早地控制反应的继续发生，并且有针对性地采取阻燃措施，控制反应的继续加剧，将对煤自燃灾害的防治具有十分重要的实际意义。

参考文献

[1] 邓聚龙. 灰色控制系统[J]. 华中工学院学报，1982，10(3)：9-18.

[2] 邓聚龙. 灰色系统综述[J]. 世界科学，1983(7)：1-5.

[3] 邓聚龙. 灰色预测模型 GM(1,1)的三种性质：灰色预测控制的优化结构与优化信息量问题[J]. 华中工学院学报，1987，15(5)：1-6.

[4] 伍爱友，肖红飞，王从陆，等. 煤与瓦斯突出控制因素加权灰色关联模型的建立与应用[J]. 煤炭学报，2005，30(1)：58-62.

[5] 张萌博，翟成，林柏泉，等. 煤低温氧化表面官能团与温度的 B 型关联度分析[J]. 煤矿安全，2011，42(2)：8-11.

[6] 蒋曙光，张卫清，王兰云，等. 煤自燃高温段指标气体的 B 型关联度分析[J]. 采矿与安全工程学报，2009，26(3)：377-380.

[7] 张小可，陈彩霞，孙学信，等. 用灰关联法分析影响煤表面和反应性的因素[J]. 华中理工大学学报，1995(5)：109-112.

[8] 贾继真，张慧荣，潘子鹏，等. 煤基活性炭比表面积与碘吸附值相关性研究[J]. 洁净煤技术，2018，24(3)：57-62.

[9] 康志勤，李翔，李伟，等. 煤体结构与甲烷吸附/解吸规律相关性实验研究及启示[J]. 煤炭学报，2018，43(5)：1400-1407.

[10] 祝捷，张博，王全启，等. 煤的孔隙结构与煤岩动力失稳特征的相关性[J]. 中国矿业大学学报，2018，47(1)：97-103.